# Der Fabrikbetrieb.

Praktische Anleitungen zur Anlage und Verwaltung von Maschinenfabriken und ähnlichen Betrieben sowie zur Kalkulation und Lohnverrechnung.

Von

**Albert Ballewski.**

Zweite, verbesserte Auflage.

Springer-Verlag Berlin Heidelberg GmbH

1907.

ISBN 978-3-662-40753-0 ISBN 978-3-662-41237-4 (eBook)
DOI 10.1007/978-3-662-41237-4

Softcover reprint of the hardcover 2nd edition 1907

# Vorwort zur ersten Auflage.

Als ich mich vor bald 30 Jahren entschloß, meine praktischen Anleitungen für die Kalkulation in Maschinenfabriken zu schreiben, sah es mit der Kalkulation und der Verwaltung in den deutschen Maschinenfabriken noch sehr schwach bestellt aus, trotzdem es schon zu jener Zeit verschiedene Werke gab, welche über tausend Arbeiter beschäftigten. Ich gab mir damals die größte Mühe, Einsicht in die Verwaltungen verschiedener Fabriken zu erlangen, erhielt auch von mehreren hervorragenden Werken, teils direkt, teils durch Vermittlung von Freunden, recht wertvolles Material für meine Studien zugestellt, gewann aber von Tag zu Tag mehr und mehr die Überzeugung, daß über jeden Zweifel erhabene Verwaltungseinrichtungen in deutschen Fabriken so gut wie gar nicht bestanden, ja, daß sogar Werke, welchen einen Weltruf besaßen, mit ihrer ganzen Organisation noch so weit zurück waren, daß dieselben gar nicht imstande waren, wirklich zuverlässige Selbstkostenberechnungen der Fabrikate zu machen. Die meistenteils übliche Form, um die Kosten eines Gegenstandes zu berechnen, war, die Preise auf Grund der Gewichte festzustellen, oder auch, bei Abgabe von Offerten, die Preise der Konkurrenz als Richtschnur zu benutzen. Ob die angenommenen Einzelsätze zutreffend waren, oder ob die Konkurrenz auf Grund zuverlässiger Selbstkostenermittlungen ihre Preisforderungen abgegeben hatte, wurde nicht untersucht.

Man erhoffte das Beste und überließ es dem Zufall, ob bei den Lieferungen etwas verdient wurde oder nicht.

Inzwischen haben sich die Verhältnisse wesentlich geändert; läßt auch die Verwaltung und die Kalkulation mancher Werke noch vieles zu wünschen übrig, so ist doch in allen Kreisen der Industrie mehr und mehr der Gedanke zur Geltung gekommen, daß ohne sorgfältige Selbstkostenberechnungen und zweckentsprechende Verwaltungen nicht vorwärts geschritten werden kann, sondern in kürzester Zeit Summen eingebüßt werden können, die bei sachlicher Behandlung der Geschäfte niemals verloren gegangen wären.

Wenn ich auch im vorliegenden Werke, soweit es die Kalkulation betrifft, in dem Grundgedanken nicht viel mehr als vor 30 Jahren Neues zu bringen imstande bin, so hoffe ich doch, daß meine jetzt über den ganzen Fabrikbetrieb ausgedehnte Arbeit jedem Industriellen und jedem angehenden Ingenieur ein willkommener Leitfaden sein wird.

Magdeburg, im Januar 1905.

**A. Ballewski.**

# Vorwort zur zweiten Auflage.

Die Anerkennung, welche mir durch die Presse, in Zuschriften und mündlich über meinen „Fabrikbetrieb“ zuteil geworden ist, hat auch in dem schnellen Absatz der ersten Auflage ihren Ausdruck gefunden. Von allen Seiten wurde anerkannt, daß das aus jahrelangen, persönlichen Erfahrungen entstandene Werk allgemeinen Bedürfnissen entspricht, und für den heranwachsenden Techniker, den Fabrikbeamten und den Fabrikanten ein willkommener Leitfaden für die Einrichtung und Verwaltung industrieller Betriebe ist. Vertrauensvoll bin ich jetzt an die Bearbeitung der zweiten Auflage herangetreten und habe hierbei gerne noch die Fragen behandelt, auf die ich in wohlgemeinter Weise aufmerksam gemacht worden bin.

Magdeburg, im Mai 1907.

**A. Ballewski.**

# Inhaltsverzeichnis.

# Einleitung.

Der scharfe Wettbewerb, der in allen Zweigen der Industrie herrscht, und der am empfindlichsten auftritt, wenn ein geschäftlicher Niedergang zu verzeichnen ist, zwingt jeden Gewerbetreibenden, seine Werkseinrichtungen derartig zu gestalten, daß nicht allein überall mit der größten Sparsamkeit gewirtschaftet und in der billigsten und sorgfältigsten Weise fabriziert wird, sondern auch über alle Unkosten des Betriebes und über die Herstellungskosten aller Erzeugnisse sorgfältigste Kontrolle geführt werden kann. Alle Aufzeichnungen müssen so beschaffen sein, daß zu jeder Zeit eine zuverlässige Übersicht über alle Arbeiten geführt und ein sicherer Nachweis über die Kosten eines jeden Arbeitsstückes erbracht werden kann, damit danach sofort Selbstkostenberechnungen ausgeführt, Anschläge ausgearbeitet und Rechnungen ausgestellt werden können.

Vielschreibereien sind nach Möglichkeit zu vermeiden und alles so einfach und übersichtlich zu gestalten, damit Arbeitskräfte erspart und Beamte und Meister nicht durch Überflüssiges oder Nebensächliches von ihrer Haupttätigkeit in unangemessener Weise abgehalten werden.

Mit größter Peinlichkeit ist überall darauf zu achten, daß an keiner Stelle mehr Aufwendungen gemacht werden, als dringend notwendig sind; denn je größer der Betrieb, um so sparsamer und vorsichtiger muß überall vorgegangen werden, weil sonst aus kleinen Veranlassungen leicht große Einbußen an Arbeit, Zeit und Geld entstehen können.

Durch Gerechtigkeit und Anerkennung der Tätigkeit eines jeden muß das Interesse des einzelnen für das Gedeihen des großen Ganzen gehoben werden. Unnötige Nörgeleien, welche verstimmend wirken und jedem Menschen das Leben verbittern und die Arbeit erschweren, müssen vermieden werden, damit Arbeiter, Beamte und Meister nicht mit Widerwillen, sondern mit Lust, Liebe und frohem Herzen an ihr Tagewerk herangehen. Dem Arbeiter muß stets werden, was er verdient hat, eine gegebene Zusage darf niemals zurückgenommen werden, selbst wenn man sich bei der Erteilung derselben geirrt hat und hierdurch ein Nachteil oder Verlust für das Geschäft entstehen sollte. Ein Arbeiter wird einen solchen Irrtum niemals anerkennen, selbst wenn er ihm klipp und klar bewiesen wird. Er wird jedes Abweichen von einer Zusage als ein ihm persönlich zugefügtes Unrecht betrachten und nicht allein seine weiteren Arbeiten mit Unlust verrichten, sondern auch jede Gelegenheit benutzen, um seinen Verdruß in der einen oder anderen Weise zum Ausdruck zu bringen.

Ordnung und Sauberkeit muß in jedem Betriebe, mag er groß oder klein sein, herrschen. Die Ansicht, daß Aufräumungsarbeiten und Reinhalten überflüssig sind und nur Unkosten verursachen, ist eine vollständig irrige Annahme. Allerdings verursachen alle Arbeitsleistungen Geldausgaben, und eine Arbeitsleistung ist jedes Inordnungbringen und jedes Schaffen von Sauberkeit, aber diesen Ausgaben steht der nicht zu unterschätzende Nutzen entgegen, welcher dadurch herbeigeführt wird, daß viele Gegenstände durch Reinlichkeit vor Beschädigung und Verderbnis bewahrt und durch Ordnungshaltung die weitere Verwendung vieler sonst in Vergessenheit kommender Sachen erleichtert wird. Die Unordnung und Unsauberkeit im Betriebe überträgt sich nicht allein vom Orte auf Personen, also auf die Arbeiter und Beamten, sondern sogar auf die Fabrikate. Man gehe nur durch Werkstätten, in welchen Sauberkeit und Ordnung unbekannte Begriffe sind, welchen abfälligen Eindruck machen dort alle Erzeugnisse. Der Besucher solcher Werke bekommt ein Mißtrauen gegen alles, was ihm vorgeführt wird, und ist nur schwer davon zu überzeugen, daß von einer derartigen Stelle etwas Gutes und Solides geliefert werden kann. Die Unordnung und Unsauberkeit pflanzt sich aus einer Abteilung des Werkes in die andere fort und macht auch nicht vor der Zentrale der Verwaltung Halt, sondern dehnt sich dann auf die ganze Geschäftsführung aus. Die Ordnungsliebe und Reinlichkeit schwindet mehr und mehr aus solchen Betrieben und führt schließlich zu einer Gleichgültigkeit und Lässigkeit in der Behandlung von Geschäften, daß dadurch das Arbeiten mit solchen Werken nicht gerade zu einer Annehmlichkeit gehört. Wie verschiedenartig oft die Ansichten über die Notwendigkeit von Sauberkeit in einer Werkstatt sind, mag aus folgendem Beispiel zu ersehen sein. Es gibt viele Werke, welche das Putzen der Fenster und das Ausweißen der Arbeitsräume als eine überflüssige Arbeit ansehen, welche nur Geldausgaben herbeiführt. Ein anderer Teil ist gerade ganz der entgegengesetzten Ansicht, und es wird hier in regelmäßigen Zeitabschnitten diese Arbeit in sorgfältigster Weise bewirkt, weil man die Erfahrung gemacht hat, daß gereinigte Fenster dem Tageslicht freien Eingang in die Arbeitsräume verschaffen und ein heller Anstrich der letzteren die Aufnahme des Lichtes begünstigt. Die Folge hiervon ist, daß nicht allein während des Tages die Arbeit besser besehen und ausgeführt werden kann, sondern auch die Arbeitsdauer ohne künstliche Beleuchtung wesentlich verlängert, und hierdurch mindestens ebensoviel Geld an der Beleuchtung erspart, als für die Reinhaltung der Fenster und den hellen Anstrich der Wände ausgegeben wird.

Die Inventur wird in vielen Werken als großer Kehraus benutzt. Alle Stücke, welche zurückgestellt, oder, weil verpfuscht oder unbrauchbar geworden, in die Winkel versteckt wurden, werden bei dieser Gelegenheit herausgeschafft und entweder in die Aufbewahrungsräume ordnungsmäßig eingereiht, oder zerschlagen und als altes Material verwandt. Geschieht dies nicht, dann bleiben solche Sachen Jahre lang an ihren verborgenen Orten liegen, bilden einen zwecklosen Ballast und verursachen Verluste an Zinsen für das nutzlos daliegende Material.

Welche Einrichtungen für dieses oder jenes Werk zutreffend oder mustergültig sind, kann niemals beantwortet werden, ohne die besonderen Verhältnisse desselben zu kennen. Was auf der einen Stelle gut und zutreffend ist, kann für die andere wertlos sein. Bestimmte Vorschriften, welche überall passend sind, können daher nicht gegeben werden. Anleitungen für die Einrichtung und Verwaltung von Werkbetrieben können nur allgemein gefaßt werden, Sache der denkenden Leiter ist es dann, das Vorgeführte zu prüfen und das ihnen zweckmäßig Erscheinende ihrem Betriebe anzupassen. Es wird kein Anspruch erhoben, daß dasjenige, was hier geboten wird, nur allein als richtig und empfehlenswert anzusehen ist. Nein, das wird nicht bezweckt! Sondern es wird von dem vielen Guten und Zweckmäßigen, das da besteht, nur ein kleiner Teil dargereicht, um einem jeden einen Anhalt und einen Wegweiser für den weiteren Ausbau seines Werkes zu geben.

Die in den Text aufgenommenen Formulare sind selbstverständlich, wenn nicht gerade beigefügt ist „natürliche Größe", in entsprechender Weise zu vergrößern und zu vervollständigen. Jeder Fabrikationszweig bedingt eine andere Behandlung; es muß daher eine jede Vorlage dem betreffenden Betriebe angepaßt werden. Die in den Beispielen angeführten Zahlen sind beliebig eingesetzte Werte, die nicht in jedem Falle als zutreffend angesehen werden dürfen.

# Anlage einer neuen Fabrik.

Wer eine Fabrik neu anlegen will, muß nicht allein die örtlichen Verhältnisse einer sorgfältigen Prüfung unterziehen, sondern auch das Areal, den Bau und die Einrichtung derselben dem ins Auge gefaßten Umfange des Unternehmens anpassen. Es werden sehr oft bei der Anlage von Fabriken, um augenblicklich kleine Vorteile auszunutzen, Fehler begangen, welche zu einer so großen dauernden Belastung des Unternehmens führen, daß man nicht verstehen kann, wie, bei der nötigen Sachkenntnis, solche Dinge überhaupt vorkommen konnten. Soll ein Werk neu errichtet werden, so kommt in erster Linie der Ort der Niederlassung und der Bauplatz in Frage. Bei der Wahl des Ortes kommt das nähere Absatzgebiet, oder wenn es sich um Erzeugnisse handelt, welche weit verschickt werden müssen, die leichte Versendungsmöglichkeit nach allen Gegenden in Betracht. Handelt es sich um Erzeugnisse, welche hohe Frachten nicht vertragen können, so ist die Lage an einem schiffbaren Flusse, wobei auch Bahnverbindung nicht ausgeschlossen sein darf, wohl für jeden Betrieb die beste. Im allgemeinen darf wohl angenommen werden, daß ein Werk von irgendwelcher Bedeutung niemals an einem Ort angelegt werden kann, der nicht in nächster Berührung mit einem Schienenwege steht, da bei einem Fabrikbetrieb nicht allein mit der Versendung der Erzeugnisse, sondern auch mit der Heranschaffung der Rohstoffe und des Brennmaterials zu rechnen ist. Wer die bequeme Verbindung seines Werkes mit der Bahn oder einem schiffbaren Flusse unbeachtet läßt und gezwungen wird, alle seine Rohstoffe, Kohlen und Erzeugnisse mit Gespannen oft weite Strecken hin und her rollen zu lassen, bürdet seinem Unternehmen eine Last auf, welche dauernd einen recht bedeutenden Teil des erzielten Nutzens in Anspruch nehmen wird. Wie der Ort der Niederlassung, so ist auch die Wahl des Bauplatzes von großer Bedeutung. Der Platz muß so gewählt werden, daß, abgesehen von der Möglichkeit der direkten Bahnverbindung, sich auch zu jeder Zeit mit Leichtigkeit eine Vergrößerung des Werkes vornehmen läßt. Um billiges Bauland oder eine nicht für jede Jahreszeit zweifellos ausreichende Wasserkraft benutzen zu können, eine Fabrik weit abseits von der Bahn oder dem großen Verkehr zu errichten, ist ein großer Fehler.

Neben der Wahl des Niederlaßortes und Bauplatzes bedarf die Arbeiterfrage einer sorgfältigen Prüfung. Hierbei ist nicht nur zu berücksichtigen, ob eine bestimmte Anzahl Arbeiter beständig zu erhalten ist, sondern auch, ob diese Arbeitskräfte sich für den betreffenden Fabrikbetrieb wirklich eignen. Wenngleich wohl anzunehmen ist, daß nach einem gewissen Zeitabschnitte, wenn Arbeiter und Fabrikbetrieb erst miteinander verwachsen und beide aufeinander angewiesen sind, eine Störung des Verhältnisses zwischen diesen beiden Teilen nur selten vorkommt, so ist doch die Frage, ob die Möglichkeit, neue Arbeitskräfte im Notfalle heranziehen zu können, vorhanden ist, nicht ganz unbeachtet zu lassen. Bei den heutigen Verhältnissen scheint die Beantwortung dieser Frage von so großer Wichtigkeit zu sein, daß jeder Unternehmer sich sehr besinnen sollte, sein Vermögen in einer Fabrik festzulegen, wenn er nicht die Gewißheit hat, daß er zu jeder Zeit in der Lage ist, sich die erforderlichen Ersatz-Arbeitskräfte heranziehen zu können.

Haben alle diese Vorfragen ihre Erledigung gefunden, ist also ein Ort gefunden, der sich durch seine günstige Lage für das Unternehmen eignet, ist ein ausreichend großer Bauplatz gesichert, welcher in unmittelbarer Nähe der Bahn liegt und ohne große Unkosten durch ein Gleis mit derselben verbunden werden kann, sind die Arbeitsverhältnisse zufriedenstellend, ist billiges und gutes Brennmaterial für den Fabrikbetrieb in der Nähe vorhanden und ohne Umstände zu jeder Zeit zu erhalten, dann kann in Ruhe an die Ausarbeitung der Zeichnungen für die bauliche Anlage und die innere Einrichtung des Werkes geschritten werden. Wenn hier gesagt wird, daß in Ruhe an die Ausarbeitung der Zeichnungen herangetreten werden kann, so hat dies seinen ganz bestimmten Zweck. Jede Überstürzung bei solchen wichtigen Arbeiten schadet; Fehler, die bei der Neuanlage gemacht werden, lassen sich später nicht mehr ohne Aufwendung von Kosten beseitigen, man quält sich dann mit der unpraktischen Einrichtung herum, hat beständig höhere Betriebskosten zu tragen, ärgert sich darüber und kann doch an der Sache nichts ändern, weil es doch nicht angängig ist, die neu errichteten Gebäude wieder einzureißen und durch andere, besser angeordnete, zu ersetzen. Darum hüte man sich vor überstürzten Bauten nach Zeichnungen, welche nicht in sorgfältigster Weise nach allen Seiten hin geprüft sind, sondern man lasse sich Zeit und verschmähe auch nicht, die Ansicht von Praktikern bis zum Arbeiter hin zu hören. Die Fachversammlungen der industriellen Vereine, welche jährlich in Berlin und in anderen hervorragenden Städten stattfinden, und bei welchen viel fachwissenschaftliche Vorträge gehalten und auch gewöhnlich industrielle Werke in Augenschein genommen werden, bieten einem jeden Gelegenheit, seine Kenntnisse zu bereichern und Ansichten zu hören, wie etwas eingerichtet oder wie es nicht gemacht werden soll. Während es sonst sehr schwer hält, das Urteil eines Fachgenossen über diese oder jene Einrichtung zu erfahren oder gar Eintritt in ein Werk der Konkurrenz zu erhalten, wird bei solchen Versammlungen eine Auskunft meistenteils sehr gern erteilt und bereitwilligst auch dem Berufsgenossen, zumal wenn er nicht in der nächsten Nähe seinen Wohnsitz hat, der Eintritt in die Werkräume gestattet. Solche Versammlungsbesuche machen sich daher stets bezahlt, man hört Lob und Klagen über dieses und jenes, und benutzt dann dasjenige, was zweckmäßig ist, und vermeidet, was man für unpraktisch hält.

Ein Fabrikneubau ist niemals sogleich in zu großer Ausdehnung vorzunehmen. Abgesehen davon, daß durch zu große Bauten gleich ein größeres Kapital festgelegt und verzinst werden muß, so bedingt schon die einfache geschäftliche Vorsicht, zunächst eine etwas abwartende Haltung einzunehmen und nicht alles auf eine Karte zu setzen. Wird von Anfang an gleich groß gebaut, so muß doch auch dementsprechend die innere Einrichtung getroffen werden. Die Dampfanlage wird größer gewählt, als in absehbarer Zeit vielleicht erforderlich ist; die Heizungsanlage muß so angelegt werden, daß in den weitläufigen

Räumen eine entsprechende Temperatur erzeugt werden kann; die Transmissionen erhalten Stärken und Längen, wie sie für die zu leistende Arbeit nicht erforderlich wären usw. Hierdurch werden Kapitalien festgelegt, ohne eine Gewißheit zu haben, ob das Werk je in dem aufgeführten Umfange eine Beschäftigung erhalten wird. Abgesehen von den nutzlos zu zahlenden Zinsen für die bei dem Bau und der Einrichtung zu viel ausgegebenen Summen, entsteht aber auch noch durch die höheren Betriebskosten, welche infolge der zu groß ausgeführten Anlage erwachsen, eine schwere Belastung des Unternehmens. Die für eine größere Ausdehnung des Werkes gewählte Dampfmaschine arbeitet, weil sie dauernd nur schwach in Anspruch genommen wird, sehr unvorteilhaft und beansprucht daher die Dampfanlage wesentlich mehr Brennmaterial, als wenn solche den Verhältnissen entsprechend gewählt wäre. Die Heizung der großen Räume verschlingt bedeutende Summen. Die Transmissionen nehmen viel Kraft in Anspruch, ohne entsprechende Ausnutzung zu finden. Die Beleuchtung der großen Räume ist kostspielig und steht in keinem Verhältnis zu der geringen beschäftigten Arbeiterzahl und geleisteten Arbeit. Genug, wohin man sieht, werden Kapitalien verschlungen und die Unkosten vergrößert, ohne daß man die Macht besitzt, irgendwo Ersparungen durchführen zu können. Die größere Anlage bedingt eben größere Ausgaben — ganz gleich, ob sie besetzt ist oder nicht — als eine den Verhältnissen entsprechend kleinere; darum empfiehlt es sich, bei dem Neubau eines Werkes mit der Dimensionierung desselben vorsichtig umzugehen und dasselbe nur so groß zu gestalten, wie man mit einiger Sicherheit voraussehen kann, es dauernd beschäftigen zu können. Hierbei sind aber alle Anordnungen so zu treffen, daß eine Vergrößerung der ganzen Anlage mit Leichtigkeit vorgenommen werden kann, ohne daß dadurch der innere Zusammenhang des Ganzen gestört und die künftige Fabrikation erschwert wird. Daß, unter Berücksichtigung solcher Sachlage, die Ausarbeitung des Projektes einer neuen Fabrikanlage nicht im Handumdrehen geschehen kann, sondern alle Verhältnisse genau geprüft und jeder Vorschlag mit Ruhe bedacht werden muß, bedarf wohl kaum noch einer weiteren Begründung. Gerade die all zu große Anlage vieler Werke hat für dieselben schwere Nachteile im Gefolge gehabt.

Statt einen Verdienst abzuwerfen, zehrten die großen Betriebskosten und die erschwerte Fabrikation jeden Nutzen auf. Und einen wirklich recht traurigen Eindruck macht es, wenn man ein in schönster Weise und in bester Absicht ausgeführtes Werk, infolge der übertriebenen Größe und Ausdehnung desselben, nicht vorwärts kommen, sondern langsam verkümmern sieht. Also nicht durch die Größe eines Werkes sichert man sich eine gute Verzinsung der in demselben angelegten Kapitalien, sondern nur dadurch, daß man die Gestaltung und den Ausbau desselben den örtlichen und zeitigen Verhältnissen anpaßt.

In erster Linie würde nun der Bau eines neuen Werkes so auszuführen sein, daß, wenn es erforderlich werden sollte, eine Vergrößerung desselben zu jeder Zeit vorgenommen werden kann, ohne daß dadurch die Fabrikation zerrissen, erschwert oder verteuert wird. Zunächst wäre der Platz für das Kesselhaus zu wählen. Dasselbe muß eine derartige Lage haben, daß das Brennmaterial gleich direkt von der Bahn neben demselben abgeladen werden kann und Kosten verursachende Transporte vermieden werden. Ferner muß das Kesselhaus in nächster Nähe der aufzustellenden Dampfmaschine zu stehen kommen, damit nicht lange Rohrleitungen erforderlich werden, welche einen Verlust an Dampf herbeiführen. Sofern nun eine elektrische Übertragung der Kraft von der Dampfmaschine nach den Wellenleitungen erfolgt, kann ja die Aufstellung des Kessel- und Maschinenhauses auf jedem Platz des Fabrikareals erfolgen, wenn dadurch nur die vorstehend angedeuteten Bedingungen erfüllt werden. Soll aber die Kraft der Dampfmaschine direkt von derselben, mittels Riemen oder Seil, auf die Wellenleitungen übertragen werden, dann muß dem Maschinenhaus eine solche Lage gegeben werden, daß der Antrieb möglichst in der Mitte der Haupttransmission erfolgen kann, weil dann durch die nach beiden Seiten hin abschwächenden Wellenleitungen recht ansehnlich an Anschaffungskosten gespart und eine notwendig werdende Vergrößerung des Werkes sehr erleichtert wird.

Bei dem Bau von Eisenbahnwerkstätten wird regelmäßig darauf Rücksicht genommen, daß bei einer erforderlich werdenden Vergrößerung derselben keine Störung, Erschwerung oder Umwälzung des Betriebes eintritt. Die Gebäude erhalten daher von Hause aus eine solche Gestaltung und Aufstellung, daß durch einfache Verlängerung derselben an den Giebelseiten jede Vergrößerung mit verhältnismäßig geringen Unkosten und Unbequemlichkeiten durchgeführt werden kann. Es empfiehlt sich daher, bei Neubauten von Fabrikanlagen dem Vorbilde der Eisenbahnverwaltungen zu folgen; es ist ein in der Praxis bewährtes System, das sich für die meisten Werksanlagen, mögen dieselben aus Gebäuden von einem oder mehreren Stockwerken bestehen, sehr gut bewährt hat.

Eine Erschwerung und Verteuerung eines jeden Werkbetriebes ist, wenn Materialien und Erzeugnisse unnötigerweise beständig im Werke hin und her geschafft werden müssen. Es ist daher bei jedem Neubau darauf Rücksicht zu nehmen, daß Gebäude und Einrichtungen so angeordnet werden, daß ein sachgemäßes Ineinandergreifen der Arbeiten erfolgen kann und ein Hin- und Hertransport der Arbeitsstücke vermieden wird. Das Materiallager müßte möglichst an der Empfangsstelle und in dessen Nähe die Schmiede, Kesselschmiede und Gießerei liegen, dann die Bearbeitungswerkstätten, als Dreherei, Fräserei, Hobelei usw. folgen, und schließlich die Schlosserei und Montagewerkstätte kommen, der sich dann die Verpackerei und der Versand angliedern müßte. Solche Vorschriften lassen sich zwar sehr gut aufstellen, aber in vielen Fällen nur sehr schwer durchführen. Aber immerhin dürften gewisse praktische Hinweise für die Aufstellung der Gebäude nicht von der Hand zu weisen sein, denn wer in großen Werken Gelegenheit gefunden hat, zu beobachten, wieviel Arbeitsleistung, infolge der unzweckmäßigen Anlage der Baulichkeiten und Aufstellung der Arbeitsmaschinen, durch Hin- und Hertransporte für Materialien und Werkstücke vergeudet wird, und dann sich die Mühe nimmt, diese unnötige Arbeit in Geld umzurechnen, der wird finden, daß durch solche verfehlten Anordnungen eine ganz bedeutende Erhöhung der Betriebsunkosten herbeigeführt wird.

Bei der inneren Einrichtung der Fabriken ist der Lage der Räume für das Aufsichtspersonal, die Werkzeugausgabe und des Lagers für Vorratsarbeiten entsprechende Aufmerksamkeit zu schenken. Das Meisterzimmer muß in jeder Werkstatt so belegen sein, daß der Meister, selbst wenn er darin arbeitet, von seinem Schreibtische aus seine ganze Werkstatt übersehen kann, damit das Arbeitspersonal sich unter einer beständigen Beaufsichtigung fühlt.

Eine Werkzeugausgabe ist bei jedem großen Werke in jeder Werkstatt einzurichten. Ist der Umfang eines Werkes nicht zu bedeutend, dann kann eine gemeinschaftliche Werkzeugausgabe angelegt werden, welche möglichst in der Mitte aller Werkstätten untergebracht werden muß, damit die Arbeiter nicht zu weite Wege bis zu derselben zurückzulegen haben.

Der Niederlage für Einzelteile und fertiggestellte kleinere Gegenstände muß auch ein möglichst in der Mitte des Werkes belegener Raum eingeräumt werden, damit nicht durch Laufereien bei Ablieferung und Abholung von Sachen Unbequemlichkeiten entstehen und eine Menge Zeit vergeudet wird.

Ob ein Bau in Fachwerk, Eisenkonstruktion oder massiv ausgeführt werden soll, wird teils von den zur Verfügung stehenden Mitteln des Erbauers, teils von der örtlichen Bauordnung abhängen. In jedem Falle ist aber danach zu sehen, daß alle Räume reichliches Licht und reinen Luftzufluß erhalten. Dunkle Räume erschweren das Arbeiten und zwingen zu einer größeren Inanspruchnahme der künstlichen Beleuchtung, wodurch eine Erhöhung der Betriebskosten eintritt. Unreine Luft macht den Aufenthalt in den Arbeitsräumen unangenehm, beeinflußt die Tätigkeit der Arbeiter und schädigt deren Gesundheitszustand.

Für den Fußboden der Erdgeschosse kann die Anwendung von Holzpflaster sehr empfohlen werden. Das Pflaster aus Holz ist dauerhafter als solches aus Backsteinen, es ist wärmer als das von jedem anderen Material und verursacht niemals Beschädigungen an Sachen, welche zu Boden gefallen sind.

## Ankauf einer alten Fabrik.

Mit Vorliebe pflegen Personen, welche sich einen eigenen Wirkungskreis gründen wollen, sich bei alten Unternehmen zu beteiligen oder ein altes Werk zu erstehen. Es ist ja recht angenehm, sich in eine gute Brotstelle hineinzusetzen, in das von einem anderen eingerichtete Nest häuslich einzurichten und in Ruhe und Gemütlichkeit die Früchte einzuernten, welche der Gründer des Unternehmens in jahrelanger Arbeit und Mühe angebaut hat. So sind im allgemeinen wohl die Gedanken derjenigen Personen, welche auf die Suche nach einem alten Geschäft ausgehen; man glaubt, daß der Besitz desselben genügt, um sich ein sorgenloses Leben verschaffen zu können; aber man übersieht, daß die Übernahme alter industrieller Betriebe auch eine Schattenseite haben kann.

In erster Linie bedingt die Übernahme eines jeden Werkes eine gewisse Sachkenntnis des Käufers. Ohne Sachkenntnis kein Vorwärtskommen. Mag man ein noch so tüchtiger und erfahrener Geschäftsmann sein und es fehlt an Erfahrung in dem Zweige des übernommenen industriellen Betriebes, so wird es immer eine geraume Zeit dauern, ehe man sich überall so eingearbeitet hat, um alle die kleinen Vorteile in der Fabrikation, welche heute bei der großen Konkurrenz fast den eigentlichen Nutzen bringen, genügend kennen zu lernen. Erfahrungen lassen sich nicht erkaufen, sie müssen gesammelt werden, daher wird jeder Fachmann, der bei seiner Branche bleibt, sicher besser fahren, wenn er sich eine Neuanlage schafft, in welcher er seine angelernten Kenntnisse verwerten kann, als wenn er sich in ein altes Werk hineinsetzt, in welchem er fremd dasteht und erst aufs neue zu lernen anfangen muß.

Der Ankauf eines alten Werkes hat aber auch noch anderweitige Nachteile, welche nicht unbeachtet gelassen werden dürfen. Zunächst bekommt man solche Erwerbsstellen nicht geschenkt. Der Besitzer läßt sich neben dem wirklichen Werte seines Werkes auch sein geschäftliches Ansehen, seine Kundschaft usw. bezahlen. Die Summen, welche hierfür geopfert werden müssen, sind oft nicht gering und stehen nicht immer im Verhältnis zu dem Nutzen, welchen man daraus zu ziehen hofft. Wie wenig oft die Namen alter Firmen wert sind, sieht man am besten daraus, daß die Käufer alter Werke, schon kurze Zeit nach der Übernahme derselben, eine Änderung der Firma auf ihren Namen vorzunehmen pflegen. So etwas tut man doch nicht, wenn man aus dem Beibehalten der alten Firma irgend welchen Nutzen hätte herausrechnen können. Die Kundschaft haftet an einem alten Werke heute nur so lange, als sie ihren Vorteil hierbei findet; schwenkt der neue Besitzer desselben von den Grundsätzen des alten ab, oder unterläßt er es, mit der Zeit mitzugehen, und beachtet nicht, daß er von seinen Konkurrenten überholt wird, dann hilft auch nicht der alte Name des Geschäfts, um einen Rückgang desselben aufzuhalten. Hohe Summen für die Übernahme einer alten Firma aufzuwenden, hat nicht den geringsten Wert. Allerdings werden bei Gründung von Aktiengesellschaften gewöhnlich in überschwänglicher Weise die Vorteile hervorgehoben, welche aus der Übernahme alter und im Publikum gut bekannter Werke für die Aktionäre erwachsen sollen, aber hauptsächlich dienen solche Lobgesänge doch nur dazu, um die hohen Erstehungspreise der alten Anlage, sowie die durch die Gründung erwachsenden hohen Unkosten zu rechtfertigen; denn für die Summen, welche bei solchen Gelegenheiten für den Ankauf von Fabriken gezahlt werden, können viel besser neue Anlagen mit zeitgemäßer Einrichtung geschaffen werden.

Ein weiterer Nachteil beim Ankauf alter Fabriken entsteht aus der Übernahme der alten Einrichtungen und Warenbestände. Nehmen wir an, daß der bisherige Besitzer eines Werkes mit der Zeit mitgegangen und seine Einrichtungen stets aufs beste den Verhältnissen angepaßt hat, so ist doch anzunehmen, daß er die alten Maschinen, Geräte und Werkzeuge nicht verworfen oder sich derselben um jeden Preis entäußert hat, sondern er wird diese Gegenstände in der Fabrik belassen haben, um sie, wenn möglich, wieder einmal verwenden zu können. Eine solche Möglichkeit tritt aber fast niemals, oder doch nur in sehr seltenen Fällen ein, trotzdem müssen diese zurückgestellten Gegenstände bei dem Ankauf einer alten Fabrik mit übernommen und, wenn man die schwere Verwendungsmöglichkeit derselben berücksichtigt, sehr teuer bezahlt werden. Denn bei dem Ankauf eines ganzen Werkes wird dessen Besitzer dem Käufer niemals die Werte in Anrechnung bringen, mit welchen seine Einrichtungen, nach jahrelanger Abschreibung, in der Vermögensaufstellung eingestellt sind, sondern es werden für den Verkauf neue Bewertungen vorgenommen, bei welchen die zeitige Beschaffenheit des Gegenstandes, sehr selten aber die wirkliche Verwendbarkeit desselben, in Rechnung gezogen wird. Da kann es dann vorkommen, daß alte, schon lange Zeit nicht mehr in voller Verwendung stehende Maschinen, infolge ihrer geringeren Abnutzung, in keinem Verhältnis zu ihrer Verwendungsmöglichkeit bezahlt werden müssen. Man muß übernehmen, was vorhanden ist, ganz gleich, ob man die Gegenstände gebrauchen und entsprechend ausnutzen kann oder nicht. Wie mit den Werkseinrichtungen so steht es auch mit der Übernahme der Warenbestände. Es gibt ja Industriezweige, bei welchen Waren- und Materialvorräte so gut wie gar nicht vorhanden sind, weil nur auf feste Bestellung gearbeitet und das hierfür erforderliche Material, erst wenn es zur Verwendung kommt, aufgegeben wird. In der ganzen Maschinenindustrie und Elektrotechnik bestehen solche Verhältnisse aber nicht, hier muß viel auf Vorrat gearbeitet werden. Nun sind aber die Erzeugnisse keines Industriezweiges so viel der Änderung unterworfen, als im Maschinenbau und den ihm verwandten Branchen. Die geringste Abweichung von einer Konstruktion bringt oft die wertvollsten Stücke außer Verwendung. Fortgeworfen werden natürlich dergleichen Sachen nicht, sondern beiseite gestellt, und zwar in der Voraussetzung, daß über kurz oder lang sich noch Gelegenheit finden wird, dieselben verwerten zu können. Aber die Gelegenheit findet sich nicht mehr. Die Gegenstände bleiben stehen und stehen noch nach Jahren, um dann in den Besitz des Käufers des alten Werkes überzugehen. Natürlich wird bei der Übernahme des Geschäfts und der Bestände sich kein Mensch finden, welcher den Käufer über die Eigenschaften eines jeden Stückes aufklärt, sondern die Aufnahmen erfolgen in der gewohnten Weise, wie bei einer Inventur, und die Berechnungen nach den im Verkaufskontrakt festgelegten Bedingungen. So geht denn alles bei der Übernahme der Arbeitsmaschinen, der Materialien und Warenvorräte in bester Ordnung vor sich, und trotzdem werden dem Käufer Lasten aufgebürdet, welche derselbe erst nach längerer Zeit kennen lernt, wenn er sich in sein Unternehmen eingearbeitet und den Wert und Nichtwert eines jeden von ihm übernommenen Stückes zu schätzen gelernt hat. Dann kommt auch hier bei einer der nächsten Inventuren der große Kehraus, um all den Ballast zu beseitigen, welcher bei der alten Firma in vielen Jahren in nicht ausnutzbaren Maschinen, Geräten, Werkzeugen und Warenbeständen angesammelt ist. Und wenn dann die Sichtung des Brauchbaren von dem Unbrauchbaren erfolgt ist und die entsprechenden Zahlen zur Abschreibung gekommen sind, dann zeigt es sich, daß doch der so alte Besitzstand recht teuer bezahlt wurde und, statt des gleich in den ersten Geschäftsjahren erhofften großen Gewinnes, eine recht empfindliche Vermögensverminderung erfolgt ist.

Aber hiermit sind noch nicht alle Verhältnisse geklärt, welche mit der Übernahme eines alten Werkes verbunden sind. Ein altes Werk hat auch alte Arbeiter- und Beamtenbestände, welche mit übernommen werden müssen. Ein guter, zuverlässiger Arbeiter- und Beamtenbestand ist für jedes industrielle Unternehmen eine Notwendigkeit und eine Hauptbedingung, um überhaupt erzeugen und bestehen zu können. So schwer es nun für ein neues Unternehmen ist, sich die erforderlichen tüchtigen Kräfte heranzuziehen und auszubilden, ebenso schwer und belastend ist aber auch bei der Übernahme eines alten Werkes die Verpflichtung, alle alten Leute mit übernehmen und weiter beschäftigen zu müssen. So tüchtig die alten Arbeiter bisher auch gewesen sind und auch fernerhin ihr Möglichstes tun werden, um die ihnen obliegenden Pflichten zu erfüllen, das zunehmende Alter beeinträchtigt doch von Jahr zu Jahr mehr und mehr die Leistungsfähigkeit eines jeden Menschen und führt schließlich dazu, daß die geschaffte Arbeit nicht mehr im Verhältnis zu dem gezahlten Lohn des einzelnen steht. Ein altes, viele Jahre bestehendes Werk wird aber viele Leute besitzen, welche den Höhepunkt ihrer Arbeitsfähigkeit schon lange überschritten haben. Den Nutzen aus der jugendlichen Kraft und der höchsten Leistungsfähigkeit dieser Personen hat der alte Werksbesitzer genossen, die Belastung, welche das zunehmende Alter der Arbeiter und Beamten bringt, soll der neue Arbeitgeber tragen. Es ist eine nicht zu unterschätzende Last, welche mit einer solchen Verpflichtung übernommen wird, und die man bei dem Ankauf alter Werke stets unterschätzt. Daher sollte gerade dieser Frage die größte Aufmerksamkeit bei der Übernahme alter Fabriken geschenkt werden, damit ein jeder zu seinem Recht kommt. Die Arbeiter und Beamten, welche die besten Jahre ihres Lebens in gewissenhafter Weise in dem Dienst eines Werkes gestanden haben, können durch einen Besitzwechsel nicht brotlos gemacht werden, ihnen muß nicht allein die Erwerbsstelle erhalten bleiben, solange sie schaffen können, sondern es muß ihnen auch bei einer eintretenden vollständigen Erwerbsunfähigkeit ein Einkommen gesichert werden, welches sie vor Not schützt. Die alten Arbeiter und Beamten dürfen von dem neuen Besitzer nicht einfach entlassen werden, weil sie inzwischen alt geworden sind, nein, das wäre eine Härte und ein Unrecht und würde eine Erregung der ganzen Belegschaft und sicher eine Einstellung der Arbeiten herbeiführen. Darum ist es Sache des Käufers eines Werkes, mit seinem Vorbesitzer solche Vereinbarungen zu treffen, daß dadurch auch der verminderten Leistungsfähigkeit der alten Arbeiter Rechnung getragen und deren Existenz gesichert werden kann.

## Die kaufmännische Verwaltung.

Die kaufmännische Verwaltung bildet den Mittelpunkt eines jeden industriellen Unternehmens. Jeder Eingang hat zunächst im Kontor Halt zu machen, um von dort aus seinen Weg durch das Werk angewiesen zu bekommen. Ebenso verläßt kein Gegenstand ein Werk, der nicht von einer kaufmännischen Abteilung seine Marschroute nach außerhalb vorgeschrieben erhält. Die kaufmännische Verwaltung ist je nach Größe eines Werkes in eine oder mehrere Abteilungen geteilt. Zur kaufmännischen Verwaltung gehört die Buchhalterei, die Kasse, die Korrespondenz, der Einkauf, der Versand, die Materialverwaltung, die Reklame, der Vertrieb, die Kalkulation und die Lohnabrechnung. Jede dieser Abteilungen kann oder muß getrennt verwaltet werden, wenn ein Werk eine Größe erreicht hat, daß eine sorgfältige Behandlung der Geschäfte von einer Stelle aus nicht mehr möglich ist. Haben wir es mit einem kleinen Unternehmen zu tun, da ist es selbstverständlich, daß in der Abwickelung der Geschäfte solche scharf begrenzten Arbeitsverteilungen im Kaufmännischen nicht eintreten können, sondern sich alle die verschiedenen Arbeiten auf eine oder einige Personen vereinigen müssen, aber zweckmäßig bleibt es trotzdem, wenn eine merkliche Scheidung aller dieser Geschäfte eines Fabrikbetriebes möglichst aufrecht erhalten wird, weil dadurch eine Übersicht erleichtert und der Sinn für Ordnung gestärkt wird.

An der Spitze der kaufmännischen Verwaltung steht der kaufmännische Leiter, auch kaufmännischer Direktor genannt, dem die Prokuristen und Vorstände der vorstehend angeführten Abteilungen zur Seite stehen. Vom kaufmännischen Direktor werden alle wichtigen Entscheidungen getroffen, alle gemeinsamen Besprechungen geleitet. der Verkehr mit der Kundschaft und den Behörden bewirkt und alle finanziellen Angelegenheiten erledigt. Der kaufmännische Leiter eines großen Werkes hat eine vielseitige Tätigkeit; es ist daher auch nicht möglich, daß er sich um alle Einzelheiten des Geschäftes selbst kümmern kann, er hat aber die Verpflichtung, solche Einrichtungen in seinem Verwaltungsbereiche zu treffen, daß in jedem Zweige desselben keinerlei Unzuträglichkeiten entstehen können, sondern sich alles in größter Ordnung abwickelt. Der kaufmännische Leiter eines Werkes trägt die Verantwortung für alle ihm Unterstellten. Diese Verantwortlichkeit zwingt denselben, ein offenes Auge auf alle ihn umgebenden Personen zu haben und auf alle von der Geschäftsordnung abweichenden Vorkommnisse zu achten, damit nicht Zustände in der Verwaltung einreißen, welche dem Gedeihen des Werkes schädlich sein können. Da eine solche eingehende Aufsichtsführung über ein großes Werk nicht von einer Person allein bewirkt werden kann, so ist es natürlich, daß der kaufmännische Leiter einen Teil seiner Verantwortung auf die verschiedenen Abteilungsvorstände oder Prokuristen überträgt. Dieses ist aber nur denkbar, wenn diese Abteilungsvorstände in ihrem Bezirke eine gewisse Selbständigkeit genießen, welche sie berechtigt, nach eigenem Ermessen bestimmte Anordnungen treffen zu können, ohne erst bei jeder unbedeutenden Sache die Entscheidung des obersten Leiters einholen zu müssen. Differenzen sind überall zu vermeiden, treten solche auf, so müssen sie unter allen Umständen so schnell wie möglich aus der Welt geschafft werden, damit nicht Zustände entstehen, welche die glatte Abwicklung der Geschäfte stören oder Mißstimmung im Kreise der Beamten hervorrufen. Wohl dem Unternehmen, das einen erfahrenen, tatkräftigen, umsichtigen, gerechten und wohlwollenden Leiter an seiner Spitze hat, der nicht verlangt, daß seine Untergebenen sich seinen Interessen unterordnen, oder seinem Ehrgeiz durch Handlungen, die das Selbstgefühl eines jeden rechtlichen Mannes verletzen, schmeicheln müssen. In solchen Werken herrscht Lust und Liebe zur Tätigkeit, da gedeiht die Arbeit und bringt Nutzen und Segen von allen Seiten.

## Die kaufmännische Buchhaltung.

Über kaufmännische Buchhaltung ist soviel geschrieben, daß es überflüssig erscheint, hier an dieser Stelle sich über dieselbe noch eingehender auszulassen. In einem Werke, das die ganze Verwaltung von industriellen Unternehmen behandelt, kann aber die kaufmännische Buchhaltung nicht ganz umgangen werden, es würde sonst eine Lücke entstehen, die von vielen nicht erklärt werden könnte.

In jedem Fabrikgeschäfte ist es erforderlich, eine sorgfältige Buchführung zu haben, aus der man mit Leichtigkeit den Stand des Geschäftes zu jeder Zeit übersehen kann. Als die beste Buchführung galt bisher die doppelt italienische, das heißt, eine Buchführung, bei der jeder Posten nach zwei Seiten hin so verbucht wurde, daß sich das Soll und Haben aller Konten miteinander stets decken muß. Diese Buchführung, die als allgemein bekannt angenommen werden kann, hat aber etwas Zopfartiges, das von vielen Personen gern abfällig beurteilt wird. Trotz dieser abfälligen Beurteilung hat sich die doppelte Buchführung mit allen ihren Anhängen stets gut bewährt und erhalten, weil man eben nichts Besseres herauszufinden wußte, das diese zwar umständliche, aber stets zuverlässige Einrichtung ersetzen könnte. In den letzten Jahren ist nun eine neue Buchführung hier und dort zur Einführung gekommen, welche als die amerikanische bezeichnet wird, und die in ihrer Einfachheit und Zuverlässigkeit alles bisher Dagewesene übertreffen soll. Ob diese Buchführung wirklich aus Amerika stammt, soll hier nicht untersucht werden, Tatsache ist, daß man recht viele schöne Sachen als aus Amerika stammend bezeichnet, welche in der alten Welt ihre Entstehung gefunden haben, hier aber zuerst vom Publikum abgelehnt, dann nach Amerika gebracht und von dort wieder zurückgekommen sind, um dann als etwas Neues und Praktisches angestaunt und aufgenommen zu werden.

Die Formulare 1a und 1b, Seite 20 und 21, zeigen ein Kassenbuch, das nach der amerikanischen Buchführung eingerichtet ist. Eine nähere Beschreibung der Handhabung der Eintragungen dürfte überflüssig sein, da sich ja aus den angeführten

Beispielen alles Wissenswerte ersehen läßt. Der Zweck dieser Buchungsform ist der, daß ein jeder Posten, welcher beispielsweise in die Kasse eingetragen wird, gleich auf das Gegenkonto gebracht wird. Es werden alle weiteren Zusammenstellungen vermieden und man ist in jedem Augenblick in der Lage, den Stand eines jeden Kontos mit Leichtigkeit übersehen zu können. Es ist nicht zu verkennen, daß eine solche Buchführung sehr bequem erscheint und viele Vorteile für sie sprechen. Allein diese amerikanische Form hat auch ihre Schattenseiten, welche wir nicht unbeachtet lassen dürfen. Sind in einem Geschäft viele Konten erforderlich, so erhält das Buch eine Breite, welche die Handhabung desselben und die Übersicht über die einzelnen Rubriken sehr erschwert. Nehmen wir nur die notwendigsten Konten an, so haben wir doch mindestens mit fünfzehn Doppelrubriken zu rechnen, welche, außer den Spalten für das Datum und den Gegenstand der Buchung, einzurichten sind. Wir erhalten dadurch eine Buchbreite, für welche ein Schreibpult nicht immer ausreichend sein dürfte. Während nun bei der alten Buchungsform die eine Seite für die Soll-, die andere für die Habenposten benutzt wird, werden sämtliche Kassenposten hier hintereinander eingetragen. Dies hat zur Folge, daß das Vollschreiben jeder Seite sich bei der amerikanischen Buchungsform viel schneller vollzieht, als bei der sonst gebräuchlichen. Ist aber eine Seite aufgebraucht, so müssen auch alle Spalten der verschiedenen Konten aufgerechnet und auf die nächste Seite übertragen werden; dies verursacht aber eine solche Unbequemlichkeit und Mehrarbeit, daß die Vorteile, welche durch die direkte Buchung der Kassenposten auf die Gegenkonten entstehen, zum größten Teile aufgehoben werden. Um die Zahl der Rubriken zu verringern und die Bücher übersichtlicher zu machen, werden in vielen Fällen verschiedene Konten zusammengelegt, die einzelnen Posten mit Zeichen versehen und dann am Monatsschluß nach ihrer Zusammengehörigkeit ausgezogen. Durch dieses Verfahren wird aber der Grundgedanke dieser amerikanischen Buchführung durchbrochen und wieder auf die Gepflogenheiten der alten Buchführung zurückgegriffen. Ob unter solchen Umständen wirklich eine Vereinfachung der Buchführung herbeigeführt wird, dürfte doch wohl zu bezweifeln sein; jedenfalls empfiehlt es sich, die Sache vor ihrer Einführung einer

Monat

| Tag | | H. B. Fol. | Kassa-Konto Debet M. | Pf. | Kassa-Konto Kredit M. | Pf. | Wechsel-Konto Debet M. | Pf. | Wechsel-Konto Kredit M. | Pf. | |
|---|---|---|---|---|---|---|---|---|---|---|---|
| 2. | Verkaufe 12400 M. preußische Konsols . . . . . . . . | | 12400 | — | | | | | | | 1 |
| 4. | A. Müller, Frankfurt a/M. sendet à Konto . . . . . . . | | 4500 | — | | | | | | | 2 |
| 6. | Diskontiere bei der Reichsbank die App. 25000 4 % Disk. M. 220.50 | | 25000 | — | 220 | — | | | 25000 | — | 3 |
| 7. | Div. Komptanteinkäufe . . . . . . . . . . . . . . | | | | 13500 | — | | | | | 4 |
| 8. | Für Kontor-Einrichtung bezahlt . . . . . . . . . . . | | | | 1000 | — | | | | | 5 |
| 10. | Lombardiere bei der Reichsbank 10000 M. Konsols . . . . | | 8000 | — | | | | | | | 6 |
| 12. | Sende an H. Ahrends, Stettin, à Konto . . . . . . . . | | | | 16000 | — | | | | | 7 |
| 15. | Komptant-Verkäufe . . . . . . . . . . . . . . . . . | | 3400 | — | | | | | | | 8 |
| 19. | Von dubiosen Forderungen geht ein A. Meyer, Magdeburg . | | 700 | — | | | | | | | 9 |
| 20. | Diskontiere Adolf Schulz, Dresden M. 15000 ab 5 % Disk. 180 M. | | 180 | — | 15000 | — | 15000 | — | | | 10 |
| 23. | Kaufe 2 Pferde und 1 Wagen . . . . . . . . . . . . | | | | 1700 | — | | | | | 11 |
| 25. | Fracht von Leipzig . . . . . . . . . . . . . . . . | | | | 150 | — | | | | | 12 |
| 31. | Unkosten laut Spezial-Buch . . . . . . . . . . . . | | | | 1500 | — | | | | | 13 |
| | Kassen-Plus . . . . . . . . . . . . . . . . . . . | | 30 | — | | | | | | | 14 |
| | | | 54210 | — | 49070 | 50 | 15000 | — | 25000 | — | |

Formular 1 a.

August 1904.

| | Konto-Korrent-Konto | | | | Waren-Konto | | | | General-Unkosten-Konto | | | | Diverses | | | | |
|---|---|---|---|---|---|---|---|---|---|---|---|---|---|---|---|---|---|
| | Debet | | Kredit | | Debet | | Kredit | | Debet | | Kredit | | | Debet | | Kredit | |
| | M. | Pf. | M. | Pf. | M. | Pf. | M. | Pf. | M. | Pf. | M. | Pf. | | M. | Pf. | M. | Pf. |
| 1 | | | | | | | | | | | | | Effekten-Konto | | | 12400 | — |
| 2 | | | 4500 | — | | | | | | | | | | | | | |
| 3 | | | | | | | | | | | | | Zinsen-Konto | 220 | 50 | | |
| 4 | | | | | 13500 | — | | | | | | | | | | | |
| 5 | | | | | | | | | | | | | Inventar-Konto | 1000 | — | | |
| 6 | | | | | | | | | | | | | Lombard-Konto | | | 8000 | — |
| 7 | 16000 | — | | | | | | | | | | | | | | | |
| 8 | | | | | | | 3400 | — | | | | | | | | | |
| 9 | | | | | | | | | | | | | Konto-Dubio | | | 700 | — |
| 10 | | | | | | | | | | | | | Zinsen-Konto | | | 180 | — |
| 11 | | | | | | | | | | | | | Pferd- und Wagen-Konto | 1700 | — | | |
| 12 | | | | | 150 | — | | | | | | | | | | | |
| 13 | | | | | | | | | 1500 | — | | | | | | | |
| 14 | | | | | | | | | | | | | Gewinn und Verlust | | | 30 | — |
| | 16000 | — | 4500 | — | 13650 | — | 3400 | — | 1500 | — | | | | 2920 | 50 | 21310 | — |

**Formular 1 b.**

**Debet** **Monat**

| Kassa-Konto M. | Pf. | Wechsel-Konto M. | Pf. | Konto-Korrent-Konto M. | Pf. | Waren-Konto M. | Pf. | General-Unkosten-Konto M. | Pf. | Diverses M. | Pf. | Tag | | |
|---|---|---|---|---|---|---|---|---|---|---|---|---|---|---|
| 12400 | — | | | | | | | | | | | 2. | Verkaufe 12400 M. preußische | 1 |
| 4500 | — | | | | | | | | | | | 4. | A. Müller, Frankfurt a/M. | 2 |
| 25000 | — | | | | | | | | | Zinsen-Konto 220 | 50 | 6. | Diskontiere bei der Reichsbank | 3 |
| | | | | | | 13500 | — | | | | | 7. | Diverse Komptant- | 4 |
| 8000 | — | | | | | | | | | | | 8. | Lombardiere bei der Reichsbank | 5 |
| | | | | 16000 | — | | | | | | | 10. | Sende an H. Ahrends in | 6 |
| 3400 | — | | | | | | | | | | | 12. | Komptant- | 7 |
| 700 | — | | | | | | | | | Inventar-Konto 1000 | — | 15. | Für Kontor-Ein- | 8 |
| 180 | — | | | | | | | | | | | 19. | Von dubiosen Forderungen geht | 9 |
| | | 15000 | — | | | | | | | | | 20. | Diskontiere Ad. Schulz, Dresden, | 10 |
| | | | | | | | | | | Pferde- und Wagen-Konto 1700 | — | 23. | Kaufe 2 Pferde und | 11 |
| | | | | | | 150 | — | | | | | 25. | Fracht von | 12 |
| | | | | | | | | 1500 | — | | | 31. | Unkosten laut | 13 |
| 30 | — | | | | | | | | | | | 31. | Kassen- | 14 |
| 54210 | — | 15000 | — | 16000 | — | 13650 | — | 1500 | — | 2920 | 50 | | | |

Formular 2a.

August 1904. Kredit

| | | H.B. Fol. | Kassa-Konto M. | Pf. | Wechsel-Konto M. | Pf. | Konto-Korrent-Konto M. | Pf. | Waren-Konto M. | Pf. | General-Unkosten-Konto M. | Pf. | Diverses M. | Pf. |
|---|---|---|---|---|---|---|---|---|---|---|---|---|---|---|
| 1 | Konsols | | | | | | | | | | | | Effekten-Konto 12 400 | — |
| 2 | sendet à Konto | | | | | | 4500 | — | | | | | | |
| 3 | div. Agg. M. 25 000 4 % Disk. 220.50 | | 220 | 50 | 25 000 | — | | | | | | | | |
| 4 | Einkäufe | | 13 500 | — | | | | | | | | | | |
| 5 | 10 000 M. Konsols | | | | | | | | | | | | Lombard-Konto 8 000 | — |
| 6 | Stettin à Konto | | 16 000 | — | | | | | | | | | | |
| 7 | Verkäufe | | | | | | | | 3400 | — | | | | |
| 8 | richtungen bezahlt | | 1 000 | — | | | | | | | | | | |
| 9 | ein A. Meyer, Magdeburg | | | | | | | | | | | | Konto-Dubio 700 | — |
| 10 | M. 15 000 à 5 % = 180 M. Disk. | | 15 000 | — | | | | | | | | | Zinsen-Konto 180 | — |
| 11 | 1 Wagen | | 1 700 | — | | | | | | | | | | |
| 12 | Leipzig | | 150 | — | | | | | | | | | | |
| 13 | Spezial-Buch | | 1 500 | — | | | | | | | | | | |
| 14 | Plus | | | | | | | | | | | | Gewinn- und Verlust-Konto 30 | — |
| | | | 49 070 | 50 | 15 000 | — | 4500 | — | 3400 | — | | | 21 310 | — |

**Formular 2 b.**

sorgfältigen Prüfung zu unterziehen und dabei zu berücksichtigen, daß unsere Kaufleute in die alte Buchführungsform eingearbeitet sind, während die amerikanische Buchhaltung wohl von den meisten erst erlernt werden müßte. Unerwähnt soll jedoch nicht bleiben, daß, um die Übersichtlichkeit zu erleichtern, die Bücher auch so eingerichtet werden, daß die Eintragungen in die Mitte der Doppelseiten erfolgen und dann die Sollposten links, die Habenposten rechts davon auf die verschiedenen Konten — siehe Formular 2a und 2b, Seite 22 und 23 — gesetzt werden.

Auf weitere Einzelheiten der amerikanischen Buchführung hier einzugehen, dürfte wohl nicht nötig sein, weil, wie schon hervorgehoben ist, hier nicht die kaufmännische Buchführung in ausführlicher Weise behandelt werden soll. Die kaufmännische Buchführung muß jedem Geschäftszweige angepaßt werden, sie ist oft eine so komplizierte, beispielsweise in Bankgeschäften, daß sie nur in einem selbständigen Werke sachgemäß und in erschöpfender Weise besprochen werden kann. Dies schließt aber nicht aus, daß hier auf die Gestaltung von Nebenbüchern ausführlicher eingegangen werden kann, sofern es sich um die Handhabung von Einrichtungen handelt, welche in jedem Fabrikgeschäfte Anwendung finden können.

## Der Einkauf.

In der Einkaufsabteilung werden alle Angebote entgegengenommen und alle Bestellungen auf Materialien und Fabrikbedürfnisse ausgefertigt. Bei den niedrigen Preisen, für die oft bei schlechten Geschäftszeiten Aufträge zur Ausführung übernommen werden müssen, liegt in vielen Fällen der ganze Nutzen bei einem Geschäfte in dem günstigen Einkauf der Materialien. Der Einkauf hat sich daher nicht damit zu begnügen, nur Angebote auf den augenblicklichen Bedarf entgegenzunehmen, sondern er muß auch die Geschäftslage verfolgen und dann den richtigen Zeitpunkt abpassen, um sich zu vorteilhaften Bedingungen die für den Fabrikbetrieb erforderlichen Materialien zu sichern. Der Nutzen einer Einkaufsabteilung wird oft sehr unterschätzt, ebenso der Wert des freiwilligen Angebots. Gibt es doch Werke, bei welchen an dem Pförtnerhause eine Bekanntmachung angebracht ist, daß Angebote nur an ganz bestimmten Tagen und Stunden der Woche entgegengenommen werden. Eine solche Anordnung ist so widersinnig und zeigt von so geringem Verständnis für den Wert des freiwilligen Angebots, daß man sie nicht begreifen kann. Man stelle sich nur vor, daß ein Geschäftsmann von Berlin nach dem Rhein reist, um dort in den Fabriken ein von ihm hergestelltes, höchst zweckmäßiges Erzeugnis einzuführen, und von dem Pförtner einer Fabrik mit dem Bemerken abgewiesen wird: heute, am Montag, werden keine Angebote entgegengenommen und keine Einkäufe gemacht, kommen Sie Freitag wieder, dann ist Einkaufstag. Sieht so etwas nicht aus, als wollte man sich von dem allgemeinen Geschäftsleben ausschließen? Das Eigentümliche ist, daß ein solches Werk selbst Vertreter und Verkäufer in die Welt hinausschickt, welche seine Erzeugnisse an den Mann bringen sollen. Bedingt es da nicht das einfache Anstandsgefühl, auch die Vertreter anderer Werke zu jeder Zeit zu empfangen und nicht auf einzelne Empfangstage der Woche zu verweisen, die von einem Entferntwohnenden nicht eingehalten werden können? Viele Werke haben sich durch eine solche Geschäftshandhabung bei ihrem Einkaufe sehr geschädigt, es ist ihnen manches günstige Angebot entgangen, das sie vor erheblichen Mehrausgaben geschützt hätte. In vielen Einkaufsabteilungen herrscht aber auch gegen Verkäufer von bestimmten Materialien eine solche Abneigung, daß dieselben überhaupt nicht empfangen werden. Ist so etwas von Nutzen? Nein! Ist eine Einkaufsabteilung vorhanden, so muß sie alle Angebote entgegennehmen und diese in gewissenhafter Weise prüfen. Die Zeit, welche man einem Verkäufer gewidmet hat, ist keine verlorene, wenigstens wird man den Nutzen daraus ziehen, daß man über die Leistungen und Preise der verschiedenen Lieferanten unterrichtet wird und danach seine weiteren Entschließungen treffen kann.

In welcher Weise die Einkaufsabteilung über die anzuschaffenden Materialien usw. unterrichtet wird, soll bei der Besprechung des Geschäftsganges erörtert werden. Liegen Materialbestellungen vor und sind hierüber keine Jahresabschlüsse vorhanden, welche das Einholen von Angeboten unnötig machen, dann wird zunächst bei den zur engeren Wahl stehenden Lieferanten Rundfrage über Preise und Lieferfristen gehalten werden müssen. In der Zeit der Syndikate ist ja das Einholen von Angeboten eine anscheinend ziemlich einfache Sache, abert trotz der allgemeinen Preisfestsetzungen lassen sich durch Anfragen auch bei den Syndikaten noch manche Vorteile herausholen, namentlich, wenn selbige nicht alle Werke eines Fabrikationszweiges umfassen, sondern einige noch außerhalb derselben verblieben sind. Handelt es sich um Materialien, welche neben dem Grundpreise noch mit Überpreisen für Größen und Gewichtsüberschreitungen belegt sind, dann ist es empfehlenswert, Durchschnittspreise einzufordern, weil hierbei ein größeres Entgegenkommen der Lieferanten erreicht werden kann. Wenn auch durch die Syndikatsbildungen eine Konkurrenz der Werke untereinander und eine Preisschleuderung vermieden werden soll, so gilt es nicht für ausgeschlossen, durch geschickte Handhabung des Einkaufes Zugeständnisse zu erhalten, die oft nicht zu unterschätzen sind. Besonders bei Aufträgen nach dem Auslande zeigen die Syndikate den inländischen Bestellern gegenüber großes Entgegenkommen.

Liegen die Angebote auf die zu vergebenden Materialien vor, sind selbige genau geprüft und untersucht, ob nirgends ein Irrtum zwischen Anfrage und Angebot obwaltet, dann empfiehlt es sich, die Bestellung so auszuschreiben, daß, falls bei der Bearbeitung einzelne Stücke ausgeschossen werden müssen, die Nachbestellung eines Ersatzstückes keinerlei Schwierigkeiten bietet. Zu dem Zwecke sind die Bestellungen nicht unter einer Kommissionsnummer fortzuschicken, selbst wenn sie an einem Tage und in einem Briefe abgesandt werden, sondern Teile zu einem abgeschlossenen Gegenstande müssen stets eine besondere Kommissionsnummer erhalten. Soll beispielsweise das Material für einen Dampfkessel oder einen Dampfsammler bestellt werden, so müssen doch die Materialien des Kessels und des Dampfsammlers trotzdem sie zu einer Lieferung gehören, unter verschiedenen Kommissionsnummern ausgeschrieben werden, damit von vornherein auf ein Auseinanderhalten der Materialien bei der Verwendung und Berechnung gewirkt wird. Handelt es sich um eine Bestellung, wie Bleche, dann ist jede Größe und Form mit einem Buchstaben oder einer Nummer zu bezeichnen. Dem Materiallieferanten ist aufzugeben, daß auf jedem Stücke die

Kommissionsnummer und die laufende Nummer oder der Buchstabe der Bestellung aufgeschrieben wird, damit bei Eingang der Materialien das Ordnen und Nachprüfen derselben erleichtert wird. Es macht für die Lieferanten der Materialien nicht viel mehr Arbeit aus, ob sie auf ein Blech die einzelnen Maße oder die angegebenen Bezeichnungen aufschreiben lassen, es werden aber viele Arbeiten und Irrtümer an der Empfangsstelle vermieden, wenn die hier angedeutete Einrichtung stets durchgeführt wird.

Eine weitere Forderung der Einkaufsabteilung an den Lieferanten muß sein, daß sämtliche Rechnungen in zweifacher Ausführung eingereicht und in denselben die Kommissionen gesondert gehalten, nicht aber wie Kraut und Rüben durcheinander geworfen werden. Die Ausschreibung doppelter Rechnungen verursacht heute, wo mit der Schreibmaschine gearbeitet wird, dem Lieferanten keinerlei Unbequemlichkeit, weil es für die die Rechnungen ausschreibenden Personen gleich ist, ob sie eine oder mehrere derselben zu gleicher Zeit ausführen. Die doppelte Rechnung hat aber für den Empfänger einen sehr großen Wert und erleichtert demselben ganz wesentlich die Abwicklung der Geschäfte. Während die eine Rechnung im Einkauf verbleibt, wird die andere nach der Materialverwaltung weitergegeben, damit dort der richtige Eingang der Sendung bescheinigt werden kann. Je nachdem es nötig ist, kann von der Materialverwaltung die zweite Rechnung auch an die Werkstatt und Kalkulatur weiter gegeben werden, nötigenfalls auch noch nach dem technischen Bureau wandern; eine Verschleppung oder Störung in der Abwicklung der Geschäfte der Einkaufsabteilung kann dadurch niemals erfolgen, weil die eine Rechnung stets bei den Akten der Einkaufsabteilung verbleibt und auf Grund derselben alle weiteren Maßnahmen getroffen werden können.

Es war früher Sitte und es ist auch heute noch in vielen Geschäften Brauch, daß die eingehenden Rechnungen in ein Fakturenbuch eingetragen und von dort dann weiter verbucht werden. Diese Abschreiberei der Rechnungen hat nicht den geringsten Wert, denn ist eine Sendung angekommen und dieselbe mit der Rechnung übereinstimmend befunden worden, dann genügt es, wenn die letztere in ihrem Gesamtbetrage weiter verbucht wird. Die Hauptsache ist, daß die Rechnungen, nachdem sie erledigt sind, wohl geordnet und in einem möglichst sauberen Zustande aufbewahrt werden, damit sie zu jeder Zeit zur Einsicht zur Hand sind. Und hierzu eignen sich die jetzt überall gebräuchlichen Mappen so vorzüglich, daß es kaum möglich ist, etwas Besseres und Praktischeres zu finden.

Eine weitere Aufgabe des Einkaufs ist es, die in Gestalt von Drucksachen eingehenden Angebote zu prüfen und für den Geschäftsbetrieb nutzbar zu machen. Wie schon an anderer Stelle bemerkt, wird leider den Drucksachen in großen Betrieben nicht immer die Aufmerksamkeit geschenkt, welche sie oft verdienen. Jede Post bringt eine Menge offene Sendungen, die, ohne entfaltet zu werden, in den meisten Geschäften in den Papierkorb wandern, weil man nicht die Zeit hat, oder sich nicht die Zeit nehmen will, dieselben zu lesen. Sachen, welche Preise oder Neuerungen enthalten, die im Betriebe des Werkes einmal Verwendung finden könnten, sollten niemals von kurzer Hand vernichtet, sondern sorgsam aufbewahrt werden. Wie oft kommt es vor, daß man hier eine Sache benötigt, über die man genauer unterrichtet sein möchte. Man weiß, daß darüber geschrieben und gesprochen wurde, aber man erinnert sich nicht, wo dies geschehen ist. Und so ist man oft in der größten Verlegenheit, wie man sich eine Kenntnis über einen nötigen Gegenstand verschaffen kann. Werden solche gedruckten Angebote im Einkauf nach bestimmten Grundsätzen gesondert und aufbewahrt, dann wird man stets ein reichhaltiges Material zur Hand haben, wenn man einer Auskunft über dieses oder jenes Stück bedarf. Da derartige gedruckte Angebote nicht gut geheftet aufbewahrt werden können, so werden dieselben in mit Aufschrift versehene Pappkästchen oder Fächer gelegt, wo sie mit Leichtigkeit durchgeblättert werden können.

Sehr belehrend ist es, wenn mit dem Einkauf ein Lager von Mustern verbunden ist, welche von verschiedenen Lieferanten zur Vorführung ihrer Leistungen hergegeben werden. Aus solchen Mustern kann nicht allein die Qualität des Materials erkannt werden, sondern es werden oft auch Bearbeitungen des letzteren vorgeführt, welche dem Fachmann Anregung geben, diese in dem eigenen Betriebe nachzuahmen und für die Herstellung gewisser Gegenstände nutzbar zu machen.

# Der Eingang der Post.

Dem Eingang der Post wird in jedem Geschäft mit gespannten Erwartungen entgegengesehen, denn von dem, was die Post bringt, hängt nicht allein die Tätigkeit aller Angestellten für die nächsten Stunden ab, sondern die Post führt auch die Aufträge zu, welche dem Werke die Beschäftigung und den Verdienst schaffen sollen. Die Post kommt nicht in langen Zwischenräumen an, sondern erscheint alle Tage mehrere Male; die Erledigung derselben kann daher nicht auf die lange Bank geschoben werden, sie muß stets schnell und ohne Zeitverlust erfolgen, damit nicht durch Verzögerungen Störungen hervorgerufen werden oder Nachteile für das Geschäft entstehen.

In einem kleinen Geschäft wickelt sich die Erledigung der Post in ziemlich einfacher Weise ab, je größer aber ein Werk ist, um so schwieriger wird die Behandlung derselben. Das Öffnen, Lesen und Verteilen der Briefe geht nicht ohne großen Zeitverlust ab. Von verschiedenen Personen sollen Auskünfte eingeholt und Entscheidungen getroffen werden. Nach verschiedenen Abteilungen des Werkes wandern die Briefe hin und her, damit über ihren Inhalt beraten werden kann, und inzwischen sitzen die Korrespondenten still und sind oft in reiner Verzweiflung, daß sie mit ihrer Tätigkeit nicht beginnen und ihre Arbeit nicht mit Ruhe und Überlegung ausführen können. In jedem größeren Geschäfte muß jeder eingehende Brief sofort beantwortet werden, es dürfen keine Rückstände bleiben, weil dies zu Verschleppungen führt.

Da heißt es Einrichtungen schaffen, durch die nicht allein die ganze Post in schnellster Weise erledigt werden kann, sondern auch alle verantwortlichen Personen über alle Ein- und Ausgänge sorgfältig unterrichtet bleiben.

Über die Behandlung der eingehenden Briefe bestehen in großen Werken die verschiedenartigsten Einrichtungen, ob diese aber überall zufriedenstellend wirken, dürfte wohl zu bezweifeln sein. Zwei Punkte sind es, die sich stets schwer vereinigen lassen; erstens, daß die Postsachen ohne Zeitverlust zur Verteilung gebracht und schnell erledigt werden können, und zweitens, daß alle maßgebenden Personen der Verwaltung schnell über den Inhalt der Post unterrichtet werden und zu jeder Zeit einen Überblick über das ganze Geschäft behalten. Treten nun jeden Morgen die Leiter eines Werkes mit den Abteilungsvorständen erst bei einer Postbesprechung zusammen, lesen die einzelnen Briefe durch und beschließen, was geantwortet und geschehen soll, dann vergeht der größte Teil des Vormittags, ohne daß es zu einer Abwicklung der Geschäfte kommt. Um gleich in früher Morgenstunde mit der Beantwortung oder Erledigung der Briefe vorgehen zu können, empfiehlt es sich, die Post so zu behandeln, daß möglichst in allen Abteilungen zu gleicher Zeit mit der Bearbeitung derselben vorgegangen, und auch die Geschäftsleitung von dem Inhalt aller Eingänge unterrichtet werden kann. Um dieses zu erreichen, ist folgender Geschäftsgang empfehlenswert: Die eingehenden Briefe werden von einem bestimmten Beamten geöffnet, mit dem Eingangsstempel versehen und dem mit der Prüfung der Postsachen betrauten Prokuristen oder Abteilungsvorsteher unterbreitet. Dieser ließt alle Eingänge schnell durch, versieht jeden derselben mit einem Zeichen, wohin jedes Stück weitergegeben werden soll, und behält nur diejenigen Briefe zurück, welche von der Geschäftsleitung — Besitzer oder Direktoren — persönlich erledigt werden müssen. Die Briefe werden nach dem Zeichen sortiert und jede Gruppe in eine Liste — Formular 3, Seite 31 — eingetragen und nebst derselben nach der betreffenden Verwaltungs- oder Werkabteilung zur schleunigsten Erledigung abgegeben. Damit aber die Geschäftsleitung über alle Posteingänge auf dem Laufenden bleibt, wird von jeder Liste durch Blaudruck eine Kopie gefertigt, welche sofort nach Fertigstellung vorzulegen ist. Die einzelnen Abteilungen bearbeiten nun ohne Zeitverlust alle diejenigen Sachen selbständig, welche keinerlei Entscheidung der Geschäftsleitung bedürfen. Angelegenheiten jedoch, welche von den Abteilungen nicht eigenmächtig erledigt werden können, werden zu einer festgesetzten Zeit von den Abteilungsvorständen mit dem Geschäftsleiter besprochen und nach dessen Angaben dann weiter behandelt. Jeden Abend müssen sämtliche Listen der Ausgangsstelle, mit entsprechenden Vermerken versehen, wieder zurückgegeben werden; Sachen, welche während des Tages nicht erledigt werden konnten, werden in die Liste des nächsten Tages wieder vorgetragen und dies so lange wiederholt, bis die-

**Posteingangsliste für Abteilung K vom 10. Juli 1904**

| Eingangs- Nummer | Eingangs- Tag | Eingangs- Monat | Absender des Briefes | Inhalt des Briefes | Bemerkungen über Erledigung |
|---|---|---|---|---|---|
| 3325 | 6. | VII. | W. Buchmann & Co., Berlin. | Anfrage auf 100pf. Dampfm. | Erledigt 10./VII. |
| 3460 | 8. | VII. | Becker & Meyer, Wien. | Wünscht Vertretung. | Auskunft eingeholt. |
| 3630 | 10. | VII. | Akt.-Ges. Victoria. | Verlangt höheren Rabatt. | Erledigt 10./VII. |
| 3631 | 10. | VII. | Schuster & Co., München. | Wünscht Auskunft über hiesige Firma. | Erledigt 10./VII. |
| 3640 | 10. | VII. | Weber & Korn, Leipzig. | Anfrage auf Drehbank. | T. abgegeben. |
| 3641 | 10. | VII. | Müller & Klein, Dresden. | Anfrage auf kl. Bohrmaschine. | W. abgegeben. |

**Formular 3.**

selben ihre Erledigung gefunden haben. Auf diese Weise wird erreicht, daß allen Posteingängen stets eine prompte Behandlung zu teil wird, daß Briefe nicht verloren gehen und aus Bequemlichkeit zurückgehalten werden und daher ohne Antwort bleiben, und daß die Geschäftsleitung alle Tage über alle Posteingänge, sowie über alle Sachen, welche nicht erledigt worden sind, genau unterrichtet bleibt. Das Posteingangsformular gibt zunächst die Nummer und das Datum des Einganges des Briefes und dann den Namen des Absenders an. Der Letztere braucht nicht voll ausgeschrieben, sondern nur so angedeutet zu werden, daß er erkannt wird. Es kommt dann eine kurze Hinweisung auf den Inhalt des Briefes und schließlich eine Spalte für Bemerkungen über die Erledigung oder Weitergabe des Schriftstückes. Bei Bezeichnungen der Abteilungen sind einfache Buchstaben zu wählen: D = Direktion, K = kaufmännisches Bureau, T = technisches Bureau, W = Werkstattverwaltung, M = Materialverwaltung, K = Kasse, E = Einkauf usw.

In verschiedenen Werken wird es vermieden, die Originalbriefe herumwandern zu lassen; es werden daher von denselben Abschriften angefertigt und diese dann weitergegeben. Der Zweck dieser Einrichtung ist, zu verhüten, daß Briefe durch Verlorengehen oder Beiseitelegen unbeantwortet bleiben. Diese zeitraubende und umständliche Anordnung ist bei richtiger Handhabung der Posteingangsliste überflüssig, weil mit der letzteren alles zur Aufrechterhaltung eines zuverlässigen Geschäftsbetriebes Erforderliche erreicht werden kann. Die täglichen Posteingangslisten werden, nach dem Datum geordnet, aufbewahrt, und bieten die Möglichkeit, noch in späterer Zeit Auskunft über die Erledigung eines jeden Briefes geben zu können.

Es fragt sich nun, ob selbst in einem sehr großen Werke eine so ausführliche Kontrolle der Briefe, wie sie durch die Posteingangsliste und andere Einrichtungen erfolgen kann, dringend nötig ist? Ferner, ob der Verlust oder die Verschleppung eines Briefes von so großer Bedeutung sein kann, daß dadurch der große Zeit- und Arbeitsaufwand, den die Ausfüllung der Posteingangslisten täglich beansprucht, gerechtfertigt sein kann? Eine wirkliche Notwendigkeit, einen jeden Brief in irgend eine Liste einzutragen, dürfte wohl nicht erforderlich sein, doch über das, was notwendig ist, hier bestimmte Aussprüche zu tun, ist nicht angängig, weil das wirklich Nötige nur aus eigenen Erfahrungen in jedem Betriebe festgestellt werden kann. Hier wird nur angegeben, wie eine Abwicklung der Eingangspostgeschäfte überhaupt möglich ist, Sache der Verwaltungen ist es, das Angeführte den örtlichen Verhältnissen anzupassen. Aber immerhin soll nicht unterlassen werden, einige Hinweise hier einzuschalten, wie der Zeitverlust und die Schreibarbeit verringert werden kann, ohne daß die Übersicht über den Eingang der Postsachen verloren geht.

Die Post wird wohl stets nur im kaufmännischen Bureau und von einem kaufmännischen Beamten geöffnet, und in der Hauptsache auch an dieser Stelle bearbeitet werden. Besteht das kaufmännische Bureau nur aus einer Abteilung, dann erscheint es überflüssig, über die in demselben bleibenden Briefe noch Posteingangslisten herzustellen, weil ein Verschleppen derselben ziemlich ausgeschlossen ist. Ebenso können die Posteingänge der Einkaufsabteilung, weil solche doch in der Hauptsache nur aus Rechnungen bestehen, ohne jede Kontrolle weitergegeben werden. Dagegen dürfte es sich wohl dringend empfehlen, alle weiterzugebenden Briefe, selbst solche, in denen es sich nur um kleine Reparatur- oder Materialaufträge handelt, unter Kontrolle zu behalten.

Der größte Zeitverlust bei der Eingangspost entsteht dadurch, daß die Briefe oft vor der Verteilung von dem Geschäftsleiter und einer Anzahl Beamten durchgelesen werden. Das müßte in jedem großen Geschäfte vermieden werden. Jeder bekommt zur Einsicht nur das, was für ihn Interesse hat, die Geschäftsleiter, die natürlich von allen Eingängen unterrichtet sein sollen, müssen von jedem einzelnen Briefe Kenntnis erhalten. Es braucht das aber nicht gerade stets gleich bei Eingang der Hauptpost zu erfolgen, sondern es kann allmählich im Laufe des Tages geschehen, je nachdem Sachen nach der Bearbeitung frei werden. Ist es aber nötig, daß die Geschäftsleitung gleich in den ersten Morgenstunden erfährt, was die Post gebracht hat, so ist es viel einfacher und für die Abwicklung der Arbeiten weniger störend, wenn jeder der Abteilungsvorstände der Reihe nach bei der Geschäftsleitung antritt, über die Eingänge Vortrag hält und gleich die Entscheidung über besondere Angelegenheiten entgegennimmt. Es hat eine große Anzahl bedeutender

Werke gegeben, bei welchen die Einrichtung bestand, daß bevor nicht die Geschäftsleitung in erster Linie von allen Posteingängen Einsicht genommen hatte, mit der Erledigung der Post nicht vorgegangen werden durfte. Hierdurch wurde aber ein so schwerfälliger Geschäftsgang hervorgerufen, daß jetzt wohl überall mehr auf eine schnelle und glatte Abwicklung der Geschäfte gehalten, als auf eine ängstliche Wahrung der Autorität der Geschäftsleitung gesehen wird.

Die mit der Post eingehenden Drucksachen werden oft sehr abfällig behandelt und gern von kurzer Hand in den Papierkorb befördert. Das sollte eigentlich nicht geschehen. Es werden als Drucksachen sehr oft recht wichtige Sachen verschickt, welche zu lesen und aufzubewahren nicht ohne Wert ist. Es empfiehlt sich daher, alle Drucksachen, welche in irgend einer Berührung mit den Interessen des Geschäfts gebracht werden können, den Abteilungsvorständen zur Durchsicht vorzulegen und sie dann geordnet aufzubewahren; es kommen recht oft Fälle vor, wo man solche gedruckte Mitteilungen sehr benötigt und dann froh sein wird, dieselben sicher aufbewahrt zu haben.

## Die Erledigung der Post.

Wie schon in dem vorhergehenden Kapitel hervorgehoben, ist es nötig, daß mit der Beantwortung und Erledigung der Post möglichst schon in den Morgenstunden begonnen wird, damit in Ruhe und mit Überlegung die Arbeit ausgeführt werden kann und dadurch Irrtümer und Unzuträglichkeiten nach Möglichkeit ausgeschlossen werden. Es ist leider in vielen Geschäften und Werken eine Gewohnheit geworden, das Korrespondenzpersonal in den ersten Vormittagstunden ohne hinlängliche Beschäftigung zu lassen und dann, wenn die Beantwortung der Briefe drängt, mit einer Last von Arbeiten hervorzutreten, das es oft als eine Unmöglichkeit angesehen werden muß, den einzelnen Schriftstücken diejenige Aufmerksamkeit angedeihen zu lassen, die eine sorgfältige Abwicklung der Geschäfte beanspruchen kann. Ist dann in wilder Hast das Briefschreiben erfolgt, dann muß in gleicher Weise das Fertigmachen der Briefe geschehen, um die entsprechenden Postzüge noch zu erreichen, oder das Arbeiten weit über die Geschäftszeit hinaus zu vermeiden. Solche schleunige Expedition der Briefe hat aber ihre Schattenseite: es werden Adressen verschrieben, Briefe in falsche Umschläge hineingetan, Beilagen vergessen einzulegen oder solche verwechselt. Und alles dieses nur, weil nicht eine richtige Arbeitseinteilung erfolgt, oder die maßgebenden Leiter zu wenig auf die Folgen der Verschleppung der Arbeiten achten. Es kann daher nur dringend empfohlen werden, die Abfertigung der Post nicht immer bis zum Schluß der Arbeitszeit zu belassen, sondern dieselbe so zeitig vorzunehmen, daß sämtliche Briefe und Geldsendungen noch während der üblichen Geschäftszeit mit Sorgfalt erledigt werden können.

Beim Schreiben der Briefe soll in jedem derselben nur eine Angelegenheit behandelt werden, damit der Empfänger in der Lage ist, jedes Antwortschreiben dem betreffenden Aktenstück einverleiben zu können. Um den brieflichen und geschäftlichen Verkehr zu erleichtern und zu vereinfachen, empfiehlt es sich, oben vor dem Anfange des Briefes anzugeben, welche Angelegenheit in demselben behandelt wird, auch sollten alle überflüssigen und nicht allgemein verständlichen Redewendungen vermieden und nur kurz und bündig die vorliegende Sache behandelt werden. Das Lesen der Post in großen Geschäften ist eine zeitraubende Arbeit: Personen, welche miteinander in brieflichem Verkehr stehen, sollten daher gegeneinander so viel Rücksicht nehmen, daß sie sich nicht durch überflüssige Redensarten Zeit rauben und die Abwicklung der Geschäfte erschweren.

Bei Briefen, welche mit der Schreibmaschine geschrieben werden, ist das nasse Kopieren zu vermeiden und die Kopie gleich mit Durchschlägen herzustellen. Ist man der Ansicht, daß der Empfänger des Briefes denselben zur weiteren Behandlung weiter geben muß, dann empfiehlt es sich, mit der Schreibmaschine gleich zwei Kopien herstellen zu lassen und eine davon dem Briefe beizufügen. Für die Arbeiten an der Schreibmaschine ist es gleichgültig, ob ein oder zwei Durchdrucke ausgeführt werden, dem Empfänger des Briefes wird aber durch Beifügung einer Kopie desselben oft ein großer Dienst geleistet.

Beim Fertigmachen der Briefe ist darauf zu achten, daß die Briefumschläge nicht bis in die äußersten Ecken zugeklebt werden, sondern eine Öffnung verbleibt, um mit einem Messer die Briefe aufschneiden zu können. Es ist eine recht unangenehme Sache, wenn der Brieföffner wegen Mangels eines jeden Angriffspunktes am Umschlag gezwungen ist, zur Schere zu greifen und dann hierbei den Brief selbst zerschneidet. Übrigens sollten die Briefumschläge stets mindestens 5 mm größer, als der zusammengelegte Brief ist, gewählt werden, denn in verschiedenen großen Geschäften werden die Briefe sämtlich mit einer Art Schere aufgeschnitten und da kommt es dann sehr leicht vor, daß mit dem Umschlag auch das Schriftstück zerschnitten wird.

Bei Briefen an große Werke oder Geschäfte, welche verschiedene selbständige Abteilungen haben und dies auch in ihren Briefen anführen, ist stets auf dem Umschlage die betreffende Abteilung, an welche der Brief gerichtet ist, anzugeben, weil dies dem Empfänger eine Erleichterung verschafft.

Dem Wunsche der Post, die Briefmarken stets oben in die rechte Ecke zu kleben, sollte bereitwilligst entsprochen werden, weil das Abstempeln der Briefe mittels einer Maschine dieses erforderlich macht.

Die Versendung wichtiger Mitteilungen als Drucksachen sollte stets vermieden werden, weil die Erfahrung gelehrt hat, daß offene Briefe niemals die Beachtung finden wie geschlossene. Mögen gedruckte Briefe noch so schön ausgeführt sein, sie werden doch nur ganz oberflächlich behandelt, während einem mit der Schreibmaschine geschriebenen und dann vervielfältigten Schriftstück immer Beachtung geschenkt wird. Das höhere Porto für den geschlossenen Brief spielt in solchen Fällen keine Rolle, denn, wenn die mit drei Pfennigen bezahlten Drucksachen unbeachtet bleiben, dann haben sie ihren Zweck verfehlt und sind dadurch teurer, als der mit zehn Pfennigen Porto versehene Brief, welcher des Durchlesens seitens des Empfängers gewürdigt worden ist.

## Die Generalunkosten.

Die Generalunkosten spielen in jedem Geschäft eine große Rolle, trotzdem wird denselben sehr oft nicht die Beachtung geschenkt, welche sie verdienen. Besonders in kleineren Fabriken pflegt man über die Generalunkosten sich gern hinwegzusetzen, obgleich es hier gerade sehr leicht ist, sich über die Höhe derselben ein richtiges Bild zu schaffen. Von der richtigen Würdigung der Generalunkosten hängt in erster Linie das Fortkommen eines jeden Werkes ab, und es ist wohl nicht zu viel behauptet, wenn der Ausspruch getan wird, das hauptsächlich die Unkenntnis der wirklichen Höhe der Generalunkosten viele Unternehmen dem Ruine zugeführt hat. Mag das Werk groß oder klein sein, wohin man sieht entstehen Unkosten, welche bei der Bewertung der Erzeugnisse berücksichtigt werden müssen. Es genügt nicht zu sagen, dies ist der Wert des Materials und dieses sind die für die Herstellung des Fabrikates gezahlten Löhne, mithin sind die Selbstkosten des hergestellten Stückes so und so hoch, nein, mit einer solchen Berechnung würde man nicht weit kommen, sondern trotz fleißiger Arbeit bald zugrunde gehen. Die Generalunkosten machen sich in allen Zweigen des Betriebes breit, sie lassen sich beim besten Willen nicht beseitigen, sie sind ein Übel, mit dem ein jeder Geschäftsmann rechnen muß. Aber es gibt eine Möglichkeit, die Generalunkosten zu verringern. Dieses geschieht durch Vermeidung aller nicht dringend notwendigen Ausgaben, durch zweckmäßige Anlage des ganzen Betriebes und durch sachkundige Handhabung der Verwaltung. Werden diese drei Urquellen aller Generalunkosten mit Vorsicht behandelt, wird überall auf Sparsamkeit geachtet, wird alles vermieden, was den Betrieb erschwert, umständlich macht und verteuert, dann hat man getan, was man tun konnte, um die Generalunkosten auf das denkbar niedrigste Maß herunter zu bringen.

Die Generalunkosten werden aus Betriebs- und Geschäftsunkosten zusammengesetzt. Viele Personen legen einen großen Wert darauf, daß diese beiden Unkostenarten streng auseinander gehalten werden. Diese Scheidung verursacht oft recht starke Reibereien zwischen der technischen und kaufmännischen Leitung eines Werkes, weil jede Verwaltungsabteilung bemüht ist, soviel als möglich von sich auf die andere abzuwälzen. Solange ein Geschäft flott geht und einen guten Gewinn abwirft, wird wenig auf die Höhe der Generalunkosten oder deren Entstehung geachtet, treten aber flaue Zeiten und damit Verstimmung ein, dann werden die Unkosten unter die Lupe genommen und gewöhnlich nicht die der eigenen, sondern die der anderen Verwaltungsabteilung scharf kritisiert. Ob die entstandenen Unkosten als Betriebs- oder Geschäftsunkosten zu bezeichnen sind, wird in vielen Fällen kaum zu unterscheiden sein, weil in einem großen Betriebe so vieles ineinander greift, daß selbst der gewissenhafteste Fachmann darüber im Zweifel sein wird, welcher Abteilung er diese oder jene Ausgabe wird zur Last legen können. Aber beweisen selbst auch Zahlen, daß mit den Betriebs- oder Geschäftsunkosten nicht immer richtiges Maß gehalten ist? Die Erhaltung der Werkzeuge belastet den Betrieb sehr stark, zu den teuersten Werkzeugen gehören die Fräser, welche die Herstellung gewisser Gegenstände erleichtern und verbilligen. Kann man da der technischen Leitung einen Vorwurf machen, wenn sie durch Herstellung und Instandhaltung der Fräser größere Aufwendungen macht und die Betriebsunkosten erhöht, sofern sie die Gewißheit hat, daß dadurch ganz wesentlich bei der Ausgabe von produktiven Löhnen gespart wird? Kann der technischen Leitung ein Vorwurf gemacht werden, wenn sie auf Aufstellung von zweckmäßigen Hebewerkzeugen dringt und durch die Erhaltung und Bedienung derselben erreicht, daß die Ausführung der Montage und anderer Arbeiten erleichtert und verbilligt wird? Kann man der kaufmännischen Verwaltung einen Vorwurf machen, wenn sie im Interesse der Vergrößerung des Absatzes höhere Aufwendungen für Drucksachen und Inserate macht und dadurch die Geschäftsunkosten mehr als bisher belastet? Der Nutzen oder der Nachteil solcher Ausgaben läßt sich nicht nach Zahlen, sondern nur nach deren Zweckmäßigkeit und Erfolg bestimmen und da angenommen werden muß, daß von den verantwortlichen Personen jede Ausgabe auf deren Notwendigkeit sorgfältig geprüft und auf den zu erhoffenden Vorteil gewissenhaft erwogen worden ist, so hat es auch keinen Zweck, sich lange mit der Frage, ob diese oder jene Ausgabe als Betriebs- oder Geschäftsunkosten anzusehen ist, aufzuhalten, sondern sie beide zusammenzulegen und als Generalunkosten zu bezeichnen. Dieses schließt aber nicht aus, daß jeder solcher erhöhten Ausgaben für Unkosten beständig eine sorgfältige Beachtung geschenkt werden muß, um die Gewißheit zu haben, daß dieselbe auch wirklich eine dauernde Vereinfachung der Fabrikation, eine verhältnismäßige

Verringerung der produktiven Löhne, und eine Vergrößerung des Absatzes herbeigeführt hat.

Welche Ausgaben als Generalunkosten zu rechnen sind, läßt sich nicht mit wenigen Worten sagen, da die Ansichten hierüber sehr auseinander gehen. Zunächst würde die Verzinsung des Anlagekapitals in Frage kommen. Während von einer Seite behauptet wird, daß die Verzinsung des Anlagekapitals aus dem erzielten Gewinn bestritten werden muß, vertreten andere Fachmänner die Meinung, daß eine normale Verzinsung desselben zu den laufenden Unkosten eines Werkbetriebes gehört. Die industriellen Unternehmungen werden wohl nur in den seltensten Fällen aus den baren Mitteln der Besitzer errichtet, sondern es wird auch meistenteils fremdes Kapital herangezogen, welches dann als Hypotheken oder schwebende Schuld dauernd zn verzinsen ist. Die Zinsen sind als laufende Ausgaben zu betrachten, und deren Bezahlung kann nicht dem Zufall überlassen bleiben, sondern es muß darauf Rücksicht genommen werden, daß bei Deckung der allgemeinen Unkosten auch der Zinsverpflichtung Rechnung getragen wird. Wenn nun auch aus der Einlage der Unternehmer eine Zinsverpflichtung für das ganze Anlagekapital nicht hergeleitet werden kann, so darf doch kein Zweifel darüber obwalten, daß bei der Zusammenstellung der Generalunkosten wenigstens auf die Verzinsung der Hypotheken oder Obligationen Rücksicht genommen werden muß, weil sonst diese Ausgaben schließlich keine Deckung finden könnten. Es erscheint daher sehr angebracht, für die Zinsverpflichtung einen gewissen Prozentsatz bei der Zusammenstellung der Generalunkosten zu berücksichtigen und dieselbe nicht auf den zu erwartenden Gewinn zu übernehmen.

Neben der Verzinsung des Anlagekapitals geben die Abschreibungen auf Gebäude, Maschinen, Werkzeuge usw. Veranlassung zu Meinungsverschiedenheiten. Auch hier möchten viele die Abschreibungen aus dem erzielten Gewinn gedeckt sehen. Das ist aber nicht angängig. Die Abschreibungen müssen erfolgen, sie sind eine Notwendigkeit. Die Entwertung des Besitzes durch Zeit und Benutzung ist eine beständige und bildet daher eine dauernde Belastung eines jeden Unternehmens, mit der jeder vorsichtige Geschäftsmann zu rechnen hat. Es ist daher auch erforderlich, daß die Abschreibungen den Generalunkosten zugezählt und mit diesen schon bei der Selbstkostenberechnung der Erzeugnisse berücksichtigt werden.

Es kommen nun alle diejenigen Ausgaben, welche als Generalunkosten wohl von keiner Seite bestritten werden. Das sind:

Brennmaterial für die Betriebskraft, Heizung und Fabrikation,
Beleuchtung des Werkes,
Putzmaterial,
Schmieröl,
Wasserverbrauch,
Reparaturen an Gebäuden, Maschinen und Werkzeugen,
Gehälter für Beamte, Meister und Pförtner,
Lohn für Heizer, Wächter und Bedienung,
Hilfsarbeiter, deren Tätigkeit nicht als produktive gelten kann,
Kranbedienungsmannschaften,
Arbeiter in der Materialverwaltung und bei dem Versand,
Feuerversicherung,
Krankenkassenbeiträge,
Invaliden- und Altersrentenversicherung,
Unfallversicherung,
Steuern jeder Art,
Fuhrwerke mit Fahrpersonal,
Materialien, welche zu allgemeinen Zwecken im Werke benutzt werden und keine Verwendung mehr finden,
Materialverluste und unnötig gezahlte Löhne für Ausschußarbeiten usw.

Hierzu treten die gewöhnlichen Geschäfts- oder Handlungsunkosten, von welchen jedoch alle Verkaufsprovisionen auszuscheiden sind, weil diese bei der Preisfestsetzung der Erzeugnisse berücksichtigt werden müssen. Dagegen fallen Geschäftsreisen, Inserate und alle sonstige den Verkauf fördernde Ausgaben unter die Generalunkosten.

Es ist nicht gut möglich, alle die kleinen Ausgaben und Einbußen aufzuführen, welche in einem größeren Werkbetriebe entstehen und nicht dem erzeugten Gegenstande direkt in Anrechnung gebracht werden können, sondern über das Generalunkostenkonto geben müssen. Es ist daher Sache einer jeden

Werkleitung, über alle Ausgaben und Belastungen des Betriebes sorgfältig zu wachen, um alle die Posten und Pöstchen herauszuschälen, welche als Generalunkosten eine Deckung finden müssen. Geschieht dies nicht, dann erwachsen Verluste, für deren Entstehung man keine rechte Erklärung finden wird.

Wenngleich nun eine Scheidung zwischen Betriebs- und Geschäftsunkosten eigentlich keinen Zweck hat, so bietet es doch viel Belehrendes, wenn die Ausgaben für Belastungen, wie sie beispielsweise in dem vorstehenden Verzeichnis aufgeführt sind, möglichst auseinander gehalten und auf besondere Konten verbucht werden, weil man dann leichter das einzelne übersehen und danach Änderungen und Verbesserungen in dem Betriebe eintreten lassen kann. Aber auch bei der Verteilung der Generalunkosten auf die verschiedenen Fabrikationszweige ist es nötig, zu wissen, in welcher Weise und Höhe diese an den einzelnen Ausgaben oder Betriebsbelastungen beteiligt sind. In wie weitgehender Weise ein solches Auseinanderhalten der einzelnen Generalunkostenposten erforderlich ist, kann nur derjenige feststellen, welcher den betreffenden Werkbetrieb sowie die Art der Fabrikation genau kennt. Es hat daher keinen Wert, auf Einzelheiten hier näher einzugehen, sondern es muß den Werkleitern überlassen werden, sich ihre Einrichtungen allmählich auf Grund der gemachten praktischen Erfahrungen so auszubauen, daß sie sich den Verhältnissen des Betriebes anpassen und das herbeiführen können, was man zu erreichen bezweckt.

## Abschreibungen.

Die Abschreibungen auf Grundstücke, Maschinen, Werkzeuge usw. haben den Zweck, den Besitzstand dadurch zu sichern, daß man für die Entwertung dieser Objekte jährlich aus den Betriebseinnahmen einen angemessenen Betrag absondert. Es ist ja erklärlich, daß Gebäude mit den Jahren trotz regelmäßiger Instandsetzung zerfallen, daß Maschinen sich abnutzen oder veralten und durch Neuerungen überholt werden, daß Werkzeuge sich in kurzer Zeit aufbrauchen usw. Würde im geschäftlichen Leben auf diese ganz natürlichen Vorkommnisse nicht Rücksicht genommen und für dieselben nicht eine entsprechende Rücklage gemacht, sondern stets der erzielte Geschäftsgewinn voll zur Ausschüttung gebracht werden, dann würde sich der Besitzstand von Jahr zu Jahr vermindern und schließlich, selbst von einem sehr solide angelegten Unternehmen nichts weiter als eine abgewirtschaftete Ruine übrig bleiben.

Sowohl die Höhe der Abschreibungen, als auch die Art, wie dieselben vorgenommen werden, sind sehr verschieden. Wer weniger auf Verteilung eines hohen Geschäftsgewinnes als auf gute Fundierung eines Geschäftes sieht, wird seine Abschreibungen derartig bemessen, daß in einer die gewöhnliche Lebensdauer der Objekte in keinem Falle überschreitenden Zeit die vollen Anschaffungswerte abgeschrieben sind. Wer dagegen sein Augenmerk nur auf Erzielung eines hohen Augenblickeffektes richtet und sich über die Zukunft seines Werkes mit Gleichgültigkeit hinwegsetzt, der wird seinen Abschreibungen eine solche Form zu geben wissen, daß durch dieselben der zur Verteilung kommende Gewinn nicht zu sehr beschnitten wird. Diese Gegensätze in der Behandlung der Geschäfte und in der Beurteilung dessen, was einem Unternehmen zu seiner gesunden Fundierung nötig ist, haben auch bei der Vornahme der Abschreibungen verschiedene Gebräuche gezeitigt. Abgesehen davon, daß die Höhe der Abschreibungen bei ein und demselben Gegenstande bei verschiedenen Werken so weit auseinandergehen, daß selbst ein Laie hierüber stutzig werden muß, so haben sich auch Abschreibungsarten vielseitig eingebürgert, gegen die im ersten Augenblick nichts einzuwenden ist, bei welchen sich aber bei genauerer Prüfung ergibt, daß der dauernde Effekt hinter den gehegten Erwartungen zurückbleibt.

Die Abschreibungen sind am richtigsten, wenn sie von dem Anschaffungswerte eines Gegenstandes erfolgen. Mag für Abschreibung ein noch so geringer Prozentsatz gewählt werden, in jedem Falle wird man mit Leichtigkeit sich ausrechnen können, nach wieviel Jahren eine vollständige Amortisation der betreffenden Objekte erfolgt sein wird, wenn die Abschreibung vom Anschaffungswert geschieht. Wird gefunden, daß die Abschreibung zu lange dauert und der wirklichen Abnutzung der betreffenden Gegenstände nicht entspricht, so wird man sehr leicht in der Lage sein, der Abschreibung eine derartige Höhe zu geben, daß damit den tatsächlichen Verhältnissen Rechnung getragen wird.

Diese Abschreibung vom Anschaffungswerte der Gegenstände wird aber nicht überall angewandt, vielmehr liebt man es jetzt sehr, dieselbe von der Restsumme vorzunehmen, welche nach der vorjährigen Abschreibung verblieben ist. Die Sache sieht zwar im ersten Augenblick sehr unverfänglich aus, weil derjenige, welcher einen Abschluß prüft, sein Augenmerk mehr auf den Prozentsatz richtet, welcher zur Abschreibung kommt, als auf die Summe, von welcher die Abschreibung erfolgt, zumal ein Irrtum in der Beurteilung der Zahlen um so leichter möglich ist, als bei den Geschäftsabschlüssen die Anschaffungswerte der betreffenden Gegenstände niemals angegeben werden. Aber das Verfahren hat, wie wir gleich sehen werden, seine großen Bedenken!

Stellen wir die beiden Systeme der Abschreibungen gegenüber, so zeigt es sich, daß, wenn ich bei einer Maschine eine jährliche Abschreibung von 10% von dem Anschaffungswerte vornehme, dieselbe nach zehn Jahren vollständig amortisiert, also durch die Rückstellungen ganz bezahlt worden ist. Nehme ich dagegen eine gleiche Abschreibung stets nur von der Summe vor, welche nach der letztjährigen Abschreibung verblieben ist, so dauert es 35 Jahre, ehe ich die Maschine bis auf ihren Materialwert abgeschrieben habe. Daß diese beiden Abschreibungsarten einen solchen weit auseinander liegenden Effekt ausüben, dürfte nicht immer beachtet werden. Wenn nun berücksichtigt wird, daß beispielsweise Gebäude, welche mit 2% amortisiert werden, nach dem einen Verfahren 50, nach dem anderen aber 165 Jahre verwendbar bleiben müssen, ehe sie bis zum alten Materialwert abgeschrieben sind, so wird man sich sagen müssen, daß doch mit den Jahren ein sonst recht solides Unternehmen sehr hinfällig und abgewirtschaftet werden kann, wenn das zweite Abschreibungsverfahren bei ihm dauernd zur Anwendung gebracht wird.

Die Abschreibungen von der Restsumme haben von Hause aus einen ganz bestimmten und praktischen Zweck gehabt, denn es lag denselben der Gedanke zugrunde, daß neue Gegenstände in den ersten Jahren die größte Entwertung erfahren, und daß daher von denselben in dieser Zeit größere Abschreibungen gemacht werden müssen, als in späteren Jahren. Aber ein Umstand, welcher dieses Verfahren so empfehlenswert machte, wird heute ganz unbeachtet gelassen, nämlich der, daß man bei demselben die Anfangsabschreibung wesentlich höher einsetzen muß als bei dem Verfahren der Abschreibung vom Anschaffungswerte. Auch dürfen die Mindestabschreibungen niemals einen bestimmten Prozentsatz des Anschaffungswertes eines Gegenstandes unterschreiten, damit die volle Amortisation desselben in einer festgelegten Zahl Jahre gesichert wird.

Es entsteht nun die Frage: Wie hoch müssen die jährlichen Abschreibungen bemessen sein, und sind sie unter allen Umständen regelmäßig einzuhalten? Die Höhe der Abschreibung richtet sich nach der Dauer der Verwendbarkeit eines Gegenstandes. Diese Verwendbarkeit wird nicht allein durch die Tauglichkeit eines Objektes beeinflußt, sondern auch durch die Verwendungsmöglichkeit desselben. Wird ein Gebäude für einen besonderen Zweck aufgeführt, wird eine Maschine zur Herstellung eines ganz bestimmten Fabrikates angeschafft, so ist es nicht ausgeschlossen, daß die Verwendungsmöglichkeit plötzlich, sei es infolge des Wechsels der Mode, sei es durch Einführung anderer Herstellungsweisen, aufhört. Wo eine solche Gefahr für die Verwendungsmöglichkeit besteht, muß selbstverständlich höher abgeschrieben werden als bei Maschinen, Werkzeugen und Gebäuden, bei denen nur die Dauer ihrer Tauglichkeit zu berücksichtigen ist. Für gewöhnlich darf wohl angenommen werden, daß mit einer zwanzigjährigen Verwendbarkeit der Maschinen und fünfzigjährigen der Gebäude gerechnet und danach die Höhe der Abschreibungen bemessen werden kann. Diese Zahlen aber als immer zutreffend anzusehen, ist nicht angängig, denn bei den Abschreibungen sprechen auch örtliche und zeitliche Verhältnisse mit. Der Sachkenntnis und der Gewissenhaftigkeit des verantwortlichen Leiters eines Werkes muß es überlassen bleiben, seine Abschreibungen so zu bemessen, daß dieselben mit der tatsächlichen Entwertung der verschiedenen Objekte gleichen Schritt halten. Es ist nicht nötig, daß die Abschreibungen stets schablonenmäßig erfolgen, wenn nur der Grundsatz im Auge behalten wird, daß nach einer bestimmten Reihe von Jahren die vollständige Amortisation der verschiedenen Gegenstände auch wirklich erfolgt ist.

Es können nicht in Jahren, wo flott gearbeitet, Überstunden

gemacht und Nachtschichten eingelegt werden, nur gleiche Abschreibungen vorgenommen werden, als wenn normal gearbeitet wird. Es ist aber auch nicht erforderlich, bei schwachem Geschäftsgange, wo eine große Anzahl Maschinen die meiste Zeit unbenutzt steht, sich an die sonst üblichen Abschreibungen zu binden. Der verschiedenartigen Ausnutzung der Werkeinrichtungen kann nicht nur, sondern muß sogar Rechnung getragen werden, sonst wird ein unzutreffendes Geschäftsergebnis geschaffen. Die Abschreibungen, wenigstens an Maschinen, müssen im Verhältnis zu der geleisteten Arbeit stehen, sonst werden die schroffen Gegensätze zwischen den guten und schlechten Geschäftsjahren noch verschärft.

Auch ist es nicht angebracht, bei allen Maschinen immer den gleichen Prozentsatz als Abschreibung einzusetzen. Die Beanspruchung und Abnutzung bei Arbeitsmaschinen ist oft eine so verschiedene, daß man diese auch bei der Vornahme der Abschreibungen berücksichtigen kann. Für die Maschinenbestände empfiehlt es sich, ein Buch — Formular 4a und 4b, Seite 46 und 47 — einzurichten, in welches die Anschaffungskosten derselben und die an denselben vorgenommenen Abschreibungen eingetragen werden. Dieses Buch gibt die Möglichkeit, bei jeder Maschine, in jedem Jahre, die nötigen Abschreibungen zum Ausdruck zu bringen und so eine Übersicht über die zeitigen Werte eines jeden Stückes zu haben. Hier können außergewöhnlich hohe Abschreibungen bei einzelnen Maschinen zum Ausdruck gebracht werden, welche entweder ganz versagten oder ganz besonders in Anspruch genommen wurden. Hier kann aber auch eine Erhöhung des Wertes der Maschine festgelegt werden, wenn durch eine kostspielige Verbesserung eine Höherbewertung derselben angebracht erscheinen sollte. Gewöhnliche Reparaturen gelten niemals als eine Wertvergrößerung irgend eines Gegenstandes, solche Reparaturkosten laufen neben den Abschreibungen her und gehören zu den Betriebsunkosten. Wird jedoch ein hervorragender Teil irgend einer Maschine durch einen neuen ersetzt, so kann hierfür eine Höherbewertung der letzteren vorgenommen werden, doch ist von dem Werte des neuen Stückes der Betrag abzuziehen, welcher für das alte bisher zur Abschreibung gekommen ist. Z. B. für eine Drehbank, welche 10 Jahre im Betriebe

| Benennung | Jahr der Anschaffung | Nr. der Maschine | Gewicht der Maschine | Anschaffungspreis | | | | | | | | |
|---|---|---|---|---|---|---|---|---|---|---|---|---|
| | | | | der Maschine | | des Vorgeleges | | des Fundamentes | | der Riemen | | |
| | | | kg | M. | Pf. | M. | Pf. | M. | Pf. | M. | Pf. | |
| Leitspindeldrehbank | 1881 | 2 | 440 | 560 | | 125 | | 30 | | 22 | | 1 |
| Plandrehbank . . . | 1882 | 3 | 2300 | 2500 | | 220 | | 120 | | 80 | | 2 |
| Hobelmaschine . . . | 1883 | 4 | 2050 | 1800 | | 150 | | 60 | | 45 | | 3 |
| Bohrmaschine . . . | 1883 | 5 | 310 | 360 | | | | 20 | | 18 | | 4 |
| do. | 1885 | 6 | 310 | 360 | | | | 20 | | 18 | | 5 |
| Leitspindelbank . . | 1886 | 7 | 1120 | 1200 | | 150 | | 50 | | 30 | | 6 |
| do. | 1887 | 8 | 1000 | 900 | | 130 | | 35 | | 25 | | 7 |
| Bohrmaschine . . . | 1888 | 9 | 390 | 440 | | | | | | 20 | | 8 |
| do. | 1889 | 10 | 390 | 440 | | | | | | 20 | | 9 |
| | | | | | | | | | | | | 10 |

Formular 4a.

| | Zusammen | | Wert am 1. Januar | | | | | | | | | | | | | |
|---|---|---|---|---|---|---|---|---|---|---|---|---|---|---|---|---|
| | | | 1898 | | 1899 | | 1900 | | 1901 | | 1902 | | 1903 | | 1904 | |
| | M. | Pf. | M. | Pf. | M. | Pf | M. | Pf. | M. | Pf. | M | Pf. | M. | Pf. | M. | Pf. |
| 1 | 737 | | 110 | 55 | 73 | 70 | 36 | 85 | 19 | 80 | 19 | 80 | 19 | 80 | 19 | 80 |
| 2 | 2920 | | 584 | | 438 | | 292 | | 146 | | 92 | | 92 | | 92 | |
| 3 | 2055 | | 510 | | 407 | | 304 | | 201 | | 98 | | 82 | | 82 | |
| 4 | 398 | | 98 | | 78 | | 58 | | 38 | | 18 | | 12 | | 12 | |
| 5 | 398 | | 138 | | 118 | | 98 | | 78 | | 58 | | 38 | | 12 | |
| 6 | 1430 | | 542 | | 471 | | 400 | | 329 | | 258 | | 187 | | 176 | |
| 7 | 1090 | | 485 | | 430 | | 375 | | 320 | | 265 | | 210 | | 155 | |
| 8 | 460 | | 230 | | 207 | | 184 | | 161 | | 138 | | 115 | | 92 | |
| 9 | 460 | | 255 | | 230 | | 207 | | 184 | | 161 | | 138 | | 115 | |
| 10 | | | | | | | | | | | | | | | | |

Formular 4 b.

war, wird der alte Support durch einen neuen gleicher Konstruktion ersetzt. Der Support kostet 200 M., da von der Drehbank für 10 Jahre bereits 50 % abgeschrieben waren, so müssen von dem neuen Support noch 50 % in Abzug kommen und derselbe kann daher nur mit 100 M. dem Werte der alten Drehbank zugeschrieben werden. Bei einer vorsichtigen Verwaltung wird wohl in den meisten Fällen von einer Höherbewertung der Maschinen bei solchen Gelegenheiten abgesehen und selbst größere Ersatzstücke auf die Betriebsunkosten verrechnet werden, aber unerwähnt soll nicht bleiben, daß gewisse Ersatzanschaffungen die Höherbewertung einzelner Objekte rechtfertigen können.

Bei der Abschreibung auf Werkzeuge treten oft eigentümliche Gepflogenheiten zutage, die durch Vorführung eines Beispieles am besten gekennzeichnet werden können. Die Inventur eines Werkes ergab einen Werkzeugbestand im

| | |
|---|---|
| Betrage von . . . . . . . . . . . . . . | M. 64 000 — |
| hiervon wurden 25 % mit . . . . . . . . | „ 16 000 — |
| abgeschrieben und verblieb somit ein Werkzeugwert von . . . . . . . . . . . . . . | M. 48 000 — |

Bei der nächsten Inventur erfolgte wieder eine Neuaufnahme der Werkzeuge. Dieselben wurden wieder zu den Einzelsätzen der vorjährigen Inventur berechnet und ergaben dann

| | |
|---|---|
| wieder den Wert von ca. . . . . . . . . . | M. 64 000 — |
| wovon nach Abschreibung von 25 % = . . . | „ 16 000 — |
| ein Werkzeugbestand von . . . . . . . . . . | M. 48 000 — |

verblieb.

Diese Aufnahmen, Abschreibungen und Abrechnungen wiederholen sich in jedem Jahre und führen häufig zu der Annahme, daß im Laufe der Zeit ein ansehnlicher Betrag für die Abschreibungen auf Werkzeuge zurückgestellt worden ist. Tatsächlich ist dies nicht der Fall. Abschreibungen waren in all den Jahren nur zusammen 25 % erfolgt, weil die Abschreibungen des Vorjahres stets wieder durch die Neubewertung in der letzten Inventur aufgehoben wurden.

Abschreibungen auf Werkzeuge können in bestimmten Prozenten nur erfolgen, wenn ein besonderes Werkzeugkonto errichtet ist und alle Eingänge sorgfältig auf dasselbe verbucht werden. Die Inventuraufnahme der Werkzeuge hat nur den Zweck, den Werkzeugbestand und den zeitigen Wert desselben festzustellen. Die Differenz zwischen dem Wert des Werkzeugbestandes und dem Soll des Werkzeugkontos ergibt den Betrag, welcher zur Abschreibung kommen muß. Da es fast unmöglich ist, für jedes einzelne Werkzeug den zeitlichen Wert festzustellen, so werden, unter Berücksichtigung, daß die Werkzeuge durch den täglichen Gebrauch sehr leiden, dieselben durchschnittlich mit etwa einem Drittel ihres Neuwertes in jeder Inventur eingesetzt. Durch dieses Verfahren, das nicht allein die alten, sondern auch die neuesten Werkzeuge berührt, wird in genügender Weise der tatsächliche und zeitliche Durchschnittswert der Werkzeuge zum Ausdruck gebracht.

Sollen Abschreibungen nicht bloß zum Schein erfolgen, so dürfen den verschiedenen Konten nicht auf Schleichwegen Beträge zugeführt werden, welche die Abschreibungen oder den größten Teil derselben wieder ausgleichen. Wie schon bemerkt, gehören alle Reparaturen an Gebäuden, Maschinen, usw. auf das Betriebs- oder General-Unkosten-Konto. Reparaturen sind zur benutzungfähigen Unterhaltung der Werkeinrichtungen nötig, sie erhöhen aber nicht die Werte der einzelnen Objekte in dem Sinne, daß dadurch eine Höherbewertung derselben vorgenommen werden darf. Mit der größten Peinlichkeit werden von vielen Werken in jedem Jahre Zusammenstellungen von allen denjenigen Arbeiten gemacht, welche für den eigenen Betrieb ausgeführt sind, und diese Beträge dann als Neuanschaffungen oder Zugang den betreffenden Konten zugeschrieben. Sofern es sich nicht um wirkliche Neuanschaffungen handelt, welche den Besitzstand vergrößern, sind solche Beträge als laufende Betriebs- oder Unterhaltungskosten anzusehen. Geschieht das nicht, so wird man sich nicht den Vorwurf ersparen können, daß mit dem eingeschlagenen Verfahren eine unberechtigte Erhöhung der Werte gewisser Konten erfolgen soll, um dadurch, im Interesse eines günstiger erscheinenden Geschäftsabschlusses, die Belastungen, welche durch die Abschreibungen erfolgt sind, wieder aufzuheben.

## Die Deckung der Generalunkosten.

Die Deckung der Generalunkosten beansprucht viel Überlegung, denn es ist nicht angängig, daß alle Erzeugnisse oder

Arbeitshandlungen in gleicher Weise hierzu herangezogen werden. Es müssen Abstufungen eingerichtet werden, sonst kann man in die unangenehme Lage kommen, mit einem recht einfachen und guten Verdienst versprechenden Fabrikat, infolge zu hoher Generalunkostenaufschläge, durch die Konkurrenz von dem Markte gedrängt zu werden. Die Verteilung der Generalunkosten muß sich auf die Art der Bearbeitung und der Beschaffenheit des Gegenstandes erstrecken, dabei ist aber nicht nötig, daß gerade für jedes Erzeugnis andere Generalkostensätze angewandt werden.

Zunächst wäre festzustellen, wie hoch die Generalunkosten eines Werkes sind. Was zu den Generalunkosten zu zählen ist, wurde in dem vorhergegangenen Abschnitte bereits aufgeführt, da aber mit den dort einzeln gemachten Angaben nicht in allen Fällen alle Belastungen eines Werkbetriebes erschöpft sind, so fassen wir den Begriff Generalunkosten in dem Satze zusammen: zu den Generalunkosten sind alle diejenigen Ausgaben und Belastungen zu rechnen, welche nicht in direkter Weise den Selbstkosten eines Erzeugnisses zugeschrieben werden können. Je nachdem also eine direkte Verbuchung einer Ausgabe auf ein zur Ausführung kommendes Stück erfolgt oder nicht, werden sich die Generalunkosten eines Werkes höher oder niedriger stellen. Beispielsweise werden alle nicht ausführende Arbeiter als Hilfsarbeiter angesehen und deren Lohn auf das Generalunkosten-Konto verbucht, um dann als Unkostenzuschlag bei der Kalkulation in Anrechnung gebracht zu werden. Es kommt aber auch vor, daß der Lohn ständiger Hilfsarbeiter gleich direkt bei der Arbeitsausführung eingesetzt wird, in diesen Fällen werden die produktiven Löhne eine Erhöhung, die Generalunkosten-Aufschläge aber eine Verringerung erfahren. Es ist daher erklärlich, daß Werke von gleicher Größe, Beschaffenheit und Fabrikation bei ihren Berechnungen ganz verschiedene Generalunkosten-Ansätze in Anwendung bringen können, ohne daß das eine weniger günstiger arbeitet, als das andere. Bestimmte Schlußfolgerungen aus der Höhe der Generalunkosten eines Werkes zu ziehen, ohne genau eingeweiht zu sein, was zu denselben alles gerechnet wird, ist also ganz unmöglich.

Für die Deckung der Generalunkosten werden verschiedene Wege eingeschlagen, ob sie aber alle zweckmäßig sind und das

Richtige treffen, ist nur möglich zu beurteilen, wenn man die verschiedenen Betriebe genau kennt. Je einfacher sich die Verrechnung der Generalunkosten abwickelt, um so leichter und billiger wird die ganze Geschäftshandhabung werden.

Die üblichsten Formen der Verrechnung der Generalunkosten sind:

1. Zuschläge auf die Löhne in gewissen Prozentsätzen,
2. Zuschläge auf Löhne und Materialien, gesondert für Lohn und Material,
3. Zuschläge auf das fertige Fabrikat in Prozentsätzen für jede Unkostenart.

Es ist ja möglich, daß mit jeder dieser drei Deckungsarten das Richtige erreicht werden kann, und jedes Werk, das die eine oder andere Einrichtung getroffen hat, mit derselben auch zufrieden ist. Das entzieht uns jedoch nicht der Verpflichtung, diese drei Deckungsverfahren der Generalunkosten genauer zu besprechen und in ihren Folgen gegeneinander abzuwägen.

Die Zuschläge auf die Löhne bilden die üblichste Form zur Deckung der Generalunkosten. Das Verfahren ist einfach und übersichtlich, und man kann dadurch jedes Fabrikat auf leichte Weise nach dem wirklichen Werte belasten. Je größer der Arbeitsaufwand auf ein Stück ist, um so wertvoller wird es sein, und um so stärker kann dasselbe zur Tragung der Generalunkosten herangezogen werden. Die Hauptsache ist nur, daß die Zuschläge für Generalunkosten sich nach der Art der Bearbeitung und nach dem hierfür entstandenen Aufwand richten müssen. Schlosserarbeiten werden weniger Unkosten verursachen als Schmiedearbeiten, bei welchen neben Werkzeug noch Maschinenkraft und Brennmaterial zu berücksichtigen ist; Dreher-, Hobler-, Bohrer- und Fräserarbeiten werden höhere Aufschläge erhalten müssen als Schmiedearbeiten, weil neben der Betriebskraft auch mit dem Verbrauch teurer Werkzeuge, der Abschreibung auf kostspielige Arbeitsmaschinen und der Verzinsung der Anschaffungskosten derselben gerechnet werden muß. Je nach der Arbeitsausführung wird also ein entsprechender Satz für die Deckung der Generalunkosten geschaffen werden, welcher bei allen Arbeitsstücken, für jede Bearbeitungsart, als Durchschnittswert in Anwendung zu bringen ist. Es ist ja selbstverständlich, daß mit den verschiedenen Aufschlägen nicht in genauester

Weise die wirklich für jede Art der Bearbeitung entstehenden Unkosten getroffen werden können, aber die Aufschläge müssen eine derartige Höhe bekommen, daß sie annähernd den verschiedenen Bearbeitungsarten entsprechen und in ihrer Gesamtheit die ganzen Generalunkosten decken. Die Zuschläge auf die Arbeitslöhne gelten ziemlich allgemein als die einfachste und beste Art, um eine Deckung der Generalunkosten herbeizuführen, weil man sich dadurch den verschiedensten Verhältnissen mit Leichtigkeit anpassen kann.

Die Zuschläge auf Arbeitslöhne und auf Materialien, gesondert für Lohn und Material, unterscheiden sich von dem vorstehenden Verfahren nur dadurch, daß für jedes Material, welches zur Verwendung und Ablieferung kommt, ein bestimmter Prozentsatz des Wertes desselben als Generalunkosten in Anrechnung gebracht wird. Im ersten Augenblick erscheint es ziemlich gleichgültig, ob man die Arbeitslöhne allein oder diese und die Materialien mit Zuschlägen für Generalunkosten belastet, aber genauer betrachtet, werden durch letzteres Verfahren rohe oder wenig bearbeitete Sachen in einer Weise verteuert, daß es oft nicht möglich sein wird, denselben noch einen Betrag als Verdienst zuschlagen zu können. Sind die Generalunkosten ermittelt und ist ein fester Satz als Zuschlag auf Arbeitslöhne und Material festgelegt, so muß dieser auch überall eingehalten werden, geschieht dies nicht, sondern wird bei reinen Materiallieferungen der Aufschlag, um dieselben nicht zu teuer zu machen, ganz oder teilweise fortgelassen, dann muß dieser Ausfall eben in anderer Weise, d. h. durch den erhofften Verdienst gedeckt werden. Auf diese Art entstehen dann Geschäfte ohne Nutzen. Da es nun keinen Zweck hat, eine Sache umständlicher zu machen, als es nötig ist, die Belastung des Materials mit Zuschlägen leicht zu Beanstandungen und leicht erkennbaren Verteurungen roher Fabrikate führen kann, so liegt kein Grund vor, diesem Verfahren dem ersteren gegenüber einen Vorzug einzuräumen.

Die Deckung der Generalunkosten durch Zuschläge auf das fertige Fabrikat in Prozentsätzen für jede Unkostenart ist nur sehr selten in Anwendung. Der Zweck dieses Verfahrens ist hauptsächlich der, in Werken, in denen ganz verschiedene Belastungen verschiedenartiger Erzeugnisse vorkommen, diese Mehrbelastungen in einfacher und schneller Weise zum Ausdruck bringen zu können. Gewisse Unkosten werden in allen Werken, mögen sie erzeugen, was sie wollen, immer gleich sein. Für diese allgemeinen Unkosten würde also auch der Durchschnittszuschlag auf die zur Auszahlung gekommenen Löhne beibehalten werden, während die außergewöhnlichen Aufwendungen durch einen besonderen Zuschlag behandelt werden müssen. Folgendes Beispiel dürfte zur Klärung der Sache beitragen. In einer Maschinenfabrik werden neben kleineren Werkzeugmaschinen auch fortlaufend Spezialmaschinen von bedeutender Größe und Gewicht hergestellt, zu deren Bearbeitung und Transport kräftige Kräne angeschafft sind, die, mit mehreren Arbeitern besetzt, von früh bis spät zur Verfügung stehen müssen. Der Jahreslohn dieser Kranarbeiter bildet eine große Belastung des Betriebes, sie wird aber nicht hervorgerufen durch die allgemeine Fabrikation, sondern nur durch die Bearbeitung der schwereren Gegenstände. Wird nun der Arbeitslohn der Kranarbeiter den Generalunkosten zugeschlagen, so werden meistenteils die kleinen Erzeugnisse, welche verhältnismäßig mehr Bearbeitungskosten beanspruchen, höhere Generalunkosten zu tragen haben, als die Fabrikate, für die doch nur allein oder doch in erster Linie die Hebewerkzeuge angeschafft sind und betrieben werden. In solchen Fällen empfiehlt sich eine besondere Heranziehung des die größeren Unkosten verursachenden Fabrikates zur Deckung der Generalunkosten. Aus den Ausgangsbüchern ist zu ersehen, welches Gesamtgewicht die in einem Jahre zur Ablieferung gekommenen Erzeugnisse gehabt haben; da anderseits bekannt ist, welche Lohnaufwendung jährlich für die Kranarbeiter gemacht wurde, auch, wenn man noch weiter gehen will, es nicht Schwierigkeiten bereitet, eine zutreffende Summe für die Amortisation usw. der Hebewerkzeuge festzustellen, so ist es eine Leichtigkeit, einen Satz zu ermitteln. welcher jedem Gegenstande für 100 kg Gewicht für Krahnunkosten besonders in Anrechnung zu bringen ist. Solche Form der Verteilung ganz bestimmter Belastungen des Betriebes ist eine sehr zweckmäßige und gerechte. Das große, schwere Stück, das die bedeutenderen Unkosten hervorruft, wird stärker, und zwar in angemessener Weise, herangezogen als das kleine, und es wird dadurch die unnötige Verteuerung anderer Gegenstände vermieden.

Aber auch die Arbeitsmaschinen einer Art sollen nicht in gleichmäßiger Weise, auf Grund des gezahlten Lohnes, zur Deckung der Generalunkosten herangezogen werden, weil sonst unzutreffende Verschiebungen in den Wertbemessungen der Erzeugnisse eintreten können. Der Verdienst eines tüchtigen Arbeiters wird ziemlich gleich hoch sein, ob er an einer kleinen oder großen Drehbank arbeitet, trotzdem werden sich die Herstellungskosten eines Stückes, bei gleicher Zeitlohnhöhe, bei einer großen Drehbank viel höher stellen, als bei einer kleinen, weil die größere Maschine einen höheren Anschaffungswert hat, größere Amortisation und stärkere Verzinsung beansprucht sowie mehr Betriebskraft verlangt. Es ist daher nicht angängig, die Generalunkostenaufschläge für alle Arbeitsmaschinen in einer Höhe zu halten, sondern ratsam, auch hierin verschiedene Abstufungen eintreten zu lassen. Es ist nun nicht gerade nötig, sich die Abwicklung der Geschäfte in übermäßiger Weise zu erschweren und womöglich für jede Arbeitsmaschinengröße einen bestimmten Generalunkostensatz festzustellen, aber im Interesse einer richtigen Bewertung der Fabrikate ist es empfehlenswert, nicht alle Arbeitsleistungen nach einer Schablone zu behandeln, sondern einige Abstufungen eintreten zu lassen, welche den Tatsachen Rechnung tragen und die Schaffung eines zutreffenden Resultates ermöglichen.

Sind die Generalunkosten eines Werkes sorgfältig zusammengestellt, und ist darauf geachtet worden, daß die Löhne der Hilfsarbeiter von den Löhnen der ausführenden Arbeiter in Abrechnung gebracht sind, dann wird man die Erfahrung machen, daß die Generalunkosten doch eine weit größere Summe betragen, als an produktiven Löhnen ausgezahlt worden ist. Als ich vor 30 Jahren in meinem Werke über Kalkulation in Maschinenfabriken auf diesen Umstand aufmerksam machte und darauf hinwies, daß zur Deckung der Generalunkosten ein Aufschlag von 100 bis 200 Prozent auf die produktiven Löhne erforderlich ist, wurde ich von verschiedenen Seiten wegen dieser Behauptung angegriffen und als ein Schwarzseher hingestellt. Glücklicherweise haben sich die Zeiten inzwischen geändert, es ist mehr Verständnis für die Sachlage in die Kreise der Beteiligten gekommen, aber immerhin gibt es auch heute noch viele Gewerbetreibende, welche von der Höhe der Generalunkosten keine richtige Auffassung haben und einen Fehler zu begehen glauben, wenn sie den doppelten Lohnbetrag hierfür, bei den Selbstkostenberechnungen ihrer Erzeugnisse in Ansatz bringen.

Die Generalunkosten stehen nicht immer im gleichen Verhältnis zur Höhe der Leistung eines Werkes, sie steigen und fallen, aber nicht genau im richtigen Verhältnis zur Fabrikation. Daher müssen die Generalunkosten so veranschlagt werden, daß sie bei gewissen Schwankungen des allgemeinen Geschäftsumsatzes doch zur Deckung ausreichen. Die Generalunkosten zerfallen in zwei verschiedene Arten: in solche, welche in gleicher Höhe bestehen bleiben, ganz gleich, ob das Werk voll oder gering beschäftigt ist, also die eisernen, oder in schwankende, welche mit Zunahme oder Nachlassen der Tätigkeit steigen und fallen. Zu den eisernen Unkosten werden Gehälter der Beamten und Meister, Verzinsungen, Steuern, Feuerversicherung usw., zu den schwankenden Brennmaterial, Hilfsarbeiter, Krankenkassenbeiträge, Unfall-, Invaliden- und Altersversicherung usw. gehören.

Hat nun ein Werk eine Normalleistung von etwa 3000000 M. und ist festgestellt worden, daß hierbei die Generalunkosten jährlich 1000000 M. betragen und 500000 M. für produktive Löhne zu zahlen sind, so tritt die Notwendigkeit ein, zur Deckung der Generalunkosten einen Zuschlag von durchschnittlich 200 Prozent auf die Löhne vorzunehmen. Ist der Umsatz des Werkes hinter der Normalleistung desselben zurückgeblieben, sind statt der 3000000 M. nur für 2000000 M. erzeugt worden, so werden sich hiermit auch die schwankenden Unkosten verringert haben, die eisernen aber in voller Höhe bestehen geblieben sein, weil es unmöglich ist, alle Geschäftsbelastungen immer gleich mit dem Geschäftsrückgange in Einklang zu bringen. Es ist daher sehr erklärlich, daß, wenn bei einer Fabrikation von 3000000 M. die Generalunkosten 1000000 M. betragen, sie bei einem Rückgange der Leistung auf 2000000 M. nicht im gleichen Verhältnis auf 666000 M. sich ermäßigen, sondern auf viel größerer Höhe, etwa auf 900000 M., bestehen bleiben werden. Die Selbstkosten in der Fabrikation werden also bei einem Rückgange des Geschäfts infolge des eisernen Unkostenbestandes nicht unwesentlich erhöht, und da mit einer Erhöhung der Selbstkosten eine Erhöhung der Verkaufspreise gewöhnlich nicht eintreten kann, weil der Rückgang im Geschäfte naturgemäß auch mit einem Rückgange der Verkaufspreise verbunden ist, so wird der Ausfall bei den Generalunkosten aus den Gewinnaufschlägen gedeckt werden müssen und dies das Geschäftsergebnis sehr nachteilig beeinflussen.

Entgegengesetzte Verhältnisse treten ein, wenn die Fabrikation sich über die normale Leistung erhöht. Die eisernen Generalunkosten werden durch die gesteigerte Leistung des Werkes nicht vermehrt, sondern nur die schwankenden, welche im Verhältnis zu dem größeren Umsatz zunehmen werden. Werden also die eisernen Generalunkosten bei eintretender Geschäftsstille einen Teil des Geschäftsgewinnes verzehren, so werden sie bei flottem Betriebe die für sie vorgenommenen Zuschläge zu den produktiven Löhnen nicht verbrauchen und demgemäß eine ansehnliche Erhöhung des Gewinnes herbeiführen. Das Bild dürfte bei solchen Gelegenheiten sich etwa folgendermaßen stellen:

| Gesamt-fabrikation | Generalunkosten | Produktive Löhne | Prozentsatz zur Deckung der Generalunkosten |
|---|---|---|---|
| 3000000 M. | 1000000 M. | 500000 M. | 200 |
| 2000000 „ | 900000 „ | 333000 „ | 272 |
| 4000000 „ | 1125000 „ | 666000 „ | 170 |

Da nun auch bei dem erhöhten Umsatz 200% für Generalunkosten bei den produktiven Löhnen zugeschlagen worden sind, während 170% genügten, so sind die 30% Zuschlag als ein Extragewinn zu betrachten. So angenehm auch solches Vorkommen sein mag, so zeigt es aber doch, daß die Deckung der Generalunkosten eine sehr schwierige Sache ist, und daß von der richtigen Behandlung derselben sehr viel abhängt. Die Generalunkosten bilden keinen festen Faktor in einem Geschäfte. Jeder Betrieb hat seine besonderen Einrichtungen, jeder Werkleiter hat seine eigenen Grundsätze für die Aufstellung der Geneunkosten, und jedes Jahr bringt andere Verhältnisse im geschäftlichen Leben. Da können nicht die Deckungssätze des einen Werkes für das andere maßgebend sein, auch kann das eine Geschäftsjahr nicht stets als Vorbild für das andere dienen. Hier gilt es die Augen offen halten, alle Verhältnisse selbst sorgfältig prüfen und dann die Deckung der Generalunkosten in einer Weise betreiben, daß bestimmte Schwankungen im geschäftlichen Leben mit in den Kauf genommen werden können. Wer da glaubt, daß er die Generalunkosten seines Werkes in beliebiger Weise herabdrücken kann, der befindet sich in einem großen Irrtum, denn bei genauer Prüfung der einzelnen Posten wird man stets zu dem Resultat kommen, daß entweder die Streichungen zu dem allgemeinen Aufwande nur in ein sehr geringes Gewicht fallen, oder daß, wenn an der einen Seite eine Ausgabe in Fortfall gebracht wird, für dieselbe an anderer Stelle eine neue ensteht. Diese Tatsachen sollen eine sparsame Wirtschaft in einem Werke natürlich nicht ausschließen, aber es muß bei dem Wollen auch das Können und Dürfen im Auge behalten werden. Es darf z. B. nicht, um Kosten zu ersparen, die Reklame verringert werden, weil hierdurch der Absatz der Erzeugnisse gefährdet werden kann. Es darf nicht eine Verminderung des notwendigen Aufsichtspersonals vorgenommen werden, weil dadurch eine Verschlechterung oder Verminderung der Arbeit eintreten kann. Genug, solche gewaltsamen Eingriffe, zu denen gewöhnlich nach schlechten Geschäftsabschlüssen eine große Neigung besteht, bergen eine große Gefahr in sich und haben sehr oft eher eine Verschlechterung als eine Verbesserung der Lage zur Folge.

Nach dem Vorhergesagten dürfte es klar sein, daß es eine Unmöglichkeit ist, bestimmte Sätze angeben zu können, welche für alle Betriebe zutreffend sein können; immerhin haben sich doch gewisse Gewohnheiten für die Behandlung der Generalunkosten eingebürgert, welche darin gipfeln, daß man

| | | | |
|---|---|---|---|
| bei | Maschinenbauarbeiten | bis | 100% |
| „ | Modellarbeiten | „ | 100% |
| „ | Schmiedearbeiten | „ | 125% |
| „ | kleinen Dreharbeiten | „ | 200% |
| „ | großen „ | „ | 400% |
| „ | Fräserarbeiten | „ | 300% |
| „ | Schleif- und Bohrarbeiten | „ | 200% |

zu den produktiven Löhnen zuschlägt. Bestimmte Zahlen können, wie schon hervorgehoben ist, hier nicht gegeben werden, die muß eine jede Werksverwaltung selbst ermitteln.

# Die Inventur.

## a) Aufnahme.

Soll es bei einer Inventur glatt vorwärts gehen, so muß dieselbe sorgfältig vorbereitet werden. Je schneller die Inventur aufgenommen wird, um so geringer sind die Betriebsstörungen und Unkosten, um so zutreffender wird dieselbe auch ausfallen, weil Verschleppungen von Materialien und anderen Unzuträglichkeiten leichter vorgebeugt werden kann. Während der Inventur muß ein Stillstand aller Werkteile erfolgen. Eine Aufnahme während der gewöhnlichen Arbeit bringt kein zuverlässiges Resultat. Viele große Werke setzen der Inventur wegen oft wochenlang alle Arbeiten aus. Ob dies wirklich immer notwendig ist, dürfte zweifelhaft sein. Bei einer sachgemäßen Einteilung der Werke in kleinere Bezirke läßt sich die Aufnahme der Materialien, der in Arbeit befindlichen Gegenstände, Werkzeuge usw. so beschleunigen, daß selbst in den größten Werken kaum ein längerer Stillstand des Betriebes als höchstens eine Woche nötig sein wird. Für kleinere und mittlere Fabriken müssen ein bis drei Tage unter allen Umständen genügen.

Tritt die Zeit der Inventur heran, so sind für die verschiedenen Abteilungen des Werkes die erforderlichen Beamten und Arbeiter auszuwählen und denselben schriftlich mitzuteilen, was und wie sie aufzunehmen haben. Es empfiehlt sich, die Aufnahme der Werkzeuge von der der Materialien und der in Arbeit befindlichen Maschinen zu trennen. Hierdurch ist man in der Lage, reichlichere Arbeitskräfte einzustellen, ohne zu bewirken, daß Irrtümer in der Aufnahme vorkommen oder man sich gegenseitig im Wege steht. Die schriftliche Anweisung für die Inventur muß so abgefaßt sein, daß jeder Kolonnenführer ohne viele Rückfragen genau weiß, was er aufzunehmen hat und in welcher Weise die Eintragungen zu machen sind. Die größte und zeitraubendste Arbeit bei der Inventur verursacht das Abwiegen einzelner Gegenstände. Daher ist auch nach Möglichkeit das Wiegen der aufzunehmenden Sachen zu vermeiden und die Eintragung in die Listen oder Bücher so vorzunehmen, daß man auch ohne Gewicht eine Bewertung der Stücke ausführen kann. Ein vollständiges Vermeiden des Wiegens bei der Inventur ist natürlich nicht gut möglich, aber immerhin läßt sich durch eine sachkundige Beschreibung der einzelnen Gegenstände viel Wiegearbeit und dadurch viel Zeit und viele Unkosten ersparen, weil die Dauer der Inventur abgekürzt wird. Allerdings ist es für die die Inventur berechnende Personen viel bequemer, für gewisse Sachen einen gemeinschaftlichen Durchschnittspreis in Ansatz bringen zu können, als jedes Stück auf Grund sorgfältiger Kalkulation zu bewerten, aber zuverlässiger ist das erstere Verfahren nicht, denn solche Durchschnittsbewertungen bleiben stets nur willkürliche Annahmen.

Das Wiegen von Gegenständen kann vermieden werden, wo sich aus Lieferscheinen, Rechnungen, Material- und Kakulationsbüchern ein Gewicht oder Preis zuverlässig ermitteln läßt. Es ist nicht nötig, einen Stapel Eisenbahnschienen, Laschen, Schwellen usw. durchzuwiegen, wenn das Gewicht des einzelnen Stückes ein für allemal feststeht. Es ist nicht nötig, sortiertes Stabeisen aus den Aufbewahrungsfächern herauszunehmen und zu wiegen, wenn eine Durchschnittslänge desselben zu ermitteln und dadurch ein Gesamtgewicht zu berechnen möglich ist. Es ist nicht nötig, schwere Kesselplatten oder ganze Berge Feinbleche abzuwiegen, wo doch das Gewicht leichter und schneller aus den Rechnungen oder durch Berechnungen und Auszählen der einzelnen Tafeln ermittelt werden kann. Ganz überflüssig ist aber das Wiegen von in Arbeit befindlichen oder fertigen Sachen, denn eine zutreffende Bewertung der betreffenden Stücke kann hiernach doch nicht erfolgen, weil man nicht die richtigen Rohgewichte erhält und weil die Löhne für die Bearbeitung berücksichtigt werden müssen.

Gegenstände, welche fertig bezogen worden sind, müssen so bezeichnet und klassifiziert werden, wie dies von der Bezugsstelle geschehen oder im Handel üblich ist. Selbsthergestellte Stücke sind so zu beschreiben, daß aus der Beschreibung zweifellos der Zustand der Bearbeitung derselben zur Zeit der Inventur festgelegt wird und später danach eine Wertberechnung erfolgen kann.

| Bezeichnung | No. | Vorfeilen St. | Vorfeilen kg | Schlichtfeilen St. | Schlichtfeilen kg | Halbrundfeilen St. | Halbrundfeilen kg | Rundfeilen St. | Rundfeilen kg | Bleibacken St. | Bleibacken kg | Kupferbacken St. | Kupferbacken kg | Handhämmer | Kupferhämmer | Holzhämmer | Feilkloben | Flachmeißel | Kreuzmeißel | Körner | Reißnadel | Maßstäbe | Handfeger | Schränke | Putztücher |
|---|---|---|---|---|---|---|---|---|---|---|---|---|---|---|---|---|---|---|---|---|---|---|---|---|---|
| | | Schlosserei | | | | | | | | | | | | | | | | | | | | | | | |
| Schraubstock | 1 | 3 | 5 | 2 | 3 | 1 | 0,8 | 2 | 0,6 | 2 | 2 | — | — | 1 | — | 1 | 1 | 2 | 1 | 1 | 1 | 1 | 1 | 1 | 1 |
| " | 2 | 4 | 7 | 2 | 3 | 2 | 1,2 | 1 | 0,2 | 2 | 2 | 2 | 1 | 1 | 1 | — | 1 | 1 | 1 | 1 | 1 | 1 | 1 | 1 | 2 |
| " | 3 | 2 | 3,5 | 3 | 3,5 | 2 | 1,5 | 2 | 0,6 | 2 | 2 | — | — | 1 | 1 | 1 | 1 | 2 | — | 1 | 1 | 1 | — | 1 | 1 |
| " | 4 | 2 | 4 | 2 | 3 | 1 | 0,6 | — | — | — | — | 2 | 1 | 1 | — | — | — | 1 | — | 1 | 1 | 1 | 1 | 1 | 1 |
| " | 5 | 3 | 5 | 2 | 2,7 | 1 | 1,2 | 1 | 0,3 | 2 | 2 | — | — | 1 | — | — | — | 1 | 1 | 1 | 1 | 1 | — | 1 | 1 |
| | | | | | | | | | | | | | | | | | | | | | | | | | |
| | | | | | | | | | | | | | | | | | | | | | | | | | |
| | | | | | | | | | | | | | | | | | | | | | | | | | |
| | | | | | | | | | | | | | | | | | | | | | | | | | |
| | | | | | | | | | | | | | | | | | | | | | | | | | |
| | | | | | | | | | | | | | | | | | | | | | | | | | |

Formular 5.

| Dreherei | | | | | | | | | | | | | | | | | | | | | | | |
|---|---|---|---|---|---|---|---|---|---|---|---|---|---|---|---|---|---|---|---|---|---|---|---|
| Bezeichnung | No. | Drehstähle | | Bohrer | | Vorfeilen | | Schlichtfeilen | | Handhämmer | Kupferhämmer | Holzhämmer | Drehherzen | Spannschrauben | Spannschienen | Gegengewichte | Flachmeißel | Körner | Olkannen | Putztücher | Handfeger | Schränke |
| | | St. | kg | St. | kg | St. | kg | St. | kg | St. | St. | St. | kg | kg | kg | kg | St | St. | St. | St. | St. | St. |
| Drehbank | 16 | 2 | 6 | 4 | 1,5 | 1 | 1,5 | 1 | 1,2 | — | 1 | — | 1,5 | 4 | 5 | 20 | — | 1 | 1 | 1 | 1 | 1 |
| Drehbank | 18 | 2 | 3,5 | — | — | 1 | 1 | — | — | — | — | 1 | 2 | 3 | 3 | — | — | 1 | 1 | 1 | | 1 |
| Bohrmaschine | 12 | — | — | 12 | 10 | — | — | — | — | — | — | — | — | 4 | 6 | — | — | 1 | 1 | 1 | 1 | 1 |
| Stoßmaschine | 26 | 6 | 8,5 | — | — | — | — | — | — | — | — | — | — | 6 | 8 | — | 1 | — | 1 | 1 | 1 | 1 |
| Hobelmaschine | 14 | 4 | 10 | — | — | — | — | — | — | — | — | — | — | 16 | 20 | — | — | — | 1 | 1 | 1 | 1 |
| Planbank | 8 | 4 | 12 | — | — | 1 | 25 | — | — | 1 | — | — | — | 20 | 40 | 65 | 1 | — | 1 | 2 | 1 | 1 |
| Bohrmaschine | 19 | — | — | 14 | 9 | — | — | — | — | — | — | — | — | 6 | 8 | — | — | 1 | 1 | 1 | 1 | 1 |
| | | | | | | | | | | | | | | | | | | | | | | |
| | | | | | | | | | | | | | | | | | | | | | | |
| | | | | | | | | | | | | | | | | | | | | | | |
| | | | | | | | | | | | | | | | | | | | | | | |

Formular 6.

Beispiele:

Bei bezogenen Sachen:

6 Groß Holzschrauben 15/25,
10 Durchgangsventile mit Spindeln und Säulen von A. & B. 50 mm,
50 Doppelmutterschlüssel 13/23 usw.,

oder:

bei selbstgefertigten Gegenständen:

4 Dampfkolbenkörper mit Deckeln, gedreht, für H. D. 15,
2 Dampfkolben fertig mit Ringen für H. D. 12,
1 Dampfkolben fertig mit Ringen und Stange für C. D. 18,
4 Exzenterringe gehobelt und zusammen geschraubt für H. D. 15.

Aus solchen Aufzeichnungen ist es eine Leichtigkeit, auf Grund der Rechnungen oder der Kalkulationen den richtigen Wert eines jeden Stückes am Tage der Inventur mit Sicherheit festzustellen. Bei den bezogenen Schrauben, Ventilen und Schlüsseln genügen die Nummern und Größen zur Aufsuchung der Preise. Bei den selbstgefertigten Gegenständen gibt die Bezeichnung „Dampfkolbenkörper mit Deckel gedreht" an, daß wir es nur mit dem gedrehten Kolbenkörper mit Deckel zu tun haben, also dem Gußpreise nur der Dreherlohn zuzurechnen ist; während bei den fertigen Dampfkolben mit Ringen die Kolbenfedern, Kolbenschrauben nebst Schmiede- und Schlosserlöhnen auch berücksichtigt werden müssen. Wie einzelne Stücke können auch ganze in Arbeit befindliche Maschinen und Geräte so beschrieben werden, daß eine zutreffende Bewertung derselben für die Inventur danach später ausgeführt werden kann.

Für die Aufnahme der Materialien und in Arbeit befindlichen Sachen genügen gewöhnlich blau liniierte Hefte mit starkem Deckel, in welche die Gegenstände, so wie sie liegen, der Reihe nach eingetragen werden. Zur Inventarisierung der Werkzeuge dürfte sich die Benutzung der Formulare 5 u. 6, Seite 60 u. 61, empfehlen, weil dadurch die Aufnahme und Zusammenstellung der einzelnen Stücke sehr erleichtert wird. Feinere oder teure Werkzeuge, wie Fräser, Spiralbohrer, Aufreiber, Kluppen, Schnelldrehstähle usw. müssen einzeln nach Größe und Beschaffenheit aufgeführt werden; dagegen können gewöhnliche

Handwerkszeuge, wie Hämmer, Feilen, Zangen, Schraubenzieher, Spitzbohrer, Drehstähle zusammengefaßt und, je nachdem diese Gegenstände nach Gewicht oder Stück eingekauft worden sind, in gleicher Weise wieder inventarisiert werden. Schienen und Schrauben zum Aufspannen von Arbeitssücken, sowie Gußstücke, welche als Gegengewicht dienen und welche Gegenstände meistenteils aus altem Material genommen oder aus solchem hergestellt werden, gehören nicht zum Werkzeug; die Bewertung dieser Gegenstände geschieht nur nach dem Materialwert.

### b) Berechnung.

Von einer sachgemäßen und zuverläßigen Berechnung der Inventur hängt oft recht viel ab, zumal wenn es sich um den Besitz einer Aktiengesellschaft handelt. Sind die Besitzer eines Werkes einzelne Personen, welche den Gewinn des Unternehmens zum größten Teil in demselben stehen lassen, so hat es nichts auf sich, wenn auch bei der Inventur hier und dort einige unrichtige Bewertungen unterlaufen, denn solche Irrtümer gleichen sich mit der Zeit wieder aus und verschieben höchstens das Bild des Geschäftsergebnisses des einen Jahres zugunsten des anderen, ohne dadurch eine wirkliche Schwächung des Unternehmens herbeizuführen. Anders ist es aber bei Aktiengesellschaften. Wird hier infolge von unrichtigen Bewertungen durch die Inventur ein Gewinn herausgerechnet, so kommt derselbe, abzüglich der verhältnismäßig nur geringen Reservestellungen, auch zur Verteilung an die Aktionäre. Die Folge hiervon ist, daß das zuviel Ausgezahlte einen Verlust am Kapitalvermögen bedeutet, der nur dadurch wieder eingebracht werden kann, daß bei den nächsten Geschäftsabschlüssen die Fehler vermieden und wieder eine richtige Bewertung bei der Inventur durchgeführt wird. Solche Vorkommnisse sind sowohl für die Verwaltungen der Werke als auch für die Aktionäre nicht angenehm und oft von üblen Folgen. Man hat zwei Geschäftsjahre vor sich, welche einen gleich hohen Umsatz zeigen und bei denen anscheinend doch gleich gute Preise erzielt wurden; trotzdem ergibt der Abschluß des zweiten Jahres einen Ausfall im Gewinn welcher nach allen Seiten hin verstimmend wirkt, weil dadurch die Dividenden der Aktionäre verringert und der Kurs der Aktien herunter gedrückt wird. Glücklicherweise machen sich solche Fehler in der Inventur stets sehr bald bemerkbar und können, wenn der gute Wille vorhanden ist, wieder ausgeglichen werden. Wenn aber, um das Geschäftsergebnis nicht herabzudrücken, die begangenen Irrtümer beibehalten und das unrichtige Verfahren wohl noch weiter ausgedehnt wird, dann kann leicht ein Zeitpunkt herankommen, wo solche Fehler für das Unternehmen verhängnisvoll werden.

Wie Werkzeuge und Arbeitsmaschinen in die Inventur eingestellt werden müssen, ist in dem Kapitel über Amortisation besprochen worden. Hier dürfte nur die Frage zu beantworten sein, mit welchen Beträgen sind die vorhandenen Materialien und die in Arbeit befindlichen Erzeugnisse bei der Inventur zu berechnen.

Die Bewertung der Rohmaterialien erfolgt vielseitig zu dem Tagespreise, ganz gleich, ob dieselben billiger eingekauft worden sind oder nicht. Ist ein solches Verfahren richtig? Ich verneine es! Habe ich Materialien billig eingekauft, so erziele ich doch nur erst dann einen Gewinn, wenn ich dieselben zu höheren Preisen wirklich weiter verkauft habe. Solange dies nicht geschehen ist, kann von einem wirklichen Gewinn — und damit haben wir doch bei Geschäftsübersichten nur zu rechnen — nicht die Rede sein. Soll die Inventur ein klares Bild der Vermögenslage eines Unternehmens zeigen, dann haben nur Tatsachen zu sprechen. Es ist daher nicht mit einem möglichen, sondern nur mit einem wirklichen Gewinn zu rechnen. Darum dürfen die Bestände niemals mit einem höheren Betrage in die Inventur eingesetzt werden, als für dieselben bei dem Einkauf gezahlt worden ist. Dagegen darf für Rohmaterialien, welche zu höheren Preisen eingekauft worden sind, nur der Tageswert angenommen werden.

Bei der Verwertung der Fabrikate kommen noch andere Gesichtspunkte zur Geltung als bei den Rohmaterialien. Hier wird es sich nicht immer ermöglichen lassen, daß man in zuverlässiger Weise die Selbstkosten des Rohmaterials anrechnen kann, weil manches Stück aus Materialien von gleicher Beschaffenheit, aber von verschiedenen Preisen hergestellt worden ist. Da aber bei vielen Erzeugnissen der Wert des Rohmaterials viel geringer ist als die Kosten der Herstellung des Gegenstandes, so werden in der Bewertung der letzteren keine großen

Schwankungen entstehen, wenn die Rohmaterialien selbst dann mit dem Tagespreise bei Berechnung der fertigen Erzeugnisse in Rechnung gestellt werden, wenn sie auch seinerzeit billiger eingekauft worden sind.

Der Schwerpunkt bei der Bewertung der Erzeugnisse liegt in der Beantwortung der Frage: dürfen bei der Bemessung der Werte der Erzeugnisse für die Inventur, außer den Selbstkosten des Rohmaterials und den wirklich gezahlten Arbeitslöhnen, noch andere Beträge zugerechnet werden?

Will ein Werkbesitzer sich in keiner Weise in seiner Vermögenslage täuschen und auch nicht im entferntesten etwas besser erscheinen lassen, als es wirklich ist, dann läßt er bei der Berechnung seiner Erzeugnisse bei gangbaren Sachen nur die Selbstkosten der Rohmaterialien und die wirklich gezahlten Löhne in Anrechnung bringen. Da die Bestände in der ersten Zeit des Bestehens eines Werkes nur gering sein werden und sich erst mit Vergrößerung desselben von Jahr zu Jahr erhöhen, so verschafft der vorsichtige Geschäftsmann sich durch diese Art der Bewertung seiner Erzeugnisbestände eine Art Reservefonds, welcher ihm bei Auflösung seines Unternehmens einmal sehr gut zu statten kommen kann. Einen Nachteil hat also eine solche Nettobewertung der Erzeugnisse nicht, sie bewirkt aber, daß bei Rückgang der Konjunktur und Herabsetzung der Verkaufspreise aus den Lagerbeständen kaum ein fühlbarer Vermögensverlust entstehen kann.

Eine solche sehr vorsichtige Bewertung der in Arbeit befindlichen oder fertigen Erzeugnisse ist aber nicht gerade nötig, um doch solide Verhältnisse anzubahnen. Die im Betriebe entstehenden Unkosten bilden tatsächlich einen Teil der wirklichen Herstellungskosten eines Stückes, und wenn es auch nicht möglich ist, für einen jeden einzelnen Gegenstand den Anteil an den Betriebskosten genau zu ermitteln und diesen den Ausgaben für Rohmaterial und Löhne zuzurechnen, so hat es doch seine volle Berechtigung, wenn für Betriebskosten ein gewisser Prozentsatz den Nettopreisen der Erzeugnisse selbst bei der Inventur zugeschlagen wird.

Anders ist es aber, wenn man alle unter dem Titel „Generalunkosten“ entstehenden Ausgaben den Erzeugnissen bei der Bewertung für die Inventur auflegt oder gar beliebige Preise ohne rechnerische Grundlage für die Inventurbestände einsetzt, welche den Verkaufspreisen ziemlich nahe gerückt sind. Durch ein solches Verfahren wird eine Selbsttäuschung hervorgerufen, welche zwar eine gewisse Zeitlang den wirklichen Stand des Unternehmens verschleiern kann, aber bei abflauender Geschäftszeit unvermeidlich zu einem plötzlichen Zusammenbruch desselben führen muß.

Ein Aufschlag von 50 Prozent auf die gezahlten Löhne zur Deckung der Betriebskosten ist ein Satz, welcher im Maschinenbau bei Berechnung der halb oder ganz fertigen Erzeugnisse für die Inventur wohl nach jeder Seite hin als angemessen angesehen werden kann. Natürlich sollen durch diesen Aufschlag nicht alle Geschäftsunkosten gedeckt werden, sondern nur ein gewisser Teil derjenigen Unkosten, welche durch die Fabrikation selbst entstanden sind und auch bei eingeschränktem Betriebe fortlaufend bestehen bleiben.

Wenn mit der Berechnung der Inventur begonnen wird, sind zunächst die Gründpreise für alle Materialien festzustellen, welche zur Bewertung der Halb- und Ganzfabrikate nötig sind. Vielfach wird bei der Berechnung der einzelnen Gegenstände das Verfahren eingeschlagen, daß man den Rohmaterialienpreisen die Löhne usw. gleich zuschlägt und dann den ganzen Betrag in einer Summe auswirft. Ich möchte jedoch empfehlen, unter Benutzung des Formulars 7, Seite 67, die ermittelten Zahlen für Materialien und Löhne getrennt auszuwerfen, diese dann von Seite zu Seite auch getrennt aufzurechnen und erst zum Schluß, wenn es überhaupt für notwendig befunden wird, einen bestimmten Prozentsatz fur Betriebskosten zuzuschlagen. Hierdurch wird die Arbeit nicht allein wesentlich vereinfacht, weil nicht bei jedem Posten Zuschläge besonders berechnet werden dürfen, sondern man bekommt auch zum Schluß einen guten Überblick über die ganze Summe, welche man allen Halb- und Ganzfabrikaten für die Betriebskosten zugeschlagen hat.

Haben Werke für verschiedene größere Fabrikate eine summarische Kalkulation eingerichtet, bei der fortlaufend alle verwendeten Materialien und Löhne sorgfältig und zuverlässig auf die betreffende Kommissionsnummer verbucht werden, so erübrigt sich für diese Arbeiten eine besondere Inventuraufnahme und Spezialberechnung, weil auf Grund der Kalkulationsbücher die

| Stück | Bezeichnung | Material | | Lohn | | | |
|---|---|---|---|---|---|---|---|
| | | M. | Pf. | M. | Pf. | M. | Pf. |
| 2 | Dampfkolben ohne Stange, GHD | 48 | 20 | 62 | 40 | | |
| 10 | Lager, fertig für CD 4 . . . | 260 | 50 | 210 | 60 | | |
| 2 | Absperrventile für CD 4 . . . | 40 | 70 | 36 | 20 | | |
| | 16 kg altes Kupfer à 90 Pf. . | — | — | — | — | 14 | 40 |
| 4 | Kolbenstangen, vorgedreht CD 5 | 24 | — | 12 | — | | |
| 6 | Kolbenstangen, roh CD 3 . . | 30 | — | — | — | | |
| 4 | Stulpschlüssel 25 m/m . . . . | 4 | 80 | 6 | — | | |
| 20 | Handräder für Ventile Nr. 4 . | 7 | 60 | 15 | — | | |
| 10 | Handräder für Ventile Nr. 5 . | 4 | 20 | 8 | — | | |
| 20 | Ventilsitze und Kegel, 12 kg roh à 1 M. 80 Pf. . . . . | — | — | — | — | 21 | 60 |
| 25 | Ventilsitze und Kegel, gedreht zu Nr. 4. . . . . . . . . | 24 | 20 | 7 | 50 | | |
| 20 | Ventilgehäuse gedreht No. 4 . | 18 | — | 25 | — | | |
| 520 | Schrauben mit gefr. Muttern, m/m Ø m/m lg. à 16 Pf. | — | — | — | — | 83 | 20 |
| 340 | Schrauben mit gefr. Muttern, m/m Ø, m/m lg. à 20 Pf. | — | — | — | — | 68 | — |
| 460 | Schrauben mit rohen Muttern, m/m Ø, m/m lg. à 12 Pf. | — | — | — | — | 55 | 20 |
| | Blei 460 kg à 26 Pf. . . . . | — | — | — | — | 119 | 60 |
| | Lötzinn 18 kg à 1 M. 20 Pf. . | — | — | — | — | 21 | 60 |
| 40 | Stopfbüchsen, gedreht und gebohrt zu Pumpen m/m Kolben Ø. . . . . . . | 24 | — | 34 | — | | |
| 22 | Stopfbüchsen, nur gedreht zu Pumpen m/m Kolben Ø . | 28 | — | 16 | 50 | | |
| | | | | 433 | 20 | | |
| | Zuschlag 50% für Generalkosten | | | 216 | 60 | 649 | 80 |
| | | 514 | 20 | | | 514 | 20 |
| | Inventurwert . . . . . . . . | | | | | 1547 | 60 |

Formular 7.

bis zum Tage der Inventur angeschafften oder verwendeten Materialien und ausgezahlten Löhne mit ihren Endsummen in die Inventur einverleibt werden können.

Daß Halb- und Ganzfabrikate, welche durch Verbesserungen oder Neuerungen überholt sind und daher trotz ihrer besten Beschaffenheit und saubersten Ausführung nur schwer noch Verwendung finden, nicht mehr zu den vollen Nettoselbstkosten in die Inventur aufgenommen werden können, sondern trotz ihrer kostspieligen Herstellung in vielen Fällen nur als altes Material eingesetzt werden dürfen, braucht wohl nicht noch besonders hervorgehoben zu werden.

## Geschäftsreisen.

Bei der jetzigen Geschäftslage genügt es nicht, daß in entsprechender Weise für das Bekanntwerden eines Werkes und dessen Erzeugnisse gesorgt wird, sondern es erfordert auch öftere mündliche Rücksprachen, ehe es gelingt, ein Geschäft zum Abschluß zu bringen. Es ist wohl nicht zu viel gesagt, daß ohne Reisen heute überhaupt Geschäfte nach außerhalb nicht gemacht werden können. Ist irgendwo eine Arbeit oder Lieferung zu vergeben, so entsteht seitens der Bewerber ein solcher Wettlauf und Wettstreit um dieselbe, daß man sich wundern muß, wo noch immer der Mut hergenommen wird, die oft nicht unbedeutenden Reiseunkosten daranzusetzen, trotzdem man sich doch sagen muß, die Aussicht auf einen Erfolg ist in den meisten Fällen nicht günstiger als 1 : 10. Nicht genug, daß es bei zehn Anfragen vielleicht gelingt, ein Geschäft zum Abschluß zu bringen, so werden solche Geschäfte infolge des starken Angebots auch meistenteils so wenig Gewinn abwerfen, daß es fraglich ist, ob damit die vielen entstandenen Unkosten gedeckt werden können. Da nun ohne Reisen nicht Geschäfte zu machen sind, so müssen Anordnungen getroffen werden, daß dieselben in weitgehendster Weise ausgenutzt und somit die Kosten für den einzelnen Fall nach Möglichkeit verringert werden.

Die Geschäftsreisen dürfen zweierlei Art sein: Einmal wird es sich darum handeln, allgemeine Umschau zu halten und zu sehen, ob irgendwo Bedarf für die Erzeugnisse des Werkes vorliegt; im anderen Falle liegen bestimmte Anfragen vor und es gilt nun, das abgegebene Angebot zur Geltung und das Geschäft zum Abschluß zu bringen. Sofern es sich um Warengeschäfte handelt, wo, wie in der Textilindustrie, von den Fabrikanten feste Kunden aufgesucht werden, ist das Umschauhalten mit keinen großen Schwierigkeiten verknüpft. Man weiß, wo man hinzugehen hat und wo überhaupt etwas gebraucht wird, man kann daher mit Tatsachen rechnen und einem bestimmten Ziele zustreben. Anders ist es aber, eine Umschau für eine Fabrik zu halten, welche Dampfmaschinen fertigt. Da ist es sehr schwer, ohne jeden Anhalt hinauszufahren und Personen, welche Bedarf haben, zu ermitteln. Solche Reisen würden daher auch wenig lohnend sein und große Unkosten verursachen, wenn sie nicht mit der Erledigung schwebender Angelegenheiten verbunden werden könnten.

Soll eine Geschäftsreise ausgeführt werden — und das kommt meistenteils sehr schnell — so ist es die Hauptsache, daß man sich mit Leichtigkeit sofort unterrichten kann, welche Anfragen oder Geschäfte sonst noch in der Gegend vorliegen, wohin man soeben zu reisen gedenkt. Sollen erst alle Briefe herausgesucht und darin nachgeschlagen werden, von wo und über was Anfragen aus dieser oder jener Gegend eingegangen sind, dann wird nicht allein zu viel Zeit mit der Vorbereitung der Reise vergeudet, sondern es wird auch manche nicht unwichtige Sache übergangen werden, weil man in der Eile dieselbe übersehen kann. Es empfiehlt sich daher, Karten nach dem Muster Formular 8, Seite 70, anfertigen und dieselben bei jeder Anfrage ausfüllen zu lassen. Diese Karten, welche annähernd die Größe der gewöhnlichen Postkarten erhalten, aus einem Blatt für kleinere Angelegenheiten, aus einem Doppelblatt, wie die Antwortkarten der Post, für größere Sachen bestehen, werden, nachdem sie in kurzer aber leicht verständlicher Weise ausgefüllt sind, in einen Schrank hineingetan, s. Fig. 5, Seite 184, wo für jeden Staat, jede Provinz oder größere Stadt, mit der man geschäftlich in Verbindung steht, ein besonderes Fach eingerichtet ist. Soll nun eine Reise angetreten werden, so ist es nur nötig, die Karten aus den Fächern der Gegenden oder Orte herauszunehmen, welche man zu bereisen gedenkt, um über alle schwebenden Geschäfte eingehend unterrichtet zu sein.

**Anfragekarte.**

Staat (oder Provinz): *Sachsen*

Anfragender: *D. Holzwurm*

Wohnort: *Copitz*

Eisenbahnstation: *Pirna*

Datum der Anfrage: *2. August 1904*

Angebot: *Dampfmaschine HD 14 laut Liste. Maße und Beschreibung beigefügt*

Rabatt: *0* Lieferung: *frei Pirna*

Lieferzeit: *4 Wochen* Verpackung: *1%*

Kreditfähigkeit: *Gut*

Provision: *3% an J. Schulz, Pirna*

Zahlungen: *1/3 Anzahlung, 1/3 bei Lieferung, Rest drei Monate später*

(Rückseite.)

**Bemerkungen.**

*Die Sache ist wichtig, H. muß schnell besucht werden.*

*H. ist am 5./8. besucht, alle technischen Fragen besprochen, kommt in 8 Tagen zur Fabrik, um zu bestellen*

*Neumann.*

*Am 15. August angefragt, warum noch nicht bestellt?*

*Ist erkrankt, kommt in 14 Tagen, laut Brief vom 17./8.*

Formular 8.

Die Karten bleiben in dem Schranke solange aufbewahrt, bis mit Bestimmtheit nachgewiesen werden kann, daß die betreffende Angelegenheit auch wirklich erledigt ist. Erst wenn zweifellos feststeht, daß jede Aussicht auf ein Zustandekommen eines Geschäftes ausgeschlossen ist, werden die Karten mit einem entsprechenden Vermerk versehen und dann abgelegt. Es wird sehr oft Fälle geben, daß solche Anfragekarten jahrelang im Ortsschrank liegen bleiben, weil die Anfragenden immer noch nicht in die Lage gekommen sind, die betreffende Bestellung ausführen lassen zu können. Dadurch aber, daß man durch Aufbewahrung der Karten die Sache im Auge behalten und durch wiederholte gelegentliche Besuche bei dem Kunden sich in Erinnerung bringen kann, sichert man sich am besten das schließliche Zustandekommen eines Geschäftes.

Dadurch, daß man über jede Anfrage eine Karte ausschreibt und diese erst dann beiseite legt, wenn die Angelegenheit erledigt ist, kann man sich eine sehr belehrende Übersicht über die im Laufe einer bestimmten Zeit erfolgten Anfragen und eingegangenen Aufträge machen, ohne sich dadurch eine große Schreibarbeit aufzulegen. Das Ergebnis solcher Übersichten gibt oft sehr zum Nachdenken Veranlassung, zumal wenn man findet, daß die Zahl der Aufträge doch nur einen sehr geringen Teil der Anfragen ausmacht und erstere in keinem richtigen Verhältnis zu der Mühe, Arbeit und den Unkosten stehen, welche man sich, um einen Geschäftsabschluß zu bewirken, auferlegt hat.

Es empfiehlt sich, die Anfragekarten, wie es ja sonst gewöhnlich bei allen Geschäftspapieren der Fall ist, ohne Vordruck der Firma anzufertigen, überhaupt auch bei allen auf die Reise mitzunehmenden Sachen das äußere Namhaftmachen der Firma, für welche man reist, zu vermeiden, denn es ist nicht nötig, und in sehr vielen Fällen sogar nachteilig, wenn mitreisende Personen erfahren, in wessen Angelegenheiten man die Reise unternimmt. Auf meinen vielen Reisen habe ich manchen geschäftlichen Nutzen daraus gezogen, daß ich aus Schriftstücken, welche mit Firmen versehen und in der Eisenbahn von den Reisenden durchblättert oder gelesen wurden, Schlüsse über Ziel und Zweck der Reise derselben ziehen konnte. Es ist ja sehr erklärlich, daß man die Fahrten auf der Eisenbahn recht gern dazu benutzt, um sich die Sachen, welche man in den nächsten Stunden geschäftlich zu behandeln gedenkt, nochmals eingehend zu überlegen und daher die die Angelegenheit behandelnden Schriftstücke gern wiederholt durchliest. Aber bei solchen Studien ist Vorsicht dringend geboten, man vermeide nach Möglichkeit den Mitreisenden, welche man nicht kennt, etwas vor Augen zu führen, was einem Konkurrenten von Nutzen sein könnte. Die Anfragekarten mit ihren verschiedenen Vermerken sind auf der Reise zu jeder Zeit benutzbar, ohne die Neugierde der Mitreisenden in hervorragender Weise herauszufordern. Sind die Anfragekarten sorgsam ausgefüllt und ist der auf die Reise Gehende sonst über alle Geschäftsangelegenheiten gut unterrichtet, dann bedarf es auch nicht der Durchsicht weiterer Schriftstücke während der Reise, da genügen vollständig die Vermerke, welche die Anfragekarte enthält.

Kommt man auf einer Geschäftsreise nach einem fremden Orte, so wird wohl das nächste sein, daß man sich über die Wohnung, das Geschäft und die persönlichen Eigenschaften und Vermögensverhältnisse des zu Besuchenden unterrichten will. Gewöhnlich werden im Hotel die gewünschten Auskünfte eingezogen, die der freundliche Wirt ja stets bereitwilligst erteilt. Solche Auskunftseinholungen im Gasthause haben aber sehr große Schattenseiten, denn sie bleiben niemals geheim und können den Abschluß eines Geschäfts leicht in Frage bringen. Gastwirte hören allerdings sehr viel durch ihre Gäste und sind daher auch meistenteils in der Lage, die ausführlichsten Auskünfte zu erteilen. Das Geschäft des Gastwirts bedingt aber, daß derselbe sich allen seinen Gästen beliebt macht und dem einem nicht vorenthält, was er einem anderen vorgetragen hat. Kommt man also zu einem Gastwirt hin und fragt denselben über diesen oder jenen aus, so kann man sicher sein, daß man nicht allein alles, was derselbe über die betreffende Person weiß, erfährt, sondern als Zusatz die Mitteilung erhält, daß bereits so und so viele Herren in der gleichen Angelegenheit vorher Erkundigungen eingezogen und Besuche abgestattet haben. Jeder später eintreffende Reisende erhält die gleiche Auskunft wie sein Vorgänger, aber mit dem Zusatze, daß inzwischen schon wieder ein Herr der Firma A. aus Z. dagewesen ist und in der gleichen Angelegenheit Nachfragen angestellt sowie Besuche abgestattet hat. Ohne der Ehrenhaftigkeit der Gastwirte irgendwie zu nahe treten zu wollen, bin ich in der Lage, feststellen zu können, daß viele Reisende gerade infolge ihrer Auskunftseinholung bei den Wirten um den Abschluß von Geschäften gekommen sind. Abgesehen davon, daß Reisende, welche größere Ausgaben im Gasthause machen, gern von dem Wirte bevorzugt werden und Fingerzeige erhalten, welche ihnen einen Vorteil vor ihren weniger ausgebenden Gegnern gewähren, so sind die Fälle auch nicht selten, daß Wirte infolge der eingeholten Auskünfte auf einzelne Geschäfte aufmerksam wurden und sich einen besonderen Verdienst dadurch zu verschaffen suchten, daß sie den Konkurrenten des Auskunfteinholenden hiervon Mitteilung machten. Wenn also die Information über Geschäftsangelegenheiten in den Gasthäusern zu vermeiden ist, so sollte man dies tun, denn einen Nutzen bringen dieselben nur in seltenen Fällen. Dagegen soll hier auf eine andere Art, sich Auskunft über Personen und deren Verhältnisse auf der Reise zu verschaffen, hingewiesen werden. Es gibt wohl kaum einen Menschen, der an einem Orte besser Bescheid weiß, als der Briefträger und einzelne bei der Eisenbahn beschäftigte Personen. Versteht es ein auf der Reise Befindlicher, sich diesen Beamten in freundlicher Art zu nähern und sie zum Sprechen zu bringen, dann kann er gewiß sein, daß er in der weitgehendsten Weise über alles Wissenswerte unterrichtet wird. Die an der Bahn tätigen Postbeamten, der Bahnhofspförtner, der Gepäckträger usw., alle werden etwas über Personen und Verhältnisse eines Ortes mitzuteilen haben und dem eine allgemeine Umschau Haltenden manchen guten Wink erteilen können. Manches Geschäft habe ich auf meinen Reisen auf diese Weise ausgekundschaftet und, was dabei noch die Hauptsache ist, bei solchen Gelegenheiten keinen großen Konkurrenzkampf zu bestehen gehabt, weil viele dieser Sachen erst im Entstehen begriffen und Anfragen, welche die Konkurrenz herbeiziehen konnten, noch nicht in die Welt hinausgeschickt waren.

Ist eine Geschäftsreise ausgeführt, so wird auf jeder Anfragekarte unter „Bemerkungen“ das mit den Kunden Besprochene oder bei denselben Erreichte eingetragen und dementsprechend das Geschäft weiter behandelt. Gleichzeitig werden über alle auf der Reise gemachten Neuanknüpfungen Karten ausgeschrieben und auch alles in Erfahrung Gebrachte und in der Sache Unternommene vermerkt. In dieser Weise entwickelt sich eine recht schöne und wertvolle Übersicht über alle in Behandlung stehenden und neu auftauchenden Geschäfte, die zu jeder Zeit benutzt werden kann und über alles Wissenswerte Auskunft gibt.

Dringend notwendig ist es, daß man in dem Werke stets weiß, wo sich der auf der Reise Befindliche zu jeder Zeit aufhält, um demselben mit Leichtigkeit schnell Nachrichten zukommen lassen zu können. Bei Reisenden für Warengeschäfte, welche sich tagelang an einem Orte aufhalten, oder, nach kurzem Abstecher, immer wieder nach einem bestimmten Ausfahrtsorte zurückkehren, wird es nicht immer so genau darauf ankommen, ob eine Nachricht pünktlich auf die Stunde an der Empfangsstelle eintrifft. Anders ist es aber bei Geschäftsreisen, bei denen an einem Orte vielleicht nur ein Besuch abgestattet und dann der nächste Zug zu einer längeren Weiterreise benutzt werden muß. Da gilt es, eine Ordnung zwischen Werk und Reisenden herzustellen, damit eine beständige Verbindung der beiden zu jeder Zeit gesichert bleibt, und nicht Nachrichten nach Orten noch abgegeben werden, die der Reisende schon lange wieder verlassen hat und wo ihn deshalb solche nicht mehr erreichen können. Es empfiehlt sich daher, vor der Ausreise einen Reiseplan festzustellen, in welchem die zu machenden Besuche aufgeführt und die Zeiten angegeben sind, bis zu welchen der Reisende an einem Orte unter bestimmter Adresse zu erreichen ist. Sache des den Verkehr zwischen Werk und Reise vermittelnden Beamten ist es dann, auszurechnen, ob eine briefliche oder telegraphische Benachrichtigung abzugeben ist, oder ob dies gar nach verschiedenen Orten gleichzeitig geschehen muß, um den Reisenden nicht zu verfehlen. Durch pünktlichen und sachgemäßen Nachrichtendienst kann viel Geld erspart, auch das Zustandekommen mancher Geschäfte sehr gefördert werden. Geldvergeudung wäre es, einen Reisenden eine Reise fortsetzen zu lassen, wenn inzwischen das in Behandlung stehende Geschäft durch Auftragerteilung oder in anderweitiger Weise erledigt ist. Und von geringer geschäftlicher Schneidigkeit wird man es ansehen müssen, wollte man einen auf der Reise befindlichen Reisenden nicht telegraphisch oder brieflich veranlassen, seinen Weg noch über einige andere, in der Nähe belegene Orte zu nehmen, wenn aus denselben inzwischen noch Anfragen eingegangen sind, welche Hoffnungen auf das Zustandekommen eines Geschäftes bieten. Ein sorgfältig aufgestellter Reiseplan — wozu das Muster Formular 9, Seite 76, empfohlen werden kann — muß die Möglichkeit bieten, zu jeder Stunde den Reisenden auf der Tour erreichen zu können. Treten infolge von Zwischenbesuchen oder anderen Vorkommnissen Änderungen in dem Reiseplan ein, dann muß der Reisende hiervon sofort nach dem Werk berichten und dabei alle noch verbleibenden Benachrichtigungsstellen richtig stellen.

Bei Fahrten nach Gegenden, die von einer kleinen Eisenbahnstation zu Wagen zurückgelegt werden müssen, wird man oft sehr in Verlegenheit wegen eines Fuhrwerks sein, zumal, wenn man es sehr eilig hat und mit einem der nächsten Züge weiter reisen möchte. In solchen Fällen empfiehlt es sich, an den Pförtner oder den Vorsteher der Eisenbahnstation eine Postkarte oder Telegramm zu richten und denselben um Besorgung eines Wagens nach Ankunft des Zuges Nr. ? nach X zu bitten; in bereitwilligster Weise wird solchen Bitten gern entsprochen.

Betreffs Bezahlung der Reisekosten bestehen verschiedene Gewohnheiten. Einmal muß der auf die Reise geschickte Beamte seine gehabten Unkosten genau aufführen und erhält dann diesen Betrag erstattet. Dann werden bestimmte Sätze für den Tag bewilligt, womit persönliche Unkosten und Fahrgelder gedeckt werden müssen. Und drittens wird ein fester Satz für persönliche Bedürfnisse festgesetzt, während die Fahrgelder und andere Auslagen genau aufzuführen sind und dann erstattet werden. Die erste Art der Erstattung der Reisekosten ist umständlich, zwingt den Reisenden beständig sich mit dem Notizbuch zu beschäftigen und führt oft zu unangenehmen Auseinandersetzungen, wenn die Notwendigkeit oder Höhe einer Ausgabe als nicht angemessen gehalten wird. Die zweite Form eignet sich für Geschäftsreisende, welche nur kurze Strecken täglich zurückzulegen haben und sich längere Zeit an einem Platze aufzuhalten pflegen. Die dritte Art der Reisekostenvergütung dürfte die zweckmäßigste für Vertreter industrieller Werke sein. Der Reisende weiß, mit welchem Betrage er für seine persönliche Bedürfnisse zu rechnen hat; lebt er sparsam, so ist er in der Lage, etwas zu erübrigen, und dies wird für ihn ein Anlaß sein, sich gerne auf die Reise zu begeben und sich selbst manchen Unbequemlichkeiten auszusetzen. Die Hauptsache aber bleibt, daß alle

**Reiseplan.**

für: *Ingenieur Neumann*

Reise nach: *Sachsen — Altenburg u. a.*

Abfahrt: *Am 2. August 1904* Voraussichtliche Rückkehr: *6. August*

Es werden besucht:

| Am | Name | Wohnort | Nachrichten sind zu senden | | bis | | Bemerkungen |
|---|---|---|---|---|---|---|---|
| | | | | | Tag | Stunde | |
| 2./8. | August Weber | Leipzig | Leipzig | Postlagernd | 2./8. | 7 abds. | |
| | Wilh. Schäfer | Leipzig | | | | | |
| 3./8. | Herm. Augustin | Altenburg | Altenburg | Bayrischer Hof | 3./8. | 10 | |
| | Zeche König | Zwickau | Zwickau | Kästners Hotel | 4./8. | 8 vorm. | |
| | M. Karsten | Zwickau | | | | | |
| 4./8. | A. Bohlmann | Schwarzenberg | Schwarzenberg | Bahnpostamt-lagernd | 4./8. | 7 nchm. | |
| 5./8. | Maschinenfabrik L. | Chemnitz | Chemnitz | Karola-Hotel | 5./8. | 1 | |
| | Maschinenfabrik K. | Chemnitz | | | | | |
| 6./8. | Netke & Co. | Dresden | Dresden | Postlagernd | 5./8. | 6 abds. | Wenn nichts nachgeschickt wird, bin ich am 7./8. abends zurück. |
| | Baumann | Pirna | | Bahnpostamtlag. | 6./8. | 11 vrm. | |
| | Liebert | Königstein | | Postlagernd | 6./8. | 4nchm. | |

Formular 9.

Zwistigkeiten zwischen Werk und Reisenden wegen der Reisekosten vermieden werden, weil die Tagegelder festgelegt sind und alle Fahrgelder und außergewöhnliche Unkosten besonders vergütet werden. Es liegt kein Grund vor, lange Eisenbahn- oder Wagenfahrten zu vermeiden, oder Zeit auf der Reise zu vertrödeln, um auf diese Weise durch längeren Tagegelderbezug einen Ausgleich für hohe Fahrgelder zu bewirken. Als Vergütung für Reisende industrieller Werke werden bei freier Fahrt gewöhnlich 15 Mark für Tag und Nacht und 9 Mark für den Tag allein bewilligt.

## Vertretungen.

Ein jedes Werk, welches sich ein größeres Absatzgebiet zu schaffen sucht, ist bemüht, in größeren Städten oder industriereichen Gegenden Agenten zu bestellen, welche bei einem in ihrem Bezirke auftretenden Bedarf die Geschäftsabschlüsse zu vermitteln haben. Solche Agenten beziehen kein festes Gehalt, bekommen auch in seltenen Fällen Unkosten, welche durch Reisen usw. entstehen, ersetzt und erhalten für ihre Bemühungen nur eine Provision, die sich dem zu vertretenden Gegenstande anpaßt. Sofern es sich um Agenten handelt, welche Hüttenwerke vertreten, so haben dieselben mit einem bestimmten Kundenkreise zu rechnen, welcher öfters besucht wird und der seine Aufträge fast ausnahmslos durch die Hände der Agenten gehen läßt. Sind die Provisionen bei solchen Geschäften auch nur gering, so sichern sie doch dem Agenten ein ziemlich festes Einkommen, wenn er fleißig seine Kunden besucht und keine Mühe und Arbeit scheut, um die Verbindungen aufrecht zu erhalten. Die Hüttenwerke, welche sachkundige Vertreter bestellen, haben im großen und ganzen nur selten Veranlassung, sich über ihre Agenten zu beklagen. Beider Interesse ist eng miteinander verbunden, und unterläßt ein Agent, seine Pflicht zu erfüllen, so verliert er seine Einnahmen an Provision, auf die er, zur Bestreitung seines Lebensunterhaltes, meistenteils doch nur ganz allein angewiesen ist. Anders liegt es aber mit der Vertretung von Maschinenfabriken, elektrotechnischen Werken usw. Solche Werke haben nur selten einen festen Kundenkreis; soll ein Geschäft gemacht werden, so muß eben ein neuer Kunde aufgesucht werden, dieser verschwindet aber in den meisten Fällen wieder von der Bildfläche, wenn sein einmaliger Bedarf gedeckt ist und weitere Bedürfnisse in absehbarer Zeit nicht mehr eintreten. Ein Agent, der die Vertretung solcher Werke übernimmt, hat fast immer einen recht schweren Stand. Gelingt es demselben, ein Geschäft zu lohnenden Preisen zum Abschluß zu bringen, so wird er ja für seine Bemühungen und gehabten Unkosten in angemessener Weise entschädigt, hat er aber das Unglück, bei allen seinen Unternehmungen von der Konkurrenz überflügelt zu werden, dann sind alle seine Arbeiten vergeblich und alle Ausgaben nutzlos gewesen, weil eben die Werke nur für wirklich zustandegekommene Geschäfte Provisionen zahlen oder Unkosten vergüten. Diesem Umstand ist es zuzuschreiben, daß die meisten Werke wohl eine große Anzahl von Agenten in allen Landesteilen haben, daß dieselben aber doch nur in sehr seltenen Fällen Geschäfte wirklich zum Abschluß bringen, weil sie sich, um Unkosten zu vermeiden, gewöhnlich nur darauf beschränken, den Werken von irgendwo eintretendem Bedarf einfache Mitteilungen zu machen, und es dann denselben überlassen, die Angelegenheiten weiter zu verfolgen. Es ist ja erklärlich, daß solche Vertretungen nur einen sehr geringen Nutzen haben und, besonders große Werke, dieses einsehend, daran gingen, die Agenten ganz abzuschaffen und sie durch angestellte Beamte zu ersetzen. Der angestellte Beamte, der neben seinem festen Einkommen eine kleine Abschlußprovision empfängt und alle Unkosten ersetzt erhält, muß tun, was ihm von der Werkleitung vorgeschrieben wird. Er hat nicht nötig, ängstlich jede Aufwendung, welche er im Interesse des Geschäfts macht, zu prüfen; er arbeitet für fremde Rechnung und kann daher energischer eine Sache verfolgen und dadurch leichter einen Geschäftsabschluß erzielen, als der auf eine Provision angewiesene Agent, der große Ausgaben vermeiden muß, weil er nicht weiß, ob das Geschäft zustande kommt und er seine Auslagen dann erstattet erhält.

Wenngleich also die Vertretungen gewisser industrieller Unternehmungen, außerhalb ihres Sitzes, erst nur durch einzelne Beamte erfolgten, so zeigte es sich bald, daß hiermit noch nicht den Verhältnissen genügend Rechnung getragen werden konnte. Das Bereisen des überwiesenen Bezirkes machte es oft unmöglich, den brieflichen Verkehr nach allen Seiten pünktlich zu erledigen. Dazu kam, daß der Vertreter genötigt wurde, Projekte für Anlagen selbst auszuarbeiten, welche er in Auftrag zu erhalten hoffte. Hierdurch wurde seine Zeit so in Anspruch genommen, daß darunter seine Haupttätigkeit, das ist die Hereinschaffung von Aufträgen, litt. Die Folge war, daß neben dem Vertreter weitere Hilfskräfte angestellt und schließlich Zweigniederlassungen an den verschiedensten, verkehrreichsten Orten errichtet wurden. Einzelne Werke, besonders der Elektrotechnik, statteten ihre Zweigniederlassungen derartig aus, daß sie schließlich über ein ganz ansehnliches Beamtenpersonal verfügen konnten. Würden solche Werke mit dieser Art Vertretung nicht ihre Rechnung gefunden haben, so wäre wohl anzunehmen, daß sie es unterlassen hätten, immer wieder neue Zweigniederlassungen zu errichten. Aber immerhin hatten die Kosten einer solchen Geschäftshandhabung schließlich eine derartige Höhe erreicht, daß die Rentabilität der Unternehmen darunter stark zu leiden anfing. Verschiedene Werke taten sich daher zusammen, um durch gemeinschaftliche Vertretungen die Geschäftsunkosten zu verringern, und lösten in erster Linie eine große Anzahl der kostspieligen Zweigniederlassungen auf. Hiermit ist aber in keiner Weise ausgesprochen, daß die Vertretung der Werke durch angestellte Beamte und die Errichtung von Zweigniederlassungen sich nicht bewährt hat, nein, im Gegenteil, solche Vertretungen haben sich stets als zweckmäßig bewiesen, nur muß dafür gesorgt werden, daß dieselben nicht in das Unangemessene ausgedehnt und ausgestattet, sondern nur als Hilfsstellen des Hauptgeschäfts betrachtet werden. Treten vorübergehend größere Arbeiten an die Vertreter heran, und können dieselben nicht von dem Werke direkt erledigt werden, so ist durch Stellung von Hilfskräften dem Vertreter eine Entlastung zu schaffen. Hierdurch bewirkt man, daß die Kosten der Vertretung stets dem Gange der Geschäfte angepaßt werden, und die im Hauptgeschäfte angestellten Beamten auch einen Einblick in das äußere Geschäftsgetriebe erhalten, was ihnen bei ihrer Tätigkeit an der Zentralstelle nachher stets zu Nutzen kommt.

Neben den Agenten und angestellten Vertretern hat jedes Werk auch mit solchen Personen zu rechnen, welche sich gern bei ihrer anderweitigen Stellung oder neben ihrem Geschäfte einen Nebenverdienst dadurch zu sichern suchen, daß sie die ihnen in ihrer Stellung oder in ihrem Geschäfte zu Ohren kommenden Mitteilungen über bevorstehenden Bedarf an irgend ein Werk überschreiben und sich hierfür die Zahlung einer Provision ausbedingen. Sofern sich solche Zubringer darauf beschränken, ihre Erfahrungen nur einem Werke mitzuteilen und sich für ihre kleine Mühewaltung mit einer mäßigen Provision begnügen, kann es den Werken nur angenehm sein, wenn ihnen durch solche Gelegenheitsagenten Geschäfte zugeführt werden. Leider ist aber auch bei solchen Leuten der Geschmack mit dem Essen gekommen, denn, um sich unter allen Umständen eine Provision zu sichern, pflegen dieselben ihre Mitteilungen nicht bloß an ein Werk abzugeben, sondern mit denselben alle Fabriken, welche bei der Vergebung der Bestellung in Frage kommen könnten, zu beglücken. Die Folge ist, daß Personen, welche einen Auftrag zu vergeben haben, plötzlich mit Angeboten und Besuchen von Vertretern so überlaufen werden, daß sie stutzig werden und sich nicht erklären können, wie ihr noch in weiter Ferne liegendes Vorhaben schon so allgemein bekannt geworden ist. Es beginnt dann in solchen Fällen oft ein wüstes Treiben der Konkurrenz, das meistenteils weder für den, der eine Lieferung zu vergeben, noch für den, der sie auszuführen hat, von Nutzen ist. Sobald ich herausgefunden hatte, daß von einem Zuträger ein solches unreelles Spiel getrieben wurde, war ich stets bemüht, dem Treiben desselben dadurch ein Ende zu machen, daß ich sowohl den Konkurrenten, als auch Vertretern anderer Werke die betreffende Person namhaft machte und sie warnte, sich mit derselben weiter einzulassen. Ich bemerke ganz ausdrücklich, daß solche Handlungsweisen nicht bloß bei Persönlichkeiten vorkommen, welche unter dem Drucke der Verhältnisse handeln, sondern daß sogar Geschäftsleute, welche das Vertrauen ihrer Umgebung besaßen und über ansehnliche Einkünfte zu verfügen hatten, derartige verwerfliche Sachen ausführten.

Vielfach besteht heute noch die Gewohnheit, für Vermittlung oder Namhaftmachung von Geschäften eine feste Provision zu zahlen, ganz gleich, ob bei dem Abschlusse normale Preise erzielt wurden oder große Zugeständnisse gemacht werden müssen. Ein solches Verfahren sollte grundsätzlich vermieden werden. Muß ein Werk, um zum Geschäft zu kommen, bedeutende Erlasse zugestehen, so muß auch der Geschäftsvermittler sich von seiner Provision einen Abstrich gefallen lassen. Hervorragende Werke haben daher feste Normen aufgestellt, nach welchen die Provision an Agenten, Zubringer und Vertreter berechnet wird. Bei Zahlung der vollen Provision darf niemals ein höherer Erlaß als fünf Prozent eingetreten sein. Ist es notwendig, dem Besteller noch weitere Zugeständnisse zu machen, so müssen dieselben zum Teil von dem Werk übernommen, zum Teil durch Kürzung der Provision gedeckt werden. Mehr als die Hälfte der normalen Provision ist aber bei Preisherabsetzung niemals aufzurechnen. Durch dieses Verfahren ist der Vermittler an dem Ausfall des Geschäftes beteiligt, es liegt daher in seinem Interesse, sein möglichstes zu tun, daß zufriedenstellende Preise erzielt werden.

Recht unangenehme Auseinandersetzungen pflegt es zu geben, wenn von verschiedenen Seiten auf ein Geschäft aufmerksam gemacht wird. Es ist doch ganz selbstverständlich, daß sich ein Werk nur einer Person gegenüber provisionspflichtig fühlen kann und daher nur demjenigen eine Provision zahlen wird, welcher zuerst den Besteller namhaft gemacht hat. Dieses Verfahren wird aber nicht immer von den Zubringern anerkannt. Ich habe es daher schon wiederholt erlebt, daß von der Verfolgung eines Geschäftes abgesehen werden mußte, weil mehrere Personen auf die Provision Anspruch machten, die doch nur einer, und zwar derjenige, der die erste Mitteilung über die Sache gemacht hatte, bekommen konnte. Will man es also in solchen Fällen nicht mit den Zubringern — um solche handelt es sich nur, denn Agenten und Vertreter haben begrenzte Bezirke — verderben, oder mehr Provision zahlen, als man an dem Geschäfte verdient oder gar für den Gegenstand bekommt, dann bleibt nichts anderes übrig, als auf derartige Geschäfte ganz zu verzichten. Solche Fälle kommen keineswegs selten vor. Es gibt gewisse Fachleute, welche in ihrem Berufe weit und breit zu Rate gezogen werden und daher recht oft in der Lage sind, wertvolle Mitteilungen über bevorstehende Geschäfte machen zu können. Diese Herren erzielen aus den Nachweisungen oft größere Einnahmen, als sie durch ihre technischen Arbeiten haben; sie verfolgen daher auch mit der größten

Aufmerksamkeit alle diejenigen Geschäfte, welche durch ihre Empfehlung oder Mitteilung angebahnt wurden und sind eifersüchtig auf ihre Berufsgenossen, welche ihnen bei ihrer Sachverständigenarbeit und bei den Nachweisungsgeschäften in die Quere kommen. Wehe daher dem Werk, welches sich, in Unkenntnis dieser Verhältnisse, über gewisse Provisionsforderungen hinwegsetzt, ruhig ein Geschäft verfolgt und zum Abschluß bringt und dann nur einem, der die erste Mitteilung gemacht hat, eine Provision zahlt. Sicher kann man sein, daß man sich außer dem Provisionsempfänger alle anderen zu Gegnern gemacht hat, die von da ab ihr möglichstes tun, um weitere Geschäfte in den Kreisen, wo sie tätig sind, unmöglich zu machen. Es ist daher nicht leicht, die Vertreter- und Provisionsfrage immer richtig zu behandeln, jedenfalls sollte man aber sehr vorsichtig in der Behandlung von Geschäften sein, bei denen von verschiedenen Seiten Provisionsansprüche erhoben werden können. Das beste ist in solchen Fällen von vornherein alle unberechtigten Ansprüche abzulehnen und es den Zubringern, welche die Gründe der Ablehnung nicht anerkennen wollen, zu überlassen, die Konkurrenz aufzusuchen, als nach Abwickelung eines Geschäftes die Zahlung einer Provision zu verweigern. Das letztere schafft stets böses Blut, während die sofortige Ablehnung der Provisionsverpflichtung nur vorübergehend verstimmend wirkt.

## Reklame.

Ohne Reklame kein Geschäft! So muß man heute sagen, denn es ist zutreffend! Es gibt zwar Werke, welche es nicht nötig haben, Reklame zu machen, weil ihre Erzeugnisse doch gekauft werden, aber immerhin ist ohne Reklame kein weitgehendes Geschäft zu machen; das weiß ein jeder Geschäftsmann, und daher finden wir selbst von unseren ersten Werken der Eisen- und Stahlindustrie in technischen und politischen Blättern Ankündigungen, die jedenfalls nicht erlassen wären, wenn nicht erkannt worden wäre, daß selbst die bedeutendsten Werke der Reklame nicht entbehren können. Das Wort Reklame klingt für manche Ohren nicht gerade angenehm, unwillkürlich denken viele, wenn sie es hören, an sogenannte Marktschreierei. Allerdings kann eine Reklame zur Marktschreierei ausarten, aber in sachlicher Weise gehandhabt, ist sie weit entfernt, solche zu sein. Wer hat vor 40 Jahren gesehen, daß unsere bedeutendsten Maschinenfabriken — ich erinnere an A. Borsig, F. Schichau, Egestorff usw. — sich dazu verstanden haben, über das, was sie anfertigen, Angebote in die Blätter zu bringen? Derjenige, welcher diesen Herren zugemutet hätte, Annoncen zu erlassen, welche darauf aufmerksam machen sollen, daß sie Dampfmaschinen, Dampfkessel, Pumpen usw. fertigen, wäre schön angesehen worden. Tatsächlich hatten damals solche Werke es nicht nötig, eine Reklame durch die öffentlichen Blätter für sich zu unternehmen, denn viele große Werke gab es zu jener Zeit nicht und die, welche bestanden, waren so bekannt, daß es nicht nötig war, auf sie noch durch bezahlte Annoncen aufmerksam zu machen. Aber andere Zeiten, andere Sitten! Werke, die damals zu vornehm dachten, die sich zu erniedrigen glaubten, wenn sie auch nur die kleinste Annonce in die Zeitungen brachten, sie haben das Vorurteil abgelegt und finden auch, daß sie den zeitigen Verhältnissen Rechnung tragen müssen, weil ohne öffentliche Ankündigungen keine weitere Ausdehnung des Geschäftes möglich ist. Auf Grund der persönlich gemachten Erfahrungen wäre es dem Verfasser ein leichtes, hier zahlenmäßig nachzuweisen, wie mit der Verminderung der Reklame auch ein Nachlassen der Anfragen und Bestellungen in verschiedenen sogar weltbekannten Geschäften eingetreten ist. Man glaube nicht, daß es genügt, in Kreisen der Berufsgenossen als solider, leistungsfähiger Fabrikant bekannt zu sein, um von allen Seiten und bei jeder Gelegenheit mit Anfragen überschüttet zu werden. Nicht die Berufsgenossen oder die Geschäftskundigen sind es, welche die große Anzahl der Anfragen und Aufträge bringen, sondern die große Menge muß aufgerührt und auf die Leistungen des einzelnen aufmerksam gemacht werden, damit sie sich bei eintretendem Bedarf an die betreffenden Werke wendet. Die große Menge hört, liest und bespricht nun wohl, wenn ihr etwas Neues oder Gutes vorgeführt wird; sie vergißt aber nur zu schnell, was noch vor kurzer Zeit ihr Interesse erregt hat. Darum darf eine einmal begonnene Reklame, soll sie wirksam bleiben, niemals eingestellt werden, denn in unserer schnellebenden Zeit, wo das kaum Erstandene schon wieder im Handumdrehen von etwas angeblich Besserem verdrängt wird, muß die Erinnerung, selbst an die leistungsfähigsten Werke, stets durch neue Veröffentlichungen wach gehalten werden.

Die Reklame wird in verschiedener Weise behandelt, sie erfolgt durch Annoncen in Zeitungen, Versendung von Drucksachen, durch Besprechungen im redaktionellen Teil einer Zeitschrift, durch Plakate oder durch Vorträge. Welchen Weg man nun aber auch wählen mag, will man Anklang bei dem anständigen Publikum finden, dann halte man sich stets sachlich bei seinen Ankündigungen, man vermeide alles Persönliche, was einen Konkurrenten verletzen könnte, und setze sich mit Ruhe über die Angriffe Andersdenkender hinweg.

In großen Werken und Geschäften ist meistenteils eine Abteilung geschaffen, welche die ganze Reklame in den Händen hat, die Annoncen entwirft und die Verhandlungen mit den Zeitungen führt. Wenngleich die großen Annoncenexpeditionen vielfach in der Lage sind, dem inserierenden Publikum vorteilhafte Angebote machen zu können, weil sie häufig in einem festen Kontraktverhältnisse mit Zeitungen, Zeitschriften usw. stehen, das ihnen die Möglichkeit schafft, Unterbietungen ihrer Forderungen unmöglich zu machen, so ist es doch nicht zu empfehlen, sich bei Aufgabe von Annoncen nur an eine Expedition zu binden, sondern man tut gut, verschiedene derartige Firmen, sowie auch größere Zeitungen direkt zur Abgabe eines Angebotes aufzufordern. Es stellen sich dann bei Zusammenstellung der eingegangenen Offerten oft so große Verschiedenheiten heraus, daß ansehnliche Beträge durch eine geschickte Verteilung der Annoncen an verschiedene Bewerber erspart werden können. Soll eine Annonce Aufsehen erregen, dann muß sie so entworfen werden, daß ihr Hauptinhalt schon bei flüchtigem Durchblättern der Zeitungen auffällt. Die Annonce darf auch nicht immer gleich lauten und immer in derselben Weise gesetzt werden, sonst verliert sie an Interesse bei dem Leser. Große Annoncen haben nicht immer größere Anziehungskraft als kleinere, ja ein großer Teil des Publikums vermeidet es sogar, in Geschäften zu kaufen, welche seitengroße Annoncen erlassen, weil es sich sagt, daß solche Reklamen doch schließlich den Käufern in Anrechnung gebracht werden. Man übersieht hierbei aber, daß Firmen, welche ganze Seiten einer Zeitung oder Zeitschrift für ihre Reklame in Anspruch nehmen, einen sehr verbreiteten Kundenkreis haben, der nur durch solche in das Auge fallenden Bekanntmachungen auf die neuesten Erzeugnisse der betreffenden Firmen schnell aufmerksam gemacht werden kann. Solche außergewöhnlich großen Annoncen dienen aber nur einem ganz besonderen Zweck, für gewöhnlich wird der Inserierende sich mit einem geringeren Raum begnügen und durch augenfällige Gestaltung der Annonce seinen Zweck zu erreichen suchen. Das Annoncenkonto ist in vielen Werken recht bedeutend, wir haben eine Anzahl großer Fabriken, welche für Annoncen jährlich bis fünf Prozent ihrer Einnahme ausgeben. Diese Ausgabe ist eine schwere Belastung solcher Werke, sie läßt sich aber nicht umgehen, denn von dem ununterbrochenen Annoncieren hängt der Eingang der Aufträge ab. Wer viel annonciert, genießt oft den Vorteil, daß Reklameaufsätze für ihn auch in dem redaktionellen Teil von Zeitungen aufgenommen werden. Allerdings würden wohl die meisten Redaktionen es ablehnen, Aufsätze zu bringen, welchen man auf den ersten Blick den Reklamezweck ansehen kann, aber es gibt Mittel und Wege genug für eine gut inserierende Firma, um auch den redaktionellen Teil einer Zeitung sich dienstbar zu machen, ohne daß der leitende Redakteur es gewahr wird, daß er der Reklame dienstbar geworden ist. Ein Bericht über eine Ausstellung oder über die unternommene Prüfung einer Maschine usw. wandert aus weiter Ferne in die Redaktionsstube, wird flüchtig durchgesehen, als unverfänglich und lesenswert erachtet und geht dann in die Druckerei, um als Reklame am anderen Tage für einzelne Aussteller oder für eine neue Maschinenart in dem redaktionellen Teil einer Zeitung zu erscheinen. Solchen Reklamen wird von den Interessenten eine große Wirkung zugeschrieben, daher setzt ein tüchtiger Reklamebeamter sein ganzes Können daran, um recht viele solche Reklamenachrichten in den redaktionellen Teil einer Zeitung hineinzuschmuggeln.

Eine weitere Reklame ist, indem man Drucksachen über seine Erzeugnisse den geeignet erscheinenden Zeitschriften beilegt. Solche Beilagen haben aber nur bei Fachblättern einen Zweck, denn allgemein angewandt, würden sie nicht allein zu kostspielig sein, sondern auch als überflüssiger Ballast, ohne gelesen, bei Seite geworfen werden. Wenn z. B. eine Fabrik für Holzbearbeitungsmaschinen ausführliche Beschreibungen ihrer Erzeugnisse den Zeitschriften beifügt, welche für Holzgeschäfte, Sägemühlen, Zimmereien und Tischlereien bestehen, so darf wohl angenommen werden, daß ein solches Verfahren sehr zweckmäßig ist und einen Nutzen bringen wird, weil eben jede Nummer einer solcher Zeitschrift in die Hände von Personen kommt, die tatsächlich einen wirklichen Bedarf für die Maschinen der Holzbearbeitung haben. Werden solche Drucksachen aber einer politischen Zeitung beigelegt, so würde wohl kaum eine Person von hundert sich für dieselben interessieren, sondern sie einfach unbeachtet bei Seite legen, weil unter den tausenden Lesern derartiger Blätter doch verhältnismäßig nur sehr wenig sind, welche für Holzbearbeitungsmaschinen ein Verständnis haben. Aus diesem Grunde sind besondere Beilagen nur dort angebracht, wo der Hauptleserkreis aus solchen Personen besteht, welche für die bekannt zu machende Sache eine Verwendung haben.

Die Reklame durch Plakate war früher eine sehr gute und auch verhältnismäßig nicht gerade zu teure. Seitdem aber das Plakatwesen von den Eisenbahnverwaltungen, Gastwirten usw. als eine nicht zu unterschätzende Einnahmequelle erkannt worden ist, und für jeden Aushang eine Jahresabgabe entrichtet werden muß, die oft bis 20 Mark für das Plakat beträgt, da ist auch die Plakatreklame zu einer Belastung der Geschäftswelt geworden, die in weitgehender Weise und großer Ausstattung sich nur ganz hervorragende Geschäfte leisten können. Plakate, welche in einfacher Weise ausgeführt und aus wenig haltbarem Papier hergestellt werden, werden sehr leicht beschädigt und unansehnlich und dann bald aus den Aushängeräumen entfernt. Es empfiehlt sich daher, wenn man zur Plakatreklame schreitet, für eine schöne Ausführung und solide Ausstattung der Stücke Sorge zu tragen, und besonders eine feste Einrahmung derselben nicht zu scheuen, denn dergleichen Aushänge werden oft zu Wanddekorationen benutzt und bleiben dann jahrelang an ihrem Orte, ohne daß man aufgefordert wird, eine neue Aushängegebühr zu entrichten. Übrigens ist durch Zahlung einer Miete für das Aushängen der Plakate noch keineswegs sicher gestellt, daß die letzteren überhaupt oder zweckmäßig ausgehängt werden; es ist daher dringend zu empfehlen, den ausgehängten Plakaten einige Aufmerksamkeit zu schenken und sich von dem Aushang derselben zu überzeugen, sonst kann es vorkommen, daß man viele Jahre hier und dort eine Plakatmiete bezahlt, ohne daß ein Aushang des Plakates — oder an einer vom Publikum allgemein besuchten Stelle — stattgefunden hat. Auch beim Plakat ist dasselbe zu berücksichtigen wie bei einer Annonce. Man behandle den Kern der Sache und vermeide, was die Gedanken des Beschauers ablenken kann. Ob die Wahl von Frauengestalten in dem Plakat gerade zweckmäßig ist, um das Interesse für Maschinen bei dem Publikum zu erregen, soll hier nicht erörtert werden, jedenfalls sind die Gedanken eines Beschauers solcher Plakate ganz wo anders hingerichtet, als der Aushänger es beabsichtigt. Ein Plakat soll deutlich und weit sichtbar sein, die Firma und das von derselben hergestellte Fabrikat dem Publikum bekannt geben; einen weiteren Zweck hat dasselbe nicht; werden auf demselben aber Figuren in den Vordergrund gestellt, welche mit der Fabrikation der aushängenden Firma nichts zu tun haben, so wird der Zweck des Plakates verfehlt, weil man nur die sich vordrängende Figur sehen und das andere, nebensächlich Hingestellte, nicht beachten wird.

Eine sehr erfolgreiche Reklame wird auch durch Vorträge ausgeübt. Solche Vorträge werden gewöhnlich nur in Fachvereinen gehalten, kommen aber durch Berichterstatter in die Öffentlichkeit und werden sodann von dem Publikum mit großem Interesse gelesen. Solche Vorträge zu halten ist nicht ganz leicht, denn der Vortragende muß selbst bei der trockensten Materie nicht nur die Aufmerksamkeit seiner Zuhörer wach zu halten verstehen, sondern auch seine Absicht, für irgend eine Sache Reklame zu machen, so zu verbergen suchen, daß niemand den wirklichen Zweck des Vortrages merkt und verstimmt wird. Es ist ja sehr erklärlich, daß bei technischen Vorträgen die Abgesandten der Zeitungen nicht überall so folgen können, daß sie einen einwandsfreien Bericht über derartige Abhandlungen zu geben imstande sind. Diese Herren werden es daher sehr dankbar anerkennen, wenn ihnen von dem Vortragenden ein sachlich gehaltener Auszug seines Vortrages übergeben wird, welcher in den Zeitungen und Zeitschriften aufgenommen werden kann. Auf diese Weise ist man dann in der Lage, über eine neue Sache in der ausführlichsten Weise eine Beschreibung oder ein Gutachten in die Öffentlichkeit zu bringen, wie es nutzbringender nicht gedacht werden kann. Das lesende Publikum lernt nicht allein die Firma kennen, welche die in dem Vortrage besprochenen Gegenstände fertigt, sondern bekommt auch von sachkundiger Seite eine genaue Beschreibung, sowie Angaben über Verwendung und Nutzen derselben vorgeführt, so daß ein jeder, der für die Sachen eine Interesse hat, in der weitgehendsten Weise unterrichtet wird. Allerdings sind solche Reklamen nicht für jeden Gewerbetreibenden am Platze, denn abgesehen davon, daß in Fachvereinen doch nur Sachen besprochen werden, welche nach Ansicht der Vorstandsmitglieder von Bedeutung und von wissenschaftlichem Wert sind, so müssen solche Vorträge auch von redegewandten Fachleuten gehalten werden, welche auf alle Kreuz- und Querfragen sofort antworten können. Über solche Kräfte können aber nur bedeutende Werke verfügen; der kleine Fabrikant wird sich wohl in den meisten Fällen von solcher Reklame fern halten müssen, wenn er nicht persönlich imstande ist, als Vortragender auftreten zu können.

## Das technische Bureau.

Das technische Bureau hat alle technischen Fragen und Arbeiten zu erledigen. An der Spitze desselben steht der technische Leiter, dem, wenn verschiedene Fabrikationszweige betrieben werden, die Abteilungsvorstände und Oberingenieure zunächst angegliedert sind. Der technische Leiter, gewöhnlich technischer Direktor genannt, übergibt und bespricht mit den einzelnen Oberingenieuren die eingegangenen Sachen, und diese veranlassen dann in ihren Abteilungen die Weiterbearbeitung derselben. In welcher Weise diese Weiterbearbeitung erfolgt, hängt selbstredend von der Eigenschaft der Vorlagen und dem vorhandenen Personal ab; bestimmte Vorschriften lassen sich hier nicht geben, vielmehr muß es jedem Abteilungsvorstande überlassen bleiben, sich mit den bestehenden Verhältnissen abzufinden.

Zunächst wird es sich in den meisten Fällen um Ausarbeitung von Projekten handeln. Diese Projekte sind eine schwere Belastung eines jeden technischen Bureaus, denn die Erfahrung hat gelehrt, daß kaum zehn Prozent von allen Projekten zur Ausführung kommen und somit eine große Arbeit jahraus jahrein vergeblich geleistet werden muß. Das Schlimmste bei dieser Sachlage ist, daß es meistenteils ganz unmöglich ist, die ernsten Anfragen von den zweifelhaften unterscheiden zu können; es muß daher eine jede Arbeit mit gleicher Sorgfalt behandelt und dabei nichts unterlassen werden, was da Grund zu einer Beanstandung des Projekts und Entziehung einer Bestellung Veranlassung bieten könnte. Unter solchen Umständen ist es sehr erklärlich, daß viele Techniker mit einer gewissen Unlust an die Ausarbeitung von Projekten herangehen, denn ein jeder Konstrukteur, der Tage und Wochen lang mit aller Sorgfalt an einem Projekt gearbeitet und sein bestes Wissen und Können bei demselben eingesetzt hat, wird eine Genugtuung und eine Freude daran haben, daß dasjenige, was er ausgesonnen und sorgfältig bearbeitet hat, auch zur Ausführung gebracht wird. Tritt nun der Fall ein, und dies geschieht, wie schon bemerkt, ja sehr häufig, daß die ganze Mühe und Zeit vergeblich aufgewandt worden ist, weil der Anfragende entweder die Ausführung seines Vorhabens unterläßt oder den Auftrag einem anderen Werk überträgt, dann stellt sich bei den Technikern gewöhnlich gegen alle Projektarbeiten ein solcher Widerwille ein, daß es nicht zu verwundern ist, wenn diese schließlich mit einer gewissen Oberflächlichkeit behandelt werden, welche auf den Wert derselben nicht ohne Einfluß bleiben kann. Es besteht daher in vielen Werken die Gepflogenheit, die Ausarbeitung von Projekten ganz bestimmten Personen zu übertragen, einmal weil diese durch die beständige Wiederholung solcher Arbeiten eine große Gewandtheit in der Behandlung derselben erhalten, dann aber auch, weil solche ständige Projekteure sich viel leichter über das Unangenehme, eine Arbeit vergeblich ausgeführt zu haben, hinwegzusetzen pflegen.

Die Projektzeichnungen werden gewöhnlich in Blei ausgeführt, dann gepaust und schließlich durch Lichtabzüge vervielfältigt. Die Zeichnung nebst der Pause wandert in das Archiv, während die Lichtabzüge, nachdem sie angelegt sind, zur Versendung gebracht werden. Die Projekte werden laufend nummeriert, nach der Nummer geordnet und dann auf den Namen des Anfragenden in ein Buch eingetragen, damit sie zu jeder Zeit leicht aufzufinden sind.

Kommt eine Anlage oder Maschine zur Ausführung, dann soll zunächst die eigentliche Durcharbeitung derselben beginnen, damit bei der Herstellung alles klappt und spätere Umänderungen vermieden werden. Gewöhnlich kommt es aber anders! Die Lieferfristen sind meistens sehr kurz bemessen, weil die Besteller mit der Auftragserteilung Wochen und Monate gezögert haben und jetzt verlangen, daß alles im Handumdrehen fertig gestellt werden soll. Der Konstrukteur, welcher mit Sorgfalt alle Einzelheiten zu prüfen und zu überlegen hat, wird von allen Seiten um Herausgabe von Zeichnungen gedrängt. Die Anfertigung der Modelle soll schleunigst begonnen werden, damit die Gießerei ihre Arbeiten aufnehmen kann. Die Materialbestellungen sollen abgegeben werden, damit die Schmiedearbeit nicht verzögert wird; genug, wohin man hört und sieht, ein jeder wartet auf das technische Bureau, das anscheinend mit seinen Arbeiten nicht vorwärts kommen kann. Eine Eile ist hier aber nicht möglich und auch nicht angebracht, denn jede Unüberlegtheit rächt sich später in der empfindlichsten Weise bei der Ausführung des Werkstückes! Es ist aber leider eine bekannte Tatsache, daß, wenn bei dem Zusammenbauen der Maschinen oder der Montage der ganzen Anlagen verschiedene Stücke nicht passen oder konstruktiv nicht richtig ausgefallen sind, hierfür in erster Linie das technische Bureau verantwortlich gemacht wird. Das technische Bureau trägt die Schuld, wenn der Liefertermin nicht eingehalten werden kann, weil die Zeichnungen zu spät in die Werkstätten gekommen sind; das technische Bureau trägt aber auch die Schuld, wenn die Voranschläge überschritten sind, welche auf Grund eines noch nicht einmal sicheren oder reifen Projekts aufgestellt waren. Das technische Bureau ist somit der Prügelknabe für alle Vorkommnisse, ihm werden alle Unannehmlichkeiten und Verluste in die Schuhe geschoben, ganz gleich, ob dies wirklich gerechtfertigt ist oder nicht.

Wenn man sich nun die Tätigkeit in einem technischen Bureau ansieht und alle Verhältnisse genau prüft, kann man sich da wohl darüber wundern, daß hier und dort nicht alles wie am Schnürchen geht, sondern auch ab und zu einmal ein Irrtum oder Fehler unterläuft? Sofern ein Werk eine Spezialität ausführt, welche von langer Hand vorbereitet und in ruhiger Weise durchgearbeitet und aufgezeichnet werden kann, dann darf wohl angenommen werden, daß bei der Ausführung des Stückes keine nennenswerten Unzuträglichkeiten vorkommen können. Wenn aber, um den Wünschen oder den Bedürfnissen der Werkstätte zu genügen, mit dem Auszeichnen von Einzelstücken begonnen werden muß, bevor über das Ganze noch nicht einmal alle Abmessungen und Formen festgelegt sind, da muß man es als einen glücklichen Zufall ansehen, wenn schließlich das Werkstück ohne Nacharbeiten oder Ersatzstücke, tadellos hergestellt worden ist. Auf Verbesserungs- oder Ergänzungsarbeiten muß jede Fabrik gefaßt sein, welche beständig Neukonstruktionen auszuführen hat, denn dieselben lassen sich nicht vermeiden, sie liegen in der Natur der Sache und müssen bei der Annahme der Aufträge und bei der Preisstellung der Fabrikate berücksichtigt werden. Um aber nach Möglichkeit Irrtümer aus den Werkstattzeichnungen fern zu halten, werden dieselben in vielen Fabriken durch einen selbständigen Kontrollingenieur einer Nachprüfung unterzogen. Diese Prüfung erstreckt sich hauptsächlich auf einen Vergleich und eine Zusammenstellung aller Zahlen, auf das Nachrechnen von Tragfähigkeit, Haltbarkeit, Festigkeit usw. einzelner Stücke, sowie auf die Einhaltung der in der Fabrik bestehenden Normalien. Eine solche allgemeine Kontrolle, von einem bei der Konstruktion der Maschine nicht beteiligten Ingenieur, hat einen nicht zu unterschätzenden Wert, weil derselbe alles mit unbefangenen Augen ansieht und infolge seiner Spezialtätigkeit sich eine gewisse Erfahrung in der Auffindung von Irrtümern anzueignen pflegt.

Die Werkstattzeichnungen sind gleichfalls, wie die Projektzeichnungen, mit laufenden Nummern zu bezeichnen. Sehr empfehlenswert ist es aber, von jeder Konstruktionszeichnung eine Pause anzufertigen, diese aufzuziehen und nach der Werkstatt weiter zu geben, die Originalzeichnung aber im Archiv des technischen Bureaus aufzubewahren. Alle auf einer Werkstattzeichnung aufgezeichneten Gegenstände müssen mit einem Namen und einem großen Buchstaben versehen werden, wonach sie benannt werden können. Auch ist bei allen gezeichneten Stücken anzugeben, in welcher Anzahl dieselben auszuführen sind. Die Angabe des Namens eines jeden Stückes dient als Benennung im mündlichen Verkehr, während der große Buchstabe bei den schriftlichen Aufzeichnungen der Werkstatt, den Lohnzetteln usw. benutzt wird.

Beispiel:

Zeichnung 2350. 1 Lagerstuhl A
1 Lagerdeckel B
1 Lagerpfanne C
2 Lagerdeckelschrauben D

Der Nutzen und Wert dieser Anordnung wird an anderer Stelle noch eingehender besprochen werden.

Damit nun mit Leichtigkeit alle Zeichnungen zu jeder Zeit aufgefunden werden können und es nicht nötig ist, stundenlang die Schränke zu durchwühlen, wenn von irgendeinem Blatt Einsicht genommen werden soll, empfiehlt es sich, eine einfache und doch übersichtliche Buchführung für das technische Bureau zu schaffen. Wie eine Übersicht über die Projekte erreicht werden kann, ist bereits angegeben. Für die zur Ausführung gekommenen Anlagen und Maschinen, sowie für die Einzelzeichnungen, dürfte sich die Einrichtung von drei Büchern empfehlen, welche nach den Formularen 10 bis 12 herzustellen sind. Das Buch-Formular 10, Seite 94, dient zum fortlaufenden Eintragen aller Zeichnungen. Ist eine Zeichnung fertig gestellt, so erhält sie die an die Reihe kommende Nummer und wird dann neben derselben in dieses Buch mit kurzer Angabe ihres Inhalts, ihrer Bestimmung, des Datums der Fertigstellung und des Namens des Herstellers eingetragen. Der Zweck dieses Buches ist erstens zu verhüten, daß Zeichnungen doppelte Nummern erhalten, dann aber auch, um eine Kontrolle zu bekommen, wann und von wem dieselben hergestellt worden sind. Da die Daten für die Fertigstellung der Zeichnung in gleicher Reihenfolge mit der Nummer derselben gehen, so ist der Beweis über die Zeit der Fertigstellung einer Zeichnung ein sehr zuverlässiger und kann in Streitfällen zur Richtigstellung der Tatsachen benutzt werden.

In das Buch nach Formular 11, Seite 95, erfolgt die Eintragung der Zeichnungen auf den Namen der Besteller. Handelt es sich um eine größere Anlage, bei der viele Zeichnungen anzufertigen sind, so wird für jeden Besteller eine ganze Seite vorbehalten, handelt es sich aber nur um kleine Aufträge, so werden die Zeichnungen gleich fortlaufend hintereinander, wie auf dem Formulare angedeutet ist, eingetragen. Kommen bei einer Anlage bereits ausgeführte Maschinen zur Ausführung, dann wird auf Grund der Stücklisten nur die Hauptzeichnung oder, wenn Änderungen stattgefunden haben, auch die Zeichnung der Änderung an dieser Stelle eingesetzt. Die Dampfmaschine No. 15 ist wiederholt hergestellt und kommt in dem Beispiele des Formular 11, Seite 95, in unveränderter Weise zur Ausführung; es ist daher auch nur die zusammengestellte Zeichnung derselben angeführt worden.

In das Buch nach Formular 12 a und b, Seite 96, werden die Zeichnungen nach Maschinen oder Anlagen geordnet eingetragen. Dieses Buch wird neben dem vorher beschriebenen geführt. Es hat den Zweck, sofort eine Übersicht über alle Zeichnungen zu erhalten, welche einen Gegenstand behandeln. In diesem Buche erhält jede Maschine eine Seite zugewiesen — Form. 12 a — dagegen werden Transmissionsanlagen und dergleichen sämtlich hintereinander aufgeführt — Form. 12 b — und dann in der Spalte „Bermerkungen“ angegeben, für wen dieselben zur Ausführung gekommen sind.

Jedes dieser beiden letzten Bücher erhält natürlich ein Register, damit das Auffinden der Besteller oder Maschinen erleichtert wird.

Während in das Buch, nach Formular 10, Seite 94, die Eintragungen von jedem, der eine Zeichnung ausgeführt hat, selbst vorgenommen werden muß, wird die Führung der Bücher nach Formular 11 und 12 einem Techniker, der den Posten als Archivar erhält, überlassen; derselbe hat dann auch gleichzeitig das Ordnen und Ausgeben der Zeichnungen zu bewirken. Zeichnungen aus dem Archiv dürfen nur durch Vermittlung des Archivars entnommen werden. Will ein Ingenieur eine Zeichnung haben, so hat er sich wegen Herausgabe derselben an den Archivar zu wenden. Der Archivar läßt sich

| Nummer der Zeichnung | Inhalt der Zeichnung | Bestimmung | Datum der Anfertigung | Ausgeführt von |
|---|---|---|---|---|
| 6428 | Zylinderkolben | HD. 14 | 28./V. 04 | Koch |
| 6429 | Lager mit Sohlplatten und Ankerschraube | 75 m/m | 29./V. 04 | Baumann |
| 6430 | Führungsbock | C. 12 | 30./V. 04 | Weber |
| 6431 | Anlagezeichnung | G. Werner, Berlin | 1./VI. 04 | Eitner |
| 6432 | Dampfzylinder | C. C. 18 | 2./VI. 04 | Meyer |
| 6433 | Kurbelwelle | C. C. 18 | 2./VI. 04 | Meyer |
| 6434 | Winde | W. Schultze, Potsdam | 3./VI. 04 | Schneider |
| 6435 | Schmiedeteile dazu | Derselbe | 3./VI. 04 | Schneider |
| 6436 | Transmission | G. Werner, Berlin | 6./VI. 04 | Eitner |
| 6437 | Dampfkessel | Derselbe | 8./VI. 04 | Schmidtke |
| 6438 | Zentrifugalpumpe 200 m/m | M. Börner, Cöln | 9./VI. 04 | Lemke |
| 6439 | Schmiedeteile dazu | Derselbe | 9./VI. 04 | Lemke |
| 6440 | Rohrleitungen | G. Werner, Berlin | 11./VI. 04 | Schmidtke |

Formular 10.

| Name des Empfängers | Inhalt der Zeichnung | Nummer der Zeichnung | Datum der Anfertigung |
|---|---|---|---|
| Gustav Werner, | Anlagezeichnung | 6431 | 1./VI. 04 |
| Berlin | Transmission | 6436 | 6./VI. 04 |
| | Hd. 15 | 4340 | |
| | Dampfkessel | 6437 | 8./VI. 04 |
| | Rohrleitungen | 6440 | 11./VI. 04 |
| | Wasserpumpe 120 mm | 5265 | |
| Wilhelm Schultze, | Winde | 6434 | 3./VI. 04 |
| Potsdam | Schmiedeteile dazu | 6435 | 3./VI. 04 |
| Max Börner, | Zentrifugalpumpe 200 mm | 6438 | 9./VI. 04 |
| Cöln | Schmiedeteile dazu | 6439 | 9./VI. 04 |

Formular 11.

| Nummer der Zeichnung | Inhalt der Zeichnung | Datum der Anfertigung | Bemerkungen |
|---|---|---|---|
| | Hochdruckdampfmaschine Hd. | | |
| 4160 | Zylinder . . . . . . . . . | 1./X. 97 | |
| 4161 | Kolben . . . . . . . . . | 1./X. 97 | |
| 4165 | Exzenter . . . . . . . . . | 3./X. 97 | |
| 4070 | Schieber . . . . . . . . . | 5./X. 97 | |
| 4171 | Schmiedeteile zur Steuerung . | 5./X. 97 | |
| 4173 | Grundplatte . . . . . . . | 5./X. 97 | |
| 4175 | Welle und Schwungrad . . . | 6./X. 97 | |
| 4176 | Lager . . . . . . . . . . | 6./X. 97 | |
| 1477 | Anker und Bolzen . . . . | 6./X. 97 | |
| 4340 | Zusammengestellte Zeichnung | 2./IV. 98 | |
| 5316 | Änderung der Welle . . . . | 1./VI.1900 | für Wessel, München |
| 5608 | Änderung des Kolbens . . . | 2./IX.1901 | neue Konstruktion |

Formular 12 a.

| Nummer der Zeichnung | Inhalt der Zeichnung | Datum der Anfertigung | Bemerkungen |
|---|---|---|---|
| | Transmissionen. | | |
| 5840 | Wellenleitungen . . . . . | 2./VI. 03 | F. Neumann, Thorn |
| 5841 | Seilscheiben . . . . . . . | 2./VI. 03 | „ |
| 5842 | Riemscheiben . . . . . . | 2./VI. 03 | „ |
| 5930 | Wellen und Lager . . . . | 4./IX. 03 | W. Stock, Essen |
| 5961 | Wellen, Lager, Riemscheiben | 3./X. 03 | Julius Cohn, Danzig |
| 6406 | Seilscheiben . . . . . . . | 4./II. 04 | K. Giese, Breslau |
| 6436 | Transmissionsteile . . . . | 3./VI. 04 | G. Werner, Berlin |

Formular 12 b.

aber bei Verabfolgung der Zeichnung eine kurze Empfangsbescheinigung

Zeichnung No. . . . erhalten

den . . ten . . . . . . 190 . Name . . . . . .

erteilen, oder macht in ein für diesen Zweck angelegtes Zeichnungs-Ausgabebuch eine entsprechende Eintragung. Vorzuziehen ist aber die Ausstellung von Empfangsbescheinigungen, weil bei diesen jeder Irrtum über den Empfänger ausgeschlossen ist.

Der Archivar trägt die Verantwortung über den Verbleib aller Zeichnungen, er hat darauf zu achten, daß alle Zeichnungen mit entsprechenden Nummern an der vorgeschriebenen Stelle versehen werden.

Bevor eine Zeichnung das technische Bureau verläßt, ist es empfehlenswert, dieselbe durch die Hände des Archivars gehen zu lassen, damit er über den Verbleib der Zeichnung unterrichtet wird.

In welcher Weise der geschäftliche Verkehr zwischen dem technischen Bureau und der Werkstatt hergestellt und die Kontrolle der Zeichnungen bewirkt wird, soll an einer anderen Stelle besonders ausgeführt werden.

## Die Zeichnungen-Kontrolle.

Es gibt nichts Unangenehmeres, als wenn man stundenlang nach einem Gegenstand suchen muß, ohne denselben zu finden. Die schöne Zeit, welche man zur Ausführung einer dringenden Arbeit benutzen könnte, muß vertrödelt werden, weil infolge von Unordnung, kein Mensch über den Verbleib dieses oder jenen Gegenstandes eine Auskunft zu geben vermag. Helle Verzweiflung packt den Suchenden, aber je mehr sich die Aufregung steigert, um so weniger ist Aussicht, das Gesuchte zu finden. Zu denjenigen Gegenständen, die man in Fabriken recht oft nicht habhaft werden kann, gehören die Zeichnungen. Der Ingenieur, der Werkmeister oder Arbeiter, welcher eine Zeichnung plötzlich braucht, durchläuft nachfragend alle Räume des Werkes, aber kein Mensch will sie gesehen oder gehabt haben. Endlich findet sich das verloren gegangene Blatt vor, es lag wohl verwahrt in einem Schranke oder in einer Schublade; ein Arbeiter, der selbst vor einiger Zeit dasselbe lange Zeit gesucht und endlich dann gefunden hatte, wollte nicht ein zweitesmal eine gleiche Zeichnungsjagd unternehmen und hatte daher das Blatt so sorgfältig aufbewahrt, oder wohl richtiger gesagt, versteckt, daß es von einem anderen so leicht nicht gefunden werden konnte. Wer in einem Werk oftmals solche Zeichnungsjagden durchgemacht hat, wird jede Einrichtung mit Freuden begrüßen, die ihn künftighin vor solchen bewahrt.

Wie schon beim Kapitel ‚Technisches Bureau“ bemerkt, empfiehlt es sich, die Originalzeichnungen im Archiv aufzubewahren und für den Gebrauch in den Werkstätten Duplikate herauszugeben. Diese Duplikate bleiben, sofern es sich um öftere Wiederholungen in der Fabrikation handelt, beständig in der Werkstatt und werden dort, in der Zeichnungsausgabe in Schränken und nach der Nummer geordnet, aufbewahrt. Um jederzeit zu wissen, wo sich eine Zeichnung befindet, wird ein Kontrollapparat aufgestellt, welcher, wie Fig. 1, Seite 99, zeigt, eingerichtet ist. Je nach der Zahl der vorhandenen Zeichnungen wird der Apparat mit mehr oder weniger Tafeln hergestellt, an denen sich kleine Haken befinden, welche mit fortlaufenden Nummern versehen sind. Will nun ein Arbeiter eine Zeichnung haben, so hat er eine kleine Blechmarke abzugeben, welche seine Nummer trägt. Diese Blechmarke wird auf die Nummer des Kontrollapparates gehängt, welche die Zeichnung hat, und bleibt dort so lange hängen, bis die Zeichnung wieder in der Ausgabe abgeliefert wird. Damit die Zeichnungen nicht übermäßig lange Zeit in der Werke herumliegen und dort beschädigt werden, sind dieselben sämtlich jeden Sonnabend bei der Ausgabe wieder einzuliefern und können dann am Montag, wenn sie gebraucht, aufs neue abgeholt werden. Da jeder Arbeiter eine bestimmte Anzahl Blechmarken erhält, die er als Belag bei Entnahme bestimmter Gegenstände zu hinterlegen hat, so ist derselbe vor seinem Abgange gezwungen, alle Sachen, welche er gegen Hinterlegung einer Marke zur Benutzung bekommen hat, auch wieder abzuliefern. Es ist daher nicht möglich, daß Arbeiter vor ihrem Fortgange Zeichnungen

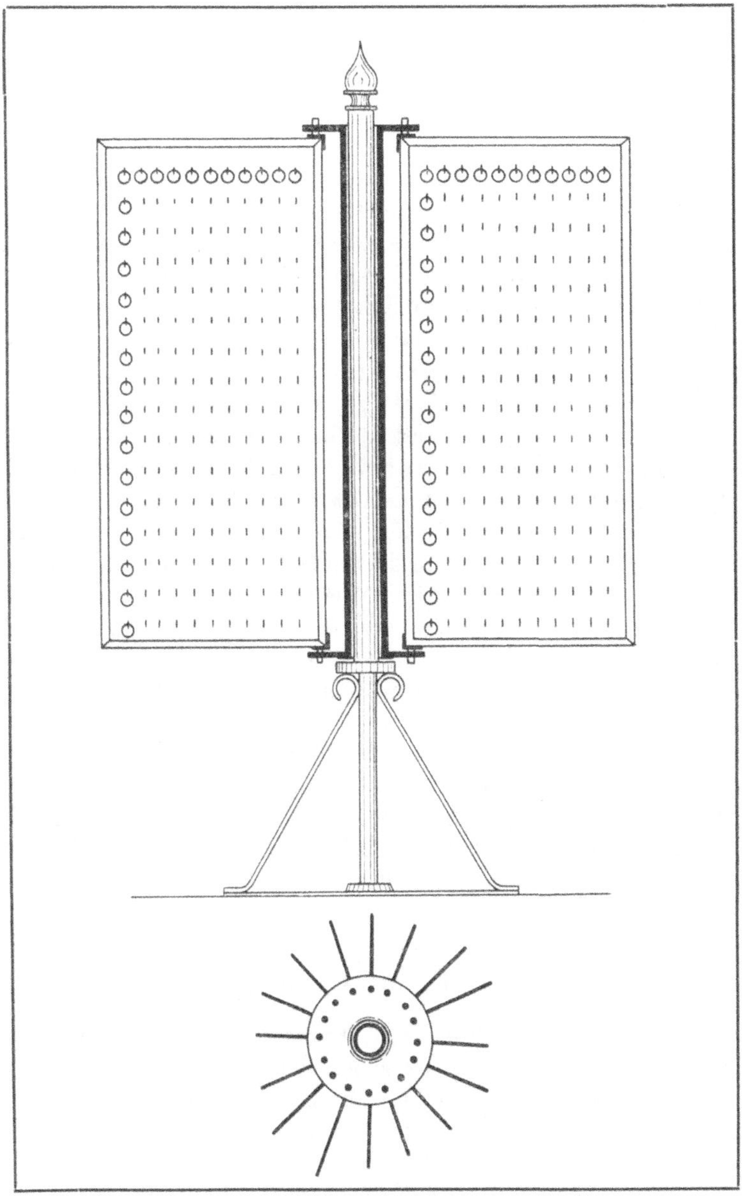

Fig. 1. Zeichnungen-Kontrollapparat.

irgendwo liegen lassen, oder gar vernichten, denn sie sind verpflichtet, ihre Marken zur Stelle zu schaffen und das bedingt auch die Ablieferung der Zeichnungen, welche gegen Hinterlegung der Marken ausgeliefert worden sind. Die Arbeit der Zeichnungsausgabe und Kontrolle ist eine so leichte und einfache, daß sie von jedem untergeordneten Werkstattbeamten neben anderen Arbeiten verrichtet werden kann.

Der Kontrollapparat besteht aus einem schmiedeeisernen Rohre von etwa 800 mm Länge, auf das an beiden Seiten Scheiben von 200 mm Durchmesser aufgelötet sind, welche an ihrem Rande 20—40 Löcher von 6 mm Durchmesser erhalten. Dieses Rohr wird auf eine senkrechte Welle aufgesteckt, welche auf einem eisernen Fuß befestigt ist und etwa 1 m, von der Unterkante des Fußes gemessen, einen Bund erhält, auf dem die eine Scheibe des Rohres ruht, so daß dann das Ganze beliebig gedreht werden kann. Zwischen den beiden Scheiben werden nun die mit Zapfen versehenen Nummertafeln eingehängt, welche einzeln um die Zapfen und in ihrer Gesamtheit um die Welle beliebig gedreht werden können. Die Nummertafeln sind aus Zinkblech, erhalten leichte hölzerne Rahmen und werden in etwa 800 mm Höhe und 500 mm Breite hergestellt. Da die Tafeln von jeder Seite mit Häkchen zum Aufhängen von Marken versehen werden, und auf jeder Seite etwa 300, also auf jeder Tafel 600 Haken mit Nummern angebracht werden können, so kann auf einem Apparat von 20 Tafeln schon eine Kontrolle über 12000 Zeichnungen ausgeübt werden. Je nach Zahl der Zeichnungen ist die Größe der Tafeln und die Anzahl derselben zu bestimmen.

## Der Voranschlag.

Das Vorveranschlagen und Projektieren einer Sache wird meistenteils von ein und derselben Person ausgeführt, tatsächlich greift aber das Vorveranschlagen in die Tätigkeit der kaufmännischen Abteilung hinein, während das Projektieren eine rein technische Angelegenheit ist. Das Vorveranschlagen wird in recht verschiedenartiger Weise vorgenommen. Sofern es sich um Anschläge auf Maschinen und Einrichtungen handelt, welche bereits einmal ausgeführt wurden und von denen zuverlässige Kalkulationen vorhanden sind, bereitet diese Arbeit keine großen Schwierigkeiten, denn es sind die vorhandenen Unterlagen nur den vorliegenden neuen Verhältnissen anzupassen, und die ganze Veranschlagung wickelt sich dann als ein mehr oder weniger großes Rechenexempel ab. Anders liegen aber die Sachen, wenn Voranschläge über Gegenstände oder Einrichtungen abgegeben werden sollen, die bisher von dem Werke noch nicht ausgeführt waren; da heißt es achtgeben und Vorsicht walten lassen, wenn nicht durch Übernahme der Arbeit, statt eines Verdienstes, ein großer Verlust herbeigeführt werden soll.

Sobald ein Projekt fertiggestellt ist und die Gewichte aller Gegenstände berechnet sind, empfiehlt es sich, alle diese Unterlagen der Kalkulatur zu übergeben, damit diese auf Grund der vorhandenen Kalkulationen oder der von der Werkstattsleitung einzuholenden Auskünfte über die Bearbeitungskosten die Selbstkostenberechnung der zu veranschlagenden Sachen vornimmt. Bei Arbeiten der Kesselschmiede, der Gießerei, bei Eisenkonstruktionen und dergleichen wird es nicht schwer fallen, auch für bisher noch nicht ausgeführte Gegenstände den Aufwand an Arbeit ziemlich genau bestimmen zu können, so daß die Möglichkeit vorhanden ist, die Selbstkosten einer Lieferung derartig zu veranschlagen, daß die Gefahr, einen Verlust bei einem Geschäft erleiden zu können, ziemlich ausgeschlossen sein wird. Schwieriger ist es aber, wenn es sich um Erzeugnisse des Maschinenbaues handelt, bei welchen man bei der Vorveranschlagung noch nicht einmal weiß, welcher Arbeitsaufwand bei der Bearbeitung dieses oder jenes Stückes eintreten kann, oder in welcher Weise die Bearbeitung mancher Gegenstände überhaupt möglich ist. In solchen Fällen zutreffende Lohnsätze vorher zu bestimmen, ist eine schwere Aufgabe, die selbst der erfahrenste Praktiker nicht immer zutreffend wird lösen können.

Wie schon angedeutet, erfolgt das Vorveranschlagen in verschiedener Weise; während also bei bekannten Gegenständen die vorhandenen Kalkulationen die Grundlage bilden, werden bei noch nicht ausgeführten Sachen andere Wege eingeschlagen, um zu einem Ergebnis zu kommen. Die beliebteste Art der Vorveranschlagung ist in solchen Fällen, einen Gewichtspreis zu ermitteln oder anzunehmen, und danach dann den vorliegenden Gegenstand zu berechnen. Als Unterlage für eine solche Berechnung dienen gewöhnlich auch die früher ermittelten Gewichtspreise für ähnliche Ausführungen. Es ist ja klar, daß eine Zuverlässigkeit in einem solchen System nicht liegt, aber in der Not greift man nach einem Strohhalm, und jedenfalls ist es noch besser, einen Gewichtspreis für einen Gegenstand durch Vergleich mit anderen von ähnlicher Beschaffenheit, die man selbst ausgeführt und sorgfältig kalkuliert hat, zu ermitteln, als die Preislisten und Kostenanschläge anderer Werke zu benutzen, von denen man nicht weiß, ob dieselben wirklich sachlich festgestellt sind, oder nur wildgegriffene Zahlen enthalten. Immerhin treten bei Berechnungen nach dem Gewichtspreise doch öfter recht unangenehme Erscheinungen zutage. Wer oft in sorgfältigster Weise Maschinen kalkuliert und dann zum Schluß, zur eigenen Belehrung, den Selbstkostenpreis für 100 kg Nettogewicht bei denselben berechnet hat, wird nicht selten Resultate erhalten, welche ganz unerklärlich erscheinen. Obgleich bei zwei oder mehreren Gegenständen anscheinend gleiche Verhältnisse vorliegen, gibt es trotzdem, falls die Gewichtsberechnung bei ihnen zur Anwendung gelangt, ganz wesentlich voneinander abweichende Resultate. Sind nämlich die Abweichungen bei den Einzelbeträgen in der Kalkulation auch nur gering, so werden doch die vielen Posten in derselben, sofern sie sich in der Mehrheit nach einer Seite neigen, so be- oder entlastend wirken, daß sich daraus die Verschiedenartigkeit des Gewichtspreises sehr gut erklären läßt. Schon der Umstand, ob Arbeiten auf Maschinen ausgeführt werden, die mit mehr oder weniger Generalunkosten-Aufschlägen belegt sind, wirkt ganz wesentlich auf den Gewichtspreis ein. Der Einspruch, daß der Nettoarbeitslohn in solchen Fällen doch derselbe wäre, kann das festgelegte Resultat nicht ändern, denn die Verteilung der Generalunkosten ist, wie wir an anderer Stelle gesehen haben, auf Grund der Leistung und der entstehenden Betriebsbelastung der Arbeitsmaschinen erfolgt, da ist es nicht angängig, sich mit der Einrede der gleich hohen Arbeitslöhne über solche Anordnungen oder Tatsachen hinwegzusetzen.

Eine andere Art, einen Gegenstand zu veranschlagen, besteht darin, daß man die Gewichte der einzelnen Stücke berechnet, die Materialwerte festsetzt und dann durch die Werkstätten die Löhne für die Bearbeitung bestimmen läßt. Eine solche Vorveranschlagung ist eine ideale, nur muß man nicht verlangen, daß bei der Ausführung der Arbeiten auch stets die veranschlagten Arbeitslöhne zutreffend sein müssen! Eine Vorveranschlagung erfolgt fast niemals auf Grund sorgfältig ausgearbeiteter Werkszeichnungen, sondern nur nach allgemeinen Aufrissen und Angaben. Da ist es eine Unmöglichkeit, die Löhne so zu bestimmen, daß solche in jedem Falle für die Ausführung des Stückes zutreffend sein können. Schon der eine Umstand, daß der Eisenguß härter ausfallen kann, als dies sonst der Fall ist, verursacht bei der Bearbeitung nicht selten eine Erhöhung des Lohnes von 25 und mehr Prozenten. Tritt dann noch der Umstand ein, daß an den Arbeitsflächen mehr, als gewöhnlich, abgenommen werden muß, dann entsteht unerwartet ein Mehrlohnaufwand, der den von der Werkstatt ausgeworfenen Lohn fast um das Doppelte übertrifft. Wie mit dem Lohn, so geht es aber auch recht oft mit den berechneten Gewichten. Mögen die Gewichte bei der Vorveranschlagung noch so genau berechnet sein, ganz zuverlässig sind sie fast niemals, werden es auch niemals sein, denn zwischen Veranschlagung und Ausführung liegen die Verhandlungen mit dem Anfragenden und kommen die sorgfältigen Durcharbeitungen der Werkstattszeichnungen. Der Anfragende hat bei der Bestellung die Angebote der Konkurrenz zur Hand und verlangt, daß ihm bei gleichen Preisen, gleiche Leistungen und Haltbarkeit bei Erteilung des Auftrages zugestanden wird. Die Durcharbeitung der Werkzeichnungen ergibt, daß mit den veranschlagten Dimensionen die eingegangene Leistung und Haltbarkeit nicht mit Sicherheit erreicht werden kann und daher überall an Material zugegeben werden muß. Die Folge ist, daß schließlich auch zwischen dem veranschlagten und dem ausgeführten Stücke Gewichtsverschiedenheiten entstehen, die ganz wesentlich die Herstellungskosten eines Gegenstandes erhöhen.

Ziehen wir nun eine Lehre aus diesen Andeutungen, dann kommen wir zu dem Ergebnis, daß

1) niemals verlangt werden kann, daß die von der Werkstatt veranschlagten Einzellöhne unter allen Umständen für die Ausführung eines Stückes zutreffend sein können,

und daß der Werkstattsleitung kein Vorwurf gemacht werden darf, wenn bei der Ausführung von dem Voranschlage abweichende Löhne gezahlt werden;

2) auch die für den Voranschlag angenommenen Gewichte ganz wesentliche Änderungen bei der Ausführung erleiden können, ohne daß hierfür dem die Gewichtsberechnung ausführenden Techniker eine Verantwortung auferlegt werden kann.

Wer Voranschläge ausführt, muß alle möglichen Zwischenfälle berücksichtigen, er muß sehen und prüfen, was ihm unterbreitet wird, aber dann seine eigenen Erfahrungen betätigen und, wo es ihm angebracht erscheint, derartige Sicherheitsaufschläge eintreten lassen, daß mit dem Voranschlage allen Verhältnissen Rechnung getragen, das Werk vor Verlusten geschützt und dabei auch die Konkurrenzfähigkeit desselben nicht beeinträchtigt wird. Das Vorveranschlagen bedingt daher eine große Aufmerksamkeit und praktische Erfahrung, daß beides aber in sehr vielen Fällen außer acht gelassen wird, zeigt ein Blick auf die Angebote bei öffentlichen Lieferungen. Ganz unverständliche Zahlen treten uns hier oft entgegen. Es ist ausgeschlossen, daß bei ein und demselben Gegenstande, bei dem alle Einzelheiten für die Ausführung von sachkundiger Seite vorgeschrieben sind, die Preisforderungen so auseinandergehen können, wie es bei öffentlichen Ausschreibungen zu sehen ist. Wenn sachgemäß eine Lieferung veranschlagt ist, dann sind Preisverschiedenheiten bis 50 und sogar noch mehr Prozent ganz ausgeschlossen. Leider geben sich viele Personen nicht die Mühe, eine sorgfältige Vorveranschlagung der vorgeschriebenen Objekte vorzunehmen, man will die Lieferung unter allen Umständen erhalten und da werden Angebote in den blauen Dunst hinein abgegeben. Solche Geschäftshandhabungen schädigen alle soliden Unternehmen; denn trägt der leichtfertige Anbieter auch in erster Linie seine eigene Haut zu Markt, so verdirbt doch das schlechte Vorbild die guten Sitten, und bei nächster Gelegenheit versucht ein anderer Waghalsiger durch unbesonnene Preisstellung die ausgeschriebenen Lieferungen zu erhalten. Ein richtiger Voranschlag sichert einen Verdienst, es kann daher nur dringend empfohlen werden, den Voranschlägen die größte Aufmerksamkeit zu schenken, selbige nie zu überhasten, sondern sie stets in Ruhe und Überlegung auszuführen. Dann aber, wenn man ein Resultat gefunden hat, soll man dies zur Abgabe des Angebotes auch wirklich benutzen, und nicht aus Furcht vor der Konkurrenz die Richtigkeit der eigenen Berechnungen bezweifeln und schließlich Angebote abgeben, welche zweifellos einen Verlust bei der Ausführung der Bestellung herbeiführen müssen. Es ist ja sehr schwer, in schlechter Geschäftszeit diesen Grundsatz stets zu befolgen; denn um die Arbeiter zu beschäftigen und das Werk nicht still liegen zu lassen, ist jeder Unternehmer gern bereit, auf jeden Verdienst zu verzichten und obenein noch ein weiteres Opfer zu bringen. Aber immerhin sollen solche Gewaltakte, unter allen Umständen eine Arbeit zu erhalten, doch nur in sehr seltenen Fällen angewandt werden, denn öfter wiederholt, führen sie zu keinem guten Ende.

## Die Bezeichnung der Erzeugnisse.

In jedem Geschäft ist nach Möglichkeit die Vielschreiberei zu vermeiden, dies schließt nicht aus, daß alle wichtigen Handlungen schriftlich behandelt werden, doch soll bei solchen Gelegenheiten nur die denkbar kürzeste Fassung gewählt werden. Hat man es durchweg mit schreibgewandten Personen zu tun, dann kommt es nicht darauf an, ob eine Ausdrucksweise einmal etwas länger ausfällt, als sie eigentlich notwendig ist. Wenn aber in einer Fabrik den Arbeitern zugemutet werden soll, über ihre ganze Tätigkeit schriftliche Aufzeichnungen zu machen, da ist es dringend erforderlich, daß von der Verwaltung solche Anordnungen getroffen werden, daß einem Arbeiter die Schreiberei keine große Belästigung bereitet. Um viele Schreibereien zu vermeiden, ist es in erster Linie notwendig, daß alle Erzeugnisse eines Werkes eine ganz kurze Bezeichnung erhalten. Diese Bezeichnung muß aber so gewählt werden, daß sie nicht erst von einem jeden Arbeiter mühsam auswendig gelernt werden braucht, sondern sie ist so anzuordnen, daß jede, nur etwas denkende Person bei einiger Übung ganz allein auf dieselbe kommen kann. Ferner wird aber darauf zu achten sein, daß durch die Bezeichnungen keine Verwechslungen und Irrtümer hervorgerufen werden können. Mit anderen Worten, die Bezeichnungen aller Erzeugnisse müssen so klar und einfach sein, daß eine Mißdeutung derselben ausgeschlossen ist.

Jede Fabrik hat für ihre Erzeugnisse bestimmte Worte, welche als Benennung derselben beim telegraphischen Verkehr dienen. Sehr schön und zweckmäßig ist es, wenn diese telegraphischen Stichworte auch gleich auf den inneren Geschäftsverkehr einer Fabrik übertragen werden können. Ein solches Verfahren durchzuführen, wird aber nur in sehr seltenen Fällen möglich sein, weil es oft schwer fallen dürfte, Worte zu finden, welche allen Verhältnissen Rechnung zu tragen imstande sind. Für die Werkstatt genügen in den meisten Fällen einige Buchstaben, um jeden in dem Werke Beschäftigten den Sinn derselben verständlich zu machen. Bei dem telegraphischen Verkehr zählt aber jeder einzelne Buchstabe für ein Wort, das bezahlt werden muß; verringern oder vereinfachen also beispielsweise drei einzeln hergestellte Buchstaben die Schreiberei in dem Fabrikbetriebe, so verteuern sie andernfalls das Telegraphieren derartig, daß es nicht zweckmäßig erscheint, hierbei die Bezeichnungen des inneren Werkbetriebes in Anwendung zu bringen. Immerhin wird es aber viele Fälle geben, wo sich die innere mit der äußeren Bezeichnung eines Erzeugnisses vereinigen läßt; wo dies dann möglich ist, sollte es durchgeführt werden, denn eine solche allgemeine Einheitlichkeit in allen Bezeichnungen vereinfacht den Verkehr ganz wesentlich und verhindert die Entstehung von Irrtümern.

Nachstehend einige Angaben, welche für den Werkstattsverkehr passend sind, sich aber auch für den telegraphischen Verkehr eignen. Die Buchstaben drücken die Bezeichnung der Maschine aus, die Zahlen geben deren Größe an; mehr als zwei Worte können also niemals bei einer telegraphischen Überweisung für die zutreffende Bezeichnung einer Maschine berechnet werden.

Beim Dampfmaschinenbau.

| | |
|---|---|
| Hd 1 | für Hochdruckdampfmaschine No. 1 |
| Hdc 1 | „ Hochdruckdampfmaschine mit Kondensator No. 1 |
| C 2 | „ Compounddampfmaschine No. 2 |
| Cc 2 | „ Compounddampfmaschinen mit Kondensation No. 2 |

| | | |
|---|---|---|
| Hsd 3 | „ | Hochdruckheißdampfmaschine No. 3 |
| Hsdc 3 | „ | Compoundheißdampfmaschine No. 3 |
| Hsdcc 3 | „ | Compoundheißdampfmaschine mit Kondensation No. 3. |

Beim Dampfkesselbau.

| | | |
|---|---|---|
| Ck 140 | „ | Cornwalkessel 140 qm Heizfläche |
| Rk 45 | „ | Röhrenkessel 45 qm Heizfläche |
| Ark 60 | „ | Ausziehbarer Röhrenkessel 60 qm Heizfläche |
| Hk 120 | „ | Heizrohrkessel 120 qm Heizfläche. |

Beim Werkzeugmaschinenbau.

| | | |
|---|---|---|
| Dr 4 | für | Drehbank No. 4 |
| Pdr 6 | „ | Plandrehbank No. 6 |
| Ho 3 | „ | Hobelmaschine No. 3 |
| B 1 | „ | Bohrmaschine No. 1 |
| Wb 3 | „ | Wandbohrmaschine No. 3 |
| Rb 2 | „ | Radialbohrmaschine No. 2 |
| Hb 4 | „ | Horizontalbohrmaschine No. 4. |

Diese kurzen Angaben mögen genügen, um den Beweis zu führen, daß eine abgekürzte Schreibweise für den inneren Verkehr sich auch für die telegraphische Bezeichnung der Erzeugnisse ermöglichen läßt. Solche Abkürzungen haben aber den Vorzug, daß sie verständlicher sind, als wenn für telegraphische Benennungen gewisse Stichworte benutzt werden, welche oft einen recht komischen Eindruck machen. Bezeichnet man beispielsweise eine Hochdruckdampfmaschine mit Hd, so wird das sowohl jedem Arbeiter in der Werkstatt, als auch jedem Fremden beim Telegraphieren ganz natürlich vorkommen; benutze ich aber für eine Hochdruckdampfmaschine ein Stichwort wie „Kohlkopf", dann schwindet jeder Zusammenhang zwischen Gegenstand und Bezeichnung, und dies erscheint nicht allein abgeschmackt und unverständlich, sondern es führt auch zu Mißverständnissen, weil es eine Unmöglichkeit ist, so Widersinniges in sich aufzunehmen und zu befestigen. Alle Abkürzungen müssen logisch sein, es darf Ungereimtes oder Unzusammengehöriges nicht zusammengebracht werden, nur weil man einen bestimmten Zweck erreichen will. Bei allen Anordnungen muß dem Denken und Fühlen eines jeden Menschen Rechnung getragen werden, damit dieselben leichter in Fleisch und Blut der einzelnen Personen übergehen und ohne großes Kopfzerbrechen und Schwierigkeiten befolgt werden können. Wer das berücksichtigt, wird keine Enttäuschungen erleben, sondern gerade bei den schlichten Arbeitern dankbare Förderer dieser Einrichtung finden, weil dadurch das sehr vielen lästige Schreiben vermindert wird.

## Die Betriebsverwaltung.

Die Betriebsverwaltung eines Werkes muß so beschaffen sein, daß sich alles in größter Ordnung und Gleichmäßigkeit abwickeln kann. Je größer ein Werk ist, um so schwieriger ist es für eine Person alle Einzelheiten desselben übersehen zu können, darum muß eine Einrichtung getroffen werden, welche die Arbeitslast auf verschiedene Schultern verteilt, aber doch dahin wirkt, daß schließlich alle Fäden nach einer Stelle zusammenlaufen und dadurch der Oberleitung einen Überblick über das ganze Werkgetriebe ermöglichen.

Den Arbeitern steht unmittelbar der Meister vor. Ist der Betrieb nur klein, so wird der Meister als seinen nächsten Vorgesetzten gewöhnlich den Geschäftsinhaber haben, mit dem er alle die Fabrikation betreffenden Angelegenheiten zu besprechen hat. Hat der Betrieb einen größeren Umfang angenommen, dann wird sämtlichen Meistern ein Betriebsleiter — Werkführer — vorgesetzt werden müssen, mit dem dann alle geschäftlichen Angelegenheiten zu besprechen sind. Gehört das Werk zu den größten Unternehmen, bei welchen in einer Werkstatt oder Abteilung mehrere Meister tätig sind, so werden hier Obermeister angestellt, welche alle den Fabrikbetrieb betreffenden Angelegenheiten ihrer Abteilung zwischen Meister und Betriebsleiter vermitteln. Soll alles in einem Betriebe klappen, soll ein jeder in dem ihm übertragenen Wirkungskreis Bescheid wissen und Auskunft erteilen können, so darf bei Erteilung von Anordnungen keine Instanz übergangen werden. In peinlichster Weise muß darauf gehalten werden, daß der Betriebsleiter seine Befehle nur dem Obermeister erteilt, und dieser nur den Meistern, und daß letztere nur allein direkt mit den Arbeitern zu verkehren haben. Geschieht das nicht, dann kommt Unordnung in den Betrieb. Anordnungen sind nur von dem nächsten Vorgesetzten zu treffen, ist derselbe augenblicklich nicht gleich zur Stelle und eine sofortige Erledigung der Angelegenheit nicht zu umgehen, so kann auch einmal ausnahmsweise ein direkter Eingriff eines höheren Vorgesetzten erfolgen, doch ist dem Übergangenen bei seinem Erscheinen von den ohne sein Wissen getroffenen Anordnungen sofort Mitteilung zu machen. Sieht der Betriebsleiter bei seinen Rundgängen durch das Werk, daß ein Arbeiter eine Sache nicht richtig anfäßt, oder sich Übertretungen zu schulden kommen läßt, so hat er nicht das Recht, denselben selbst zur Rede zu stellen, sondern er hat den Abteilungsvorstand, also den Obermeister oder Meister, auf das Geschehene aufmerksam zu machen, diesen zum Eingreifen zu veranlassen, oder, wenn es sich um eine Angelegenheit handelt, welche ihm eine direkte Belehrung des Arbeiters für zweckmäßiger erscheinen läßt, dieses in Gegenwart der näheren Vorgesetzten des letzteren vorzunehmen. Wird so vorgegangen, dann weiß ein jeder, was geschieht; es kommen nicht Übergriffe vor, welche Mißverständnisse oder Verdruß hervorrufen, es kann kein Arbeiter oder Angestellter die Schuld bei einer verunglückten Ausführung auf eine andere Person wälzen, weil nur der nächste Vorgesetzte Befehle zu erteilen, und jeder Arbeiter auch nur den Anordnungen seines nächsten Vorgesetzten nachzukommen hat. Wird dieser Geschäftsgang genau befolgt, geht der oberste Leiter des ganzen Unternehmens hierin mit gutem Beispiele allen voran, und stellt derselbe sich nicht auf den Standpunkt, daß ihm, als erste Person, zu jeder Zeit ein direkter Eingriff in alle Teile des technischen und kaufmännischen Betriebes zusteht, sondern daß er sich, wie jeder seiner Untergebenen, genau nach den getroffenen allgemeinen Bestimmungen zu richten hat, dann wird die Abwicklung der Geschäfte auch in dem vielseitigen Werkbetriebe in glatter Weise sich vollziehen und zu keinerlei Beanstandungen Veranlassung geben.

Sehen wir von den ganz kleinen Betrieben ab, bei welchen der Besitzer derselben gleich der oberste Leiter ist, so würden die auszuführenden Aufträge, nachdem die Bestellungen ausgeschrieben und die sonst nötigen, in anderen Kapiteln besprochenen technischen und kaufmännischen Vorarbeiten erledigt sind, zunächst in die Hände des Werkführers kommen. Der Werkführer prüft die Aufträge nebst allen Unterlagen, läßt alles in die eingeführten Bücher übertragen und die für jeden Werkstattsbetrieb auszuführenden Arbeiten ausziehen und ausschreiben. Sind die Sachen geordnet, was schnell geschehen muß, damit die Herstellung der Bestellungen nicht mehr, als dringend nötig ist, aufgehalten wird, dann werden die ausgefertigten Papiere und Zeichnungen den Obermeistern vorgelegt, mit denen dann die vorzunehmende Arbeit eingehend besprochen wird. Es werden die Materialien bestellt, wenn dies nicht schon vorher im technischen Bureau geschehen ist; es wird ermittelt und bestimmt, ob vorrätige Teile Verwendung finden können; es wird die Bearbeitung der einzelnen Stücke besprochen und überhaupt die ganze Ausführung der Bestellung so erörtert, daß die Obermeister in alles Wissenswerte eingeweiht sind, um danach die Arbeit in der vorveranschlagten Weise gut, sachlich und billig ausführen zu können.

Ist nun der Auftrag mit den Obermeistern erledigt, so treten diese mit den ihnen untergebenen Meistern wegen der Behandlung der Arbeiten in Verbindung. War in der Besprechung zwischen dem Werkführer und den Obermeistern nur in großen Zügen die Ausführung der Aufträge behandelt worden, so wird jetzt in der Unterredung zwischen Obermeister und Meister auf alle Einzelheiten eingegangen. Es wird geprüft, welche Maschinen für die Arbeiten frei sind und benutzt werden können; es wird die zweckmäßigste Art der Ausführung erörtert und, wenn die Werkzeugmaschinen für dieses oder jenes Stück nicht ausreichend sind, überlegt, wie unter Benutzung von Hilfsvorrichtungen die Bearbeitung der zu großen oder komplizierten Teile möglich gemacht werden kann. Werden für solche umständlichen oder außergewöhnlichen Bearbeitungen und zu den hierfür erforderlichen Hilfswerkzeugen besonders hohe Aufwendungen nötig, dann wird dem Werkführer und durch diesen der Geschäftsleitung zurückberichtet, damit nochmals geprüft wird, ob Änderungen in der Konstruktion des Gegenstandes möglich sind, welche die Aufwendungen für besondere Hilfseinrichtungen vermeiden lassen. Ist dies nicht angängig, dann wird der Werkstattsverwaltung die Genehmigung zur Herstellung der von ihr ins Auge gefaßten Hilfswerkzeuge erteilt, und diese trägt dann keinerlei Verantwortung mehr dafür, wenn die Herstellung des Auftrages durch die besonderen Ausgaben so verteuert wird, daß ein großer Teil des erhofften Verdienstes dadurch in Anspruch genommen wird. Gerade das Hand- in Handgehen aller Kräfte der Werkstatt mit dem technischen Bureau und der Oberleitung ist eine Hauptsache in jedem größeren Betriebe. Der Meister soll seine praktischen Erfahrungen, welche er bei der Ausführung der Aufträge gesammelt hat, nicht für sich behalten und sich nicht bloß auf den Standpunkt stellen, daß seine Pflicht erfüllt ist, wenn er die ihm zur Ausführung übertragenen Arbeiten in der ihm vorgeschriebenen Weise vornimmt. Nein, der Meister soll überlegen und prüfen, ob es nicht Mittel und Wege gibt, welche gestatten, in einfacherer Weise und unter Aufwendung von geringeren Ausgaben dasselbe zu erreichen, wie es ihm durch die Anordnung der technischen Vorgesetzten zur Ausführung vorgeschrieben ist. Der praktische Meister hat in der Ausführung der Arbeiten oft ganz andere Erfahrungen als der technische Abteilungsvorstand oder Oberleiter des Werkes, daher darf dessen Stimme nicht überhört, sondern es müssen seine sachlichen Bedenken oder Vorschläge der Beachtung gewürdigt werden. Wird dies unterlassen, wird nur als richtig anerkannt, was von oben herunter angeordnet ist, dann wird das freudige Schaffen und die geistige Tätigkeit des einzelnen zum Nachteile des ganzen Unternehmens herabgedrückt und vernichtet. Grundsatz in jedem Werke muß es sein, daß das Wissen und Können einer jeden Person zur Geltung gebracht wird, denn die großartigen Leistungen und Erfolge vieler Werke sind nicht immer den Geistesblitzen der oberen und obersten Leiter, sondern recht oft, wenn nicht sogar meistenteils, der Tätigkeit untergeordneter Kräfte zu verdanken. Der Geschicklichkeit und der Aufmerksamkeit der Leitung eines Unternehmens obliegt es, die Kraft des einzelnen für das große Ganze nutzbar zu machen und auszubeuten, dann wird auch ein guter Erfolg erzielt werden. Doch darf mit der Ausnutzung von praktischen Erfahrungen bei dem Meister niemals Halt gemacht werden, sondern es ist auch dem Urteil der Arbeiter Beachtung zu schenken. Der Arbeiter, welcher jahraus, jahrein die Bearbeitung eines Gegenstandes ausführt, findet manches heraus, was die Herstellung dieses oder jenes Stückes vereinfachen kann. Es ist daher eine Verkennung der eigenen Interessen, wenn man die Auslassungen oder Ansichten der Arbeiter unbeachtet läßt. Der Arbeiter wird nicht oft in der Lage sein, sein Denken und seine Erfahrungen in den richtigen Worten zum Ausdruck bringen zu können; es wird daher manchmal schwer halten, sich aus den Ausführungen desselben ein richtiges Bild zu machen, aber mit Ruhe, Geduld, und gutem Willen erreicht man vieles; es wird daher auch möglich sein, aus den schlichten Worten des einfachen Mannes den guten Gedanken herauszufinden, der ihn schon lange beschäftigt hat, den er aber bisher niemals in allgemein verständlicher Weise zum Ausdruck bringen konnte. Überhebung ist in keinem industriellen Unternehmen angebracht. Wo hunderte und tausende Personen tätig sind, muß selbstredend die Leitung des Ganzen in bestimmten Händen liegen, dies schließt aber nicht aus, daß auch dem geistigen Wissen, dem Können und dem Vorwärtsstreben des einzelnen volle Beachtung geschenkt werden kann.

## Der Pförtner.

Das Pförtneramt gehört zu den wichtigsten eines Werkes, und trotzdem werden öfters für diesen Posten Personen herangezogen, welche auch nicht die geringste Eigenschaft für denselben besitzen. Vielseitig werden zu Pförtnern invalide oder kranke Arbeiter benutzt, um denselben eine Beschäftigung zu verschaffen. Man will in solchen Fällen zwei Fliegen mit einem Schlage treffen; einmal dem auf knappe Alters- oder Invalidenrente angewiesenen Arbeiter einen Nebenverdienst zuwenden, anderseits aber, und das pflegt wohl meistenteils der Hauptgrund zu sein, auf billige Weise zu einem Pförtner kommen. Wer den Pförtnerposten nur als ein notwendiges Übel auffaßt und in dem Pförtner nichts weiter sieht als einen Menschen, der den Tag mit Nichtstun verbringt und höchstens den Besuchern des Werkes den Weg nach den Geschäftsräumen zeigt, wird vollkommen recht haben, für einen solchen Posten nur Personen heranzuziehen, welche zu anderer Arbeit nicht mehr fähig und daher froh sind, selbst für einen sehr geringen Lohn noch eine Beschäftigung gefunden zu haben. Wer aber kennen gelernt hat, was ein tüchtiger Pförtner einem Werke nutzen kann, der wird sich nicht so leicht über die Wahl der Person zu diesem Posten hinwegsetzen, sondern sich sehr sorgfältig nach allen Seiten umsehen und Umfrage halten, ehe er seine Entscheidung über die Besetzung der Pförtnerstelle trifft.

Zum Pförtner eines Werkes gehört eine Person von großer Treue, festem Charakter und starker Willenskraft. Der Pförtner muß mit der Feder gewandt sein, um die mit seinem Amte verbundenen Schreibarbeiten ausführen zu können. Er muss gewisse Umgangsformen besitzen, um Personen, welche in Geschäftsangelegenheiten zu ihm herantreten, eine ihrem Stande angemessene Behandlung angedeihen lassen zu können. Und schließlich muß der Pförtner Sinn für Ordnungsliebe und Reinlichkeit haben und das nicht nur in seiner Umgebung, sondern auch an seinem Körper betätigen.

So gut ein freundliches, zutrauliches Gesicht als die beste Empfehlung eines Menschen gilt, ebenso wird ein jedes Werk auf den Besucher einen Vertrauen erweckenden und angenehmen Eindruck machen, wenn dieser sich gleich bei seinem Eintritt in dasselbe von Sauberkeit und Ordnung umgeben sieht, sowie durch höfliche Personen in angemessener Weise in Empfang genommen wird. Man mag über diese Ansicht denken, wie man will, aber es ist eine Tatsache, daß viele Personen sich von dem Eindruck beherrschen lassen, welchen sie bei dem ersten Berühren von einer Sache empfangen haben. Und wer will es in Abrede stellen, daß es nichts Unangenehmeres und Peinlicheres gibt, als wenn man als Besteller zu einem Werke kommend gleich beim Eintritt von einem Pförtner empfangen wird, welcher mit seiner ganzen näheren Umgebung nicht im geringsten den Vorstellungen entspricht, welche man sich in der Ferne über die Beschaffenheit, die Einrichtung oder Ausstattung des aufzusuchenden Werkes gemacht hat. Die Illusion ist dahin, das große Traumgebäude mit seinen mustergültigen Einrichtungen ist verschwunden, man steht der nackten Wahrheit gegenüber und beurteilt das große Ganze nach dem Aushängeschilde, nach dem Pförtner und seiner unordentlichen oder unsauberen Umgebung.

Nun werden uns auf einmal die vielen Fehler verständlich, welche sich während des jahrelangen, geschäftlichen Verkehrs bei den Lieferungen gezeigt haben, aber als solche niemals beanstandet wurden. Man sieht es jetzt als ganz natürlich an, daß aus einem Werke mit solcher Umgebung nichts Sauberes oder Fehlerfreies kommen konnte, und tritt dann mit solchen Gedanken in die Geschäftsräume, wo durch das eben erwachte Vorurteil mit einer gewissen Unlust oder mit Mißtrauen die geschäftlichen Angelegenheiten behandelt werden.

Das Pförtneramt ist ein Vertrauensposten, denn dem Pförtner liegt es ob, über alle Eingänge und Ausgänge des Werkes zu wachen. Ein tüchtiger Pförtner begnügt sich aber mit der einfachen Torkontrolle nicht, er achtet auf alles, was im Werke vorgeht. Er weiß, was im Werke hergestellt wird und benutzt diese Kenntnis zu einer besseren Kontrolle des Ausganges. Der Pförtner muß eine große Menschenkenntnis besitzen, er muß alle Arbeiter und Beamten kennen, sowie auch deren Eigentümlichkeiten und Gewohnheiten zu ergründen suchen. Hat ein Pförtner sich nach allen Seiten hin eingearbeitet, dann wird er in dem Werke, wo er tätig ist, von großem Nutzen sein.

Zu den größten Obliegenheiten eines Pförtners gehört in erster Linie die Überwachung der Arbeitszeit der Arbeiter. Man mag ein System für die Kontrolle der Arbeitszeit nehmen, was man will, der Mitwirkung des Pförtners wird man bei keinem derselben entbehren können. Der Pförtner muß daher von unerschütterlicher Pflichttreue sein, und sich weder durch Banden der Freundschaft, noch durch Drohungen von der gewissenhaften Behandlung seiner Dienstgeschäfte abbringen lassen. Was das, besonders in großen Werken, bedeutet, wird jeder, der die Arbeiterverhältnisse bestimmter Orte kennt, sich selbst sagen können. Glücklicherweise besteht aber in allen Kreisen der Bevölkerung ein gewisser Respekt vor der Autorität, vor der Treue und der Energie. Wird ein tüchtiger Pförtner also auch in der ersten Zeit seiner Tätigkeit viele Verdrießlichkeiten dadurch zu bestehen haben, daß Freunde und Verwandte unter der Arbeiterschaft auf seine Nachsicht drängen, oder widerspenstige Elemente ihm mit Gewalttätigkeiten drohen, so werden alle diese Anstürme doch schließlich ganz von selbst aufhören, wenn der Pförtner mit unerschütterlicher Treue und Energie an seiner Pflichterfüllung festhält und bei seinem Vorgesetzten einen Rückhalt findet. Ein solcher Rückhalt muß aber jedem treuen Manne, dem die Überwachung eines Werkes anvertraut ist, von seinem Vorgesetzten gewahrt werden, sonst wird die Autorität des Pförtners untergraben und er schließlich zum Nachteil des Werkes zum Spielball der ganzen Belegschaft.

Neben der Arbeiterkontrolle hat der Pförtner die Pflicht, auch alle Ein- und Ausgänge des Werkes zu überwachen. Selbstverständlich kann diese Tätigkeit nur eine allgemeine sein, welche sich auf die Prüfung der Gegenstände mit den Begleitpapieren beschränkt. Aber neben den offenen Versendungen kommen auch recht oft geheime Ausführungen vor, welche zu ergründen nicht so leicht ist, weil dieselben gewöhnlich mit der größten Geschicklichkeit vorgenommen werden. Es gehört eine gute Portion Scharfsinn und Beobachtungsgabe dazu, solche Übelstände zu beseitigen, und wohl dem Werke, welches einen Pförtner besitzt, der dieser Aufgabe gewachsen ist und sich durch keine Rücksichten, Drohungen und entstehende Nachteile von der energischen Verfolgung aller Übertretungen abhalten läßt.

Der Pförtner hat die Besucher des Werkes zu empfangen, sich in höflicher und angemessener Weise nach ihren Wünschen zu erkundigen und ihnen den Weg anzugeben, welcher zur Erfüllung der letzteren einzuschlagen nötig ist. In Berücksichtigung des Empfanges der Besucher dürfte es angebracht sein, daß der Pförtner stets in anständiger Kleidung seinem Dienste nachgeht. Es ist nicht nötig, daß der Pförtner einen bestimmten Dienstanzug trägt, welcher ihn gleich für jeden Eintretenden erkenntlich macht, solche besonderen Bekleidungen eignen sich wohl für Gasthöfe usw., aber nicht für die Stelle eines Pförtners im Fabrikbetriebe.

Der Pförtner hat auch die Anmeldungen von Erkrankungen in Empfang zu nehmen und hierüber nach den vorgeschriebenen Stellen weitere Mitteilungen zu machen. Es empfiehlt sich sehr, das Pförtnerzimmer mit einer Hausapotheke und Verbandszeug auszustatten, um sofort das dringend Nötige bei der Hand zu haben, wenn plötzliche Erkrankungen oder Unfälle eintreten. Wünschenswert ist es, wenn der Pförtner einen kurzen Kursus in der Behandlung von Unfällen durchgemacht hat, um in Notfällen entweder sogleich selbst eingreifen oder Angaben für die erste Behandlung der Verunglückten machen zu können.

In vielen Werken ist es eingeführt, daß dem Pförtner gestattet wird, den Verkauf von Getränken an die Arbeiter zu übernehmen oder zu vermitteln. Solche Geschäfte leiten den Pförtner von seiner sonstigen Tätigkeit ab und bringen denselben oft in eine peinliche Lage den Arbeitern gegenüber, worunter die Autorität desselben zu leiden hat. Soll mit geistigen Getränken in einem Werke nicht Unfug getrieben werden, so ist der Pförtner dazu da, die Einführung derselben zu verhüten oder zu überwachen, keineswegs aber um selbst Handel mit dergleichen Sachen zu treiben.

## Die Arbeitszeit-Kontrolle.

Die Kontrolle über die Arbeitszeit der Arbeiter wird in den industriellen Werken verschiedenartig behandelt. Es gibt Fabriken von ganz ansehnlichem Umfange, besonders in der Textilindustrie, wo sich die Kontrolle der Arbeitszeit der Arbeiter in so gemütlicher Weise vollzieht, daß man sich wundern muß, wie hierbei auch alles in Ordnung gehen kann. Und es geht in Ordnung! Die Meister sind in den Fabriken alt geworden, sie kennen alle ihre Untergebenen und deren Gewohnheiten sehr genau, sie wissen ganz bestimmt, wann jeder Arbeiter zur Arbeit kommt und fortgeht, und da sie ja auch wissen, wo jeder seinen Stand hat, so genügt ein Blick über den Fabrikraum, um feststellen zu können, ob bei Beginn der Arbeitszeit ein jeder Arbeiter zur Stelle ist oder nicht. In einem Werk, wo eine derartige Kontrolle ausgeübt wird, bestehen gewöhnlich ganz sonderbare Verhältnisse, welche man fast als partiarchalische bezeichnen könnte. Die Meister kennen ihre Untergebenen von klein auf, sie genießen eine Autorität bei denselben, wie sie sich nur dort denken läßt, wo das Zusammenwirken bisher nicht durch fremde Einflüsse gestört worden ist. Die Arbeiter fühlen sich wohl bei solcher Handhabung der Aufsicht, der

Meister waltet in gerechter Weise seines Amtes und das Unternehmen gedeiht, denn Friede und gegenseitiges Vertrauen bringt Segen nach allen Seiten. Leider sind solche Verhältnisse heute nicht mehr in vielen Orten, am allerwenigsten oder niemals in größeren Städten mit vielen, bedeutenden industriellen Werken zu finden. Das Mißtrauen, welches überall wach gerufen ist und schon den jüngsten Arbeitern eingeprägt wird, das Bestreben, nur das anzuerkennen, was tatsächlich nicht mehr bestritten werden kann, und vor allen Dingen auch die Ausdehnung der Werke, welche bis in das kleinste hinein die sorgfältigste Handhabung der Geschäfte verlangen, haben Veranlassung gegeben, auch bei der Kontrolle der Arbeitszeit der Arbeiter Verbesserungen vorzunehmen, welche sich den zeitigen Verhältnissen anpassen.

Die Kontrolle, welche über die Arbeitszeit geführt wird, ist zweierlei. Einmal wird kontrolliert, wann der Arbeiter mit seiner Arbeit beginnt und aufhört, dann aber auch, welche Zeit er bei der Herstellung des ihm zur Ausführung übergebenen Stückes gebraucht. In diesem Abschnitt soll zunächst die Kontrolle der allgemeinen Arbeitszeit behandelt werden.

Die bisher beliebteste Kontrolle der Arbeitszeit war die durch Marken. Dieselbe wurde aber nicht in allen Werken gleichmäßig behandelt, sondern zeigt mancherlei Verschiedenheiten. Jeder Arbeiter bekommt bei seinem Eintritt in das Werk eine Blechmarke mit einer Nummer, unter welcher derselbe in allen Büchern, entweder allein oder neben seinem Namen, geführt wird. Diese Blechmarke dient zur Feststellung der Anwesenheit des Arbeiters in dem Werke. Die Kontrolle der Arbeitszeit erfolgt nun in folgender Weise:

Der Arbeiter, welcher das Werk betritt, hängt die bei sich führende Blechmarke an die in der Nähe des Pförtnerhauses befindliche Nummertafel und nimmt sie erst wieder ab, wenn er das Werk verläßt. Diese Art der Markenkontrolle dürfte wohl die erste gewesen sein, welche eingeführt war, sie verursachte aber öfters Störungen und Unangenehmlichkeiten für die Arbeiter, wenn dieselben die Marken zu Hause vergessen oder wohl gar verloren hatten. Diese Kontrolle wurde daher vielfach dahin abgeändert, daß die Marken während der Abwesenheit der Arbeiter von dem Werke an der Nummertafel hängen blieben und, wenn dieselben zur Arbeit kamen, von der Tafel abgenommen und beim Verlassen des Werkes wieder an dieselbe angehängt wurden. Mußten viele Arbeiter ein Ausgangstor benutzen und entstand hierdurch ein großes Gedränge, so wurde in solchen Fällen die Anordnung getroffen, daß alle ausgehenden Arbeiter ihre Marken in aufgestellte Kästchen warfen; Sache des Pförtners war es dann, während der Abwesenheit der Arbeiter die Marken an die Nummertafeln zu hängen, damit die zur Arbeit zurückkehrenden Leute die Nummern wieder nur abzunehmen brauchten. Um die Kontrolle noch zu verschärfen, wird in vielen Werken, neben der Torkontrolle, noch eine Werkstattkontrolle durch die Marken ausgeübt. Hat ein Arbeiter am Tore seine Nummer von der Tafel abgenommen, so hat er dieselbe an eine Nummertafel anzuhängen, welche sich in der Nähe des Meisterzimmers befindet, und von dieser wieder abzunehmen, wenn er die Fabrik verläßt. Der Meister ist dadurch imstande, mit einem Blick nach der Nummertafel feststellen zu können, ob seine Belegschaft zur Stelle ist oder nicht. Gleichzeitig wird aber durch die Doppelkontrolle die Möglichkeit geschaffen, entstandene Irrtümer in der Aufzeichnung der Arbeitszeit der Arbeiter aufzuklären.

Gewöhnlich fünf Minuten nach Anfang der Arbeitszeit wird das Eingangstor für die Arbeiter geschlossen und dann von dem Pförtner festgestellt, welche Personen bis dahin nicht zur Arbeit gekommen sind. Verspäteten nimmt der Pförtner die Marken selbst ab und vermerkt in jedem Falle die versäumte Zeit. Arbeiter, welche später als fünf Minuten nach Beginn der Arbeitszeit kommen, zahlen eine kleine Ordnungsstrafe, größere Verspätungen als fünfzehn Minuten werden mit Verlust einer Arbeitsstunde bestraft. Um die letztere Bestimmung besser durchführen zu können, wird häufig eine Viertelstunde nach Arbeitsanfang das Tor ganz geschlossen und die verspäteten Arbeiter erst nach Ablauf einer Stunde in das Werk gelassen. Allerdings führt diese Anordnung stets dort zu Störungen, wo Arbeiten von mehreren Arbeitern zusammen ausgeführt werden und hierbei dann ein jeder derselben eine bestimmte Handreichung auszuüben hat. Aber um so wirkungsvoller pflegt auch in diesem Falle das Fernhalten des säumigen Arbeiters von der ersten Arbeitsstunde zu sein, weil die in ihrer Tätigkeit gehemmten

Arbeitskollegen sich wiederholte Verspätungen nicht gefallen lassen und dies einem jeden, der nicht Ordnung hält, begreiflich zu machen verstehen.

Die von dem Pförtner gemachten Aufzeichnungen über die Verspätungen und Versäumnisse der Arbeiter werden jeden Tag der Lohnabteilung übergeben und dort eingetragen. Für diesen Tagesbericht eignet sich das Formular 13, Seite 120, sehr gut, weil es einfach und übersichtlich ist. Für die Eintragungen der Arbeitszeit in der Lohnabteilung dürfte Formular 14, Seite 121, zu benutzen sein. Bei diesen Eintragungen ist es nicht gerade erforderlich, daß die Felder der Arbeiter, welche voll gearbeitet haben, ausgefüllt werden. Es ist nur notwendig, daß in diesem Arbeitszeitbuch angedeutet wird, welche Nummern überhaupt besetzt sind. Ist dies geschehen, dann gelten alle leeren Fächer als volle Arbeitszeit, während bei Versäumnis nur die kürzere Zeit und bei Verspätung ein bestimmtes Zeichen eingesetzt wird. Überstunden der Arbeiter, sofern solche nicht von der ganzen Abteilung gemacht werden, sind in jedem Falle besonders anzuführen. Werden Überstunden von ganzen Werkstätten geleistet, so hat die Werkstattsverwaltung hiervon dem Pförtner Mitteilung zu machen, damit dieser solche bei seinem Tagesbericht anführen und berücksichtigen kann. Werden dagegen nur von einzelnen Arbeitern Überstunden ausgeführt, so hat der Meister einem jeden Arbeiter einen Schein auszustellen, auf welchem vermerkt steht:

Arbeiter No. . . . arbeitet

Überstunden

von . . . bis . . . Uhr Datum . . . . . .

Unterschrift des Meisters . . . . . . .

Diesen Schein hat der Arbeit beim Verlassen des Werkes dem Pförtner auszuhändigen. Durch diese Anordnung soll verhütet werden, daß Arbeiter sich ohne Berechtigung länger im Werke aufhalten, als erforderlich ist.

An Hand der in Formular 14, Seite 121, angeführten Beispiele dürfte sich die Führung des Arbeitszeitbuches sehr leicht erklären lassen. Zuerst ist anzugeben, ob und wieviel Über-

(Vorderseite)

**Arbeiter-Torkontrolle**

vom 10. Juli 1904.

| Vormittag | | | Nachmittag | | |
|---|---|---|---|---|---|
| Nummer des Arbeiters | Gefehlt Stunden | bis 15 Minuten verspätet Arbeiter-No. | Nummer des Arbeiters | Gefehlt Stunden | bis 15 Minuten verspätet Arbeiter-No. |
| 27 | 5 | 25 | 27 | 5 | 52 |
| 40 | 2 | 82 | 178 | 5 | |
| 75 | 1 | 410 | 192 | 5 | |
| 178 | 5 | | 230 | 5 | |
| 192 | 5 | | 420 | 5 | |
| 230 | 3 | | | | |
| 340 | 5 | | | | |
| 420 | 2 | | | | |
| 500 | 1 | | | | |

(Rückseite)

**Überstunden arbeiten:**

Werkstatt:

*A.* Stunden. *B.* Stunden. *C.* Stunden.

*D.* *1* Stunden. *E.* Stunden. *F.* Stunden.

Einzelne Arbeiter hatten Überstunden:

| Nummer des Arbeiters | Stunden | Nummer des Arbeiters | Stunden | Nummer des Arbeiters | Stunden |
|---|---|---|---|---|---|
| 60 | 1 | | | | |
| 61 | 1 | | | | |
| 72 | 2 | | | | |
| 90 | 1 | | | | |
| 460 | 1 | | | | |
| 462 | 1 | | | | |
| 503 | 2 | | | | |

Unterschrift des Pförtners:

Formular 13.

**Werkstatt D.** arbeitet D. F. S. M. D. M. je eine Überstunde.

| Nummer des Arbeiters | | Lohnwoche vom 11./8. bis 18./8. | | | | | | | | Lohnwoche vom 18./8. bis 25./8. | | | | | | | | Lohnwoche vom ...... bis ...... | | | | | | | |
|---|---|---|---|---|---|---|---|---|---|---|---|---|---|---|---|---|---|---|---|---|---|---|---|---|---|
| | Tag . . . . . | D | F | S | S | M | D | M | Summa | D | F | S | S | M | D | M | Summa | D | F | S | S | M | D | M | Summa |
| | Datum . . . . | 11. | 12. | 13. | 14. | 15. | 16. | 17. | | 18. | 19. | 20. | 21. | 22. | 23. | 24. | | | | | | | | | |
| 230 | Arbeitsstunden . | | | | | | | | 60 Std. | | | | | | | | | | | | | | | | |
| | Überstunden . . | | 1 | 1 | | | | | 8 Std. | | | | | | | | | | | | | | | | |
| | Verspätet . . . | | | | | 5 | | | 5 Min. | | | | | | | | | | | | | | | | |
| 231 | Arbeitsstunden | 6 | | 9 | | | | | 55 Std. | | | | | | | | | | | | | | | | |
| | Überstunden . . | | | | | 1 | 1 | 1 | 9 Std. | | | | | | | | | | | | | | | | |
| | Verspätet . . . | | | | | | | | — Min. | | | | | | | | | | | | | | | | |
| 232 | Arbeitsstunden . | | | | | | 0 | 0 | 40 Std. | | | | | | | | | | | | | | | | |
| | Überstunden . . | | | | | | | | 4 Std. | | | | | | | | | | | | | | | | |
| | Verspätet . . . | | | | | 10 | | | 10 Min. | | | | | | | | | | | | | | | | |
| 233 | Arbeitsstunden . | | | | | | | | | | | | | | | | | | | | | | | | |
| | Überstunden . . | | | | | | | | | | | | | | | | | | | | | | | | |
| | Verspätet . . . | | | | | | | | | | | | | | | | | | | | | | | | |

**Formular 14.**

stunden die verschiedenen Werkstätten täglich arbeiten. Es kommt vor, daß beispielsweise die Dreherei täglich eine Überstunde arbeitet, während Schlosserei, Gießerei usw. nur normale Zeit — wir nehmen zehn Stunden an — arbeiten. Tritt dieser Fall ein, dann wird nicht einem jeden Dreher täglich eine Überstunde zugeschrieben, sondern, weil dies zu viel Schreibarbeit verursachen würde, nur allgemein vermerkt. . Es wird dann die eine Überstunde arbeitende Dreherei im Arbeitszeitbuche ebenso behandelt wie jede andere Werkstatt, welche normale Zeit arbeitet. Es werden also die von einzelnen Arbeitern nicht geleisteten Überstunden als Versäumnis von der Normalarbeitszeit abgesetzt, auch andere Ausfälle von Arbeitszeit in gleicher Weise behandelt. Die ganze Buchführung über die Arbeitszeit gestaltet sich hierdurch so einfach und verursacht einen so geringen Aufwand von Schreiberei, daß sie zur Einführung sehr empfohlen werden kann.

Neben dieser Art der Arbeitszeitkontrolle bestehen verschiedene, welche durch bestimmte Handlungen der Arbeiter selbst ausgeführt werden, ohne daß es der Mitwirkung des Pförtners oder der Meister bedarf. Es sind dies mechanische Kontrollen, welche in Verbindung mit Uhren ausgeführt werden. Alle diese Systeme hier eingehend zu besprechen, dürfte zu weit führen, zumal die meisten derselben keine weitgehende Verbreitung gefunden haben, weil der praktischen Verwendung derselben mancherlei Schwierigkeiten entgegengetreten sind. Immerhin hat sich doch ein Kontrollapparat in so hervorragender Weise bewährt, daß er in vielen der bedeutendsten Werke Deutschlands eingeführt worden ist und dort, sowohl von den Arbeitgebern wie auch von den Arbeitern, als gut und zweckmäßig anerkannt wird. Es ist dies der Kontrollapparat „Rochester“, eine amerikanische Erfindung, welche aber jetzt in Deutschland hergestellt wird und dessen Anschaffung und Einführung mit nicht allzu großen Kosten verknüpft ist. Während bei allen Arbeitszeitkontrollen durch Pförtner und Meister es nicht ausgeschlossen ist, daß hier und dort doch einmal Irrtümer in der Aufzeichnung der Arbeitszeit entstehen können, vermerkt der Rochester alle Zeitangaben mit einer solchen Sicherheit, daß jeder Einwand an der Zuverlässigkeit desselben vollständig ausgeschlossen ist. Der Rochester gibt auf Stunde und Minute an, wann der

Arbeiter das Werk betritt, er verzeichnet auch den Schluß der Arbeitszeit und vermerkt sogar die Unterbrechungen der letzteren, welche durch Fortgang des Arbeiters aus dem Werke während der allgemeinen Arbeitszeit entstehen. Eine sehr gute, nicht zu unterschätzende Eigenschaft des Rochester ist auch, daß jeder Arbeiter in der Lage ist, sofort feststellen zu können, ob die durch den Apparat gemachten Angaben richtig sind; ein Bemängeln der berechneten Arbeitszeit bei der Lohnauszahlung ist daher vollständig ausgeschlossen.

Der Rochester besteht aus einer gut gebauten und sehr zuverlässig gehenden Uhr, welche mit einem Zahlendruckwerk in Verbindung steht, mit dem man jeden Augenblick die von der Uhr gezeigte Zeit auf Papier abdrucken kann. Sowohl die Uhr als auch das Druckwerk befinden sich in einem gemeinschaftlichen hölzernen Gehäuse eingeschlossen und können, außer von dem mit der Überwachung betrauten Pförtner oder Beamten, von niemand in irgendwelcher Weise beeinflußt werden. Die Fig. 2, Seite 124, stellt den Rochester dar. An der mit B bezeichneten Stelle befindet sich ein kleiner Hebel, welcher in einen Schlitz, der vier Nuten hat, hin und her bewegt und in jeder dieser Nuten festgestellt werden kann. An diesem Schlitz stehen bei den vier Nuten die Worte vermerkt:

Abwesend<br>
Kommt Geht | Kommt Geht.

Je nachdem der Hebel in einer der vier Nuten hineingedrückt wird, druckt das Zahlendruckwerk die von der Uhr angegebene Zeit so ab, daß die Zeitwiedergabe genau auf die Stelle der Arbeitskarte zu stehen kommt, wo sie, um den Zweck zu erfüllen, hingehört. In der Abbildung ist der Hebel auf „kommt“ eingestellt, bei Benutzung des Apparates würde derselbe also die Zeit angeben, wann ein Arbeiter die Arbeit aufgenommen hat. Unter dieser Stelleinrichtung befindet sich ein Hebel C, welcher dazu dient, den Druckapparat in Tätigkeit zu setzen, während über der Stelleinrichtung sich eine Öffnung A befindet, worin die Arbeitskarte, behufs Abdruck der Zeit, hineingesteckt wird. Die Arbeiter stecken beim Kommen und Verlassen des Werkes die Arbeitskarte in die Öffnung A und drücken zu gleicher Zeit auf den Hebel C, durch welche Tätigkeit der Aufdruck der entsprechenden Zeiten auf die Arbeitskarten in zuverlässigster Weise erfolgt. Die Arbeitszeitkarte hat

Fig. 2. Kontrollapparat Rochester.

I. Woche vom ............ bis ............

No. ............

**Name:**

............

| Tag | | Kommt | Abwesend Geht | Abwesend Kommt | Geht | Stunden |
|---|---|---|---|---|---|---|
| Do | Vorm. | | | | | |
| | Nachm. | | | | | |
| Fr | Vorm. | | | | | |
| | Nachm. | | | | | |
| Sa | Vorm. | | | | | |
| | Nachm. | | | | | |
| So | Vorm. | | | | | |
| | Nachm. | | | | | |
| Mo | Vorm. | | | | | |
| | Nachm. | | | | | |
| Di | Vorm. | | | | | |
| | Nachm. | | | | | |
| Mi | Vorm. | | | | | |
| | Nachm. | | | | | |

I. Woche zus. Std.

II. Woche vom ............ bis ............

No. ............

**Name:**

............

| Tag | | Kommt | Abwesend Geht | Abwesend Kommt | Geht | Stunden |
|---|---|---|---|---|---|---|
| Do | Vorm. | | | | | |
| | Nachm. | | | | | |
| Fr | Vorm. | | | | | |
| | Nachm. | | | | | |
| Sa | Vorm. | | | | | |
| | Nachm. | | | | | |
| So | Vorm. | | | | | |
| | Nachm. | | | | | |
| Mo | Vorm. | | | | | |
| | Nachm. | | | | | |
| Di | Vorm. | | | | | |
| | Nachm. | | | | | |
| Mi | Vorm. | | | | | |
| | Nachm. | | | | | |

II. Woche zus. Std. ............

Umseitige I. Woche „ „ ............

Insgesamt Std. ............

Formular 15.

Kasten ohne Karten.

Fig. 3.

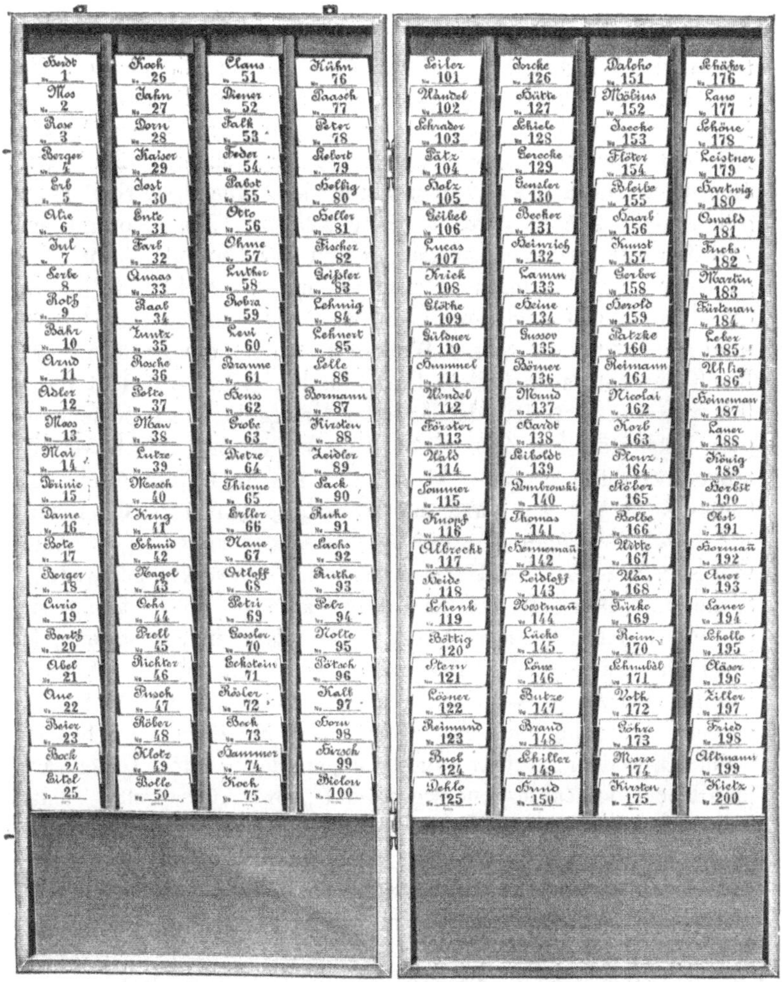

Kasten mit Karten.

Fig. 4.

die Größe des Formulars 15 Seite 125; um widerstandsfähig zu sein, wird sie aus Kartonpapier hergestellt.

In Gemeinschaft mit dem Rochester sind auch Kartentafeln anzubringen, von welchen die eine am Eingangstor, die andere in der Werkstatt des Arbeiters aufgestellt wird. Diese Kartentafeln haben kleine Fächer mit Nummern, in welche die Arbeitszeitkarten so hineingesteckt werden können, daß die auf denselben verzeichnete Nummer und der Name des Arbeiters zu sehen bleiben (Fig. 3 u. 4, Seite 126 u. 127). Kommt ein Arbeiter zur Arbeit, so nimmt er von der Kartentafel am Eingangstor seine Karte, geht zum Rochester, drückt dieselbe in die Öffnung des letzteren hinein, zieht sie sofort wieder heraus und geht dann zu seiner Werkstatt, wo er die Karte in das Fach der dort aufgestellten Kartentafeln steckt. Auf dem Wege bis zur Werkstatt hat der Arbeiter Gelegenheit, zu prüfen, ob der Rochester die Zeit seines Eintritts in die Fabrik richtig angegeben hat. Verläßt der Arbeiter die Fabrik, so nimmt er seine Karte von der Tafel der Werkstatt, geht zum Rochester, wo inzwischen vom Pförtner, wenn es der allgemeine Schluß der Arbeitszeit ist, der Hebel des Zahlendruckwerkes auf „geht" gestellt ist, läßt dort, wie beim Arbeitsanfange, die Fortgangszeit auf die Karte drucken und legt letztere dann in das betreffende Fach der Kartentafel am Ausgangstor, wo sie bis zum Wiederbeginn der Arbeit verbleibt und verschlossen wird. Geht ein Arbeiter während der gewöhnlichen Arbeitszeit fort, so hat er seine Karte dem Pförtner auszuhändigen, der in seiner Gegenwart den Hebel des Zahlendruckwerkes auf „abwesend" „geht" stellt, den Druck auf die Karte in bekannter Weise bewirkt und sie dann bis zur Rückkehr des Arbeiters aufbewahrt; nach der Rückkunft bewirkt er dann, durch Verstellung des Hebels auf „abwesend" „kommt", mit dem Zahlendrucker die Bestätigung des Wiederbeginns der Arbeit.

Die Handhabung der Zeitkontrolle durch den Rochester ist eine so einfache und schnelle, daß sie von jedem Arbeiter zweckentsprechend ausgeführt werden kann. Natürlich ist die Leistungsfähigkeit des Rochester beschränkt, es muß daher, um keine Stockungen beim Ankommen und Fortgehen der Arbeiter am Tor herbeizuführen, eine der beschäftigten Arbeiterzahl entsprechende Anzahl Rochester aufgestellt werden, damit die

Woche vom 1. bis 8. September 1904.

**No. 630.**

*Name:*

**Bohrmann.**

| Tag | | Kommt | Abwesend Geht | Abwesend Kommt | Geht | Stunden |
|---|---|---|---|---|---|---|
| Mittwoch | Vorm. | $6^{56}_{57}$ | | | $12^{2}_{3}$ | 5 |
| | Nachm. | $12^{56}_{57}$ | $3^{56}_{57}$ | $4^{30}_{31}$ | $6^{1}_{2}$ | 4½ |
| Donnerstag | Vorm. | $6^{56}_{57}$ | | | $12^{1}_{2}$ | 5 |
| | Nachm. | $12^{56}_{57}$ | | | $6^{1}_{2}$ | 5 |
| Freitag | Vorm. | $6^{56}_{57}$ | | | $12^{1}_{2}$ | 5 |
| | Nachm. | $12^{56}_{57}$ | | | $6^{1}_{2}$ | 5 |
| Sonnabend | Vorm. | $6^{56}_{57}$ | | | $12^{1}_{2}$ | 5 |
| | Nachm. | $2^{31}_{32}$ | | | $6^{1}_{2}$ | 3½ |
| Sonntag | Vorm. | | | | | |
| | Nachm. | | | | | |
| Montag | Vorm. | $6^{56}_{57}$ | | | $12^{2}_{3}$ | 5 |
| | Nachm. | $12^{57}_{58}$ | $2^{31}_{32}$ | $4^{57}_{58}$ | $6^{1}_{2}$ | 2½ |
| Dienstag | Vorm. | $6^{56}_{57}$ | | | $12^{4}_{5}$ | 5 |
| | Nachm. | $12^{56}_{57}$ | | | $6^{1}_{2}$ | 5 |

*Total:* 55½ *Std., Wochenl.* 18/– = *Mk* 16.65

*Ab: Krankenk.-Beitrag Mk.* –.54

*Invaliditäts-* „ „ –.13 —.67

*Sa.: Mk.* 15.98.

Formular 16.

Arbeiter beim Kommen und Gehen den Aufdruck der Zeit an verschiedenen Stellen vornehmen können. Es ist anzunehmen, daß für ca. 150 bis 200 Arbeiter ein solcher Apparat aufzustellen ist.

Von Hause aus war der Rochester nur dazu bestimmt, die Arbeitszeit der Arbeiter auf einer Karte zu vermerken. Der Wunsch und die Notwendigkeit, die Lohnabrechnung zu vereinfachen und alle überflüssige Schreiberei zu vermeiden, hat dazu geführt, den Karten eine so vielseitige Gestaltung zu geben, daß der Rochester dadurch zu den verschiedenartigsten Zwecken benutzt werden kann. Das Formular 16, Seite 129, zeigt eine vollständig ausgefüllte Karte, auf welcher gleich die ganze Lohnabrechnung ausgeführt ist. Es kann nicht verkannt werden, daß sich eine solche Lohnabrechnung sehr einfach gestaltet, doch dürfte sie nur in vereinzelten Werken eingeführt werden können, weil sie nicht für jeden Zweck oder Betrieb genügen würde.

Außer dem Rochester gibt es noch andere mit einer Uhr verbundene Arbeitszeitkontrollapparate, von denen einzelne schon recht viele Jahre in Anwendung sind, aber alle diese mechanischen Vorrichtungen schließen niemals die Schreibarbeit des überwachenden Pförtners und das Entstehen von Irrtümern bei der Feststellung der Arbeitszeit so aus, als der Rochester, es dürfte sich daher wohl erübrigen, auf dieselben hier noch ausführlicher einzugehen. Unerwähnt soll nicht bleiben, daß bei Einführung einer mechanischen Arbeiterkontrolle darauf Rücksicht genommen werden muß, daß für den Fall des Unbrauchbarwerdens eines solchen Apparates stets ein anderer in Reserve gehalten werden muß. Es könnten sonst sehr leicht Störungen in der Abwicklung der Kontrollgeschäfte entstehen, welche recht unangenehme Folgen haben würden.

## Der Geschäftsgang bei Bestellungen.

Geht ein Auftrag ein und sind alle Lieferungsbedingungen festgesetzt und dem Besteller bestätigt worden, dann wird er in das Auftrags- oder Kommissionsbuch eingetragen. Einen bestimmten Brauch für die Einrichtung des Kommissionsbuches gibt es nicht, doch ist die Führung desselben durch Gesetz vorgeschrieben. Bei einem Werke werden die Aufträge glatt hintereinander eingetragen, in einem anderen pflegt man jeder Bestellung eine Seite einzuräumen, um etwaige Nachbestellungen oder Vermerke über die Lieferung zusetzen zu können. Die Bestellungen werden mit einer fortlaufenden Nummer versehen, und diese gibt auch gleichzeitig die Kommissionsnummer ab, unter welcher der Auftrag im Werke ausgeführt wird. Die Eintragung im Kommissionsbuche muß enthalten:

1. Bezeichnung des zu liefernden Gegenstandes mit Angabe des Preises; liegen dem letzteren Angebote oder Anschläge zugrunde, so sind diese anzugeben,
2. den Liefertermin,
3. die eingegangenen Garantien,
4. die Art der Verladung,
5. die Angaben über die Art und Kosten der Verpackung,
6. die Zahlungsbedingungen.

Sind mit dem Abschlusse des Geschäftes auch Verpflichtungen zu Provisionszahlungen entstanden, so ist auch hierüber im Kommissionsbuch ein Vermerk zu machen.

Ist der Auftrag also festgelegt, so wird zunächst dem technischen Bureau und der Werkstattverwaltung von der Bestellung eine kurze Mitteilung gemacht, damit diese Abteilungen sich für die entstehenden Arbeiten vorbereiten können; dann aber wird der Auftrag ordnungsmäßig ausgeschrieben, alle eingegangenen Verpflichtungen angeführt und auf vorher abgegebene Angebote und Briefe, welche die Ausführung der Lieferung betreffen, hingewiesen. Diese ausführliche Darlegung des Auftrages, welche unter der Bezeichnung Bestell- oder Kommissionszettel bekannt ist, wird nach dem technischen Bureau abgegeben. Diese Abteilung stellt nun zunächst alle Materialien zusammen, welche anderweitig bezogen werden müssen. Allerdings geht dies nur dann schnell zu bewerkstelligen, wenn es sich bei dem erteilten Auftrage um Gegenstände handelt, welche bereits früher einmal ausgeführt wurden und von denen Zeichnungen über die Einzelteile vorhanden sind. Ist dies aber nicht der Fall, sondern muß eine

Maschine von Grund auf neu gezeichnet werden, dann vergehen oft viele Wochen, ehe die von auswärts zu beziehenden Materialien festgestellt werden können. Sobald die Materialien ausgezogen sind, gibt das technische Bureau die Verzeichnisse derselben nach dem Einkauf ab und von hier aus werden dann die Anfragen an die für die Materiallieferung in Frage kommenden Werke gehalten und die Aufträge an dieselben erteilt. Inzwischen hat das technische Bureau seine Konstruktionsarbeiten begonnen. Sobald die Zeichnungen oder ein Teil derselben hergestellt sind, werden dieselben mit der inzwischen ausgeschriebenen Stückliste der Werkstattsverwaltung übergeben, damit diese ohne jeden Zeitverlust an die Ausführung der Lieferung herantreten kann. Die Behandlung der Bestellungen in der Werkstatt ist an anderer Stelle besprochen worden, es dürfte daher hier nicht nötig sein, noch einmal auf die Sache näher einzugehen. Damit das technische Bureau und die Werkstatt eine Übersicht über die eingegangenen Bestellungen behalten, empfiehlt es sich, an beiden Stellen Bücher einzurichten, in welche die eingegangenen Aufträge der Reihe nach eingeschrieben werden. Diese Bücher sollen in der Hauptsache mehr als Register dienen, es ist daher jede Eintragung nur kurz zu fassen.

| Kom.-Nr. | Besteller | Gegenstand | Ein-gegangen | Liefer-termin | Fertig-gestellt |
|---|---|---|---|---|---|
| 236 | Freund & Co. | Dampfm. D 12 | 1./VII. 04 | 26./X. 04 | 30./X. 04 |

Dieses Formular dürfte für den angegebenen Zweck wohl genügen.

Damit aber auch der Versand über die Aufträge unterrichtet wird, empfiehlt es sich, demselben eine Abschrift der ersten und, wenn irgend möglich, auch der zweiten Seite der Stückliste zukommen zu lassen. Die Versandabteilung soll besonders bei großen und schweren Stücken schon beizeiten ihre Vorbereitungen für die Verpackung und den Transport der Lieferungen treffen, damit nicht im letzten Augenblick eine Überstürzung erfolgt und hierdurch Mängel in der Verpackung und Irrtümer in der Absendung erfolgen. Um zu vermeiden, daß Sachen bei dem Transport zurückbleiben, oder Teile fortgeschickt werden, welche nicht zu der Sendung gehören, soll die Versandabteilung die Abschrift der zweiten Seite der Stückliste zur Hand haben, damit sie aus der Zusammenstellung der Zeichnungen und in manchen Fällen aus denselben selbst sehen kann, was zu der Lieferung gehört oder nicht.

## Die Stückliste.

Die Stückliste gehört zu den wichtigsten Einrichtungen eines Betriebes, sie soll über alles Auskunft geben, was zu geschehen hat und was geschehen ist. Die Stückliste wird im technischen Bureau ausgeschrieben und kommt dann in Begleitung der vorhandenen Zeichnungen nach der Werkstattsverwaltung. Ohne Stückliste läßt sich eigentlich ein geordneter, größerer Betrieb nicht denken. Es gibt eine Menge Fragen, welche die Ausführung einer Lieferung betreffen, diese können doch nicht einem jeden mündlich beantwortet werden, denn das würde zu Zeitvergeudungen und Irrtümern führen. Die Stückliste hat den Zweck, alles in sich aufzunehmen, was zur geordneten Ausführung einer Bestellung notwendig ist. Sie soll über alles Auskunft geben, wie sich die Abwickelung der Geschäfte in der Fabrik vollzogen hat, und soll auch als Nachschlagebuch dienen, wenn noch nach Jahren über die Ausführung eines Gegenstandes Ermittlungen angestellt werden müssen. Der Wert und Zweck der Stückliste läßt sich wohl am besten beurteilen, wenn wir an der Hand einer solchen die einzelnen Aufzeichnungen durchgehen.

Die erste Seite der Stückliste — Formular 17, Seite 134 — dient zu allgemeinen Angaben. Da ist zunächst die Kommissionsnummer und der Erteiler des Auftrages vermerkt. Beide Angaben braucht die Werkstatt, um ihre Lohn- und Materialzettel damit ausfüllen zu können. Es kommt sodann der Gegenstand der Lieferung, welcher in diesem Falle eine Dampfmaschine ist, die unter der abgekürzten Bezeichnung D 12 durch alle Bücher geht. Findet die Ausführung eines Gegenstandes zum ersten Male statt, dann gibt die Werkstatt eine abgekürzte Bezeichnung für denselben an und setzt

**Stückliste.**

Komm.-No.: *236* ..................................................................

Besteller: *G. Freund & Co.*

Wohnort: *München*

Gegenstand: *D 12*

Liefertermin: *1. November*

Konventionalstrafe: *30 M. für den Tag*

Garantie: *Leistung x Pfk. bei 0,2 und x Pfk. bei 0,3 Füllung*

*Dampfverbrauch 13 kg für eine eff. Pfk. bei 0,2 Füllung*

Verpackung: *Gewöhnliche*

Verladung: *An die Verladerinnung in München,*

*frachtfrei München*

Zollbehandlung:

Ausfertigung: *am 1. Juli 04*

Fertiggestellt: *am 26. Oktober*

Abgesandt: *am 30. Oktober*

Bemerkungen für die Ausführung:

Die Prüfung über Leistung und Dampfverbrauch ist durch den bayrischen Dampfkessel-Überwachungsverein vorzunehmen. Sollte der Dampfverbrauch überschritten werden, so werden für jedes halbe Kilogramm mehr Dampfverbrauch x Mark von der Kontraktsumme gekürzt. Es sind vor der Absendung in der Fabrik Brems- und Dampfverbrauchsversuche anzustellen.

Formular 17.

diese in die Stückliste für den Allgemeinbrauch ein. Daß der Liefertermin in der Stückliste nicht fehlen darf, ist selbstverständlich, denn nach demselben richtet sich ja die langsame oder beschleunigte Ausführung der Bestellung. Es ist zwar vielfach üblich, die Werkstatt über manche Bestimmungen eines Liefervertrages im dunkeln zu lassen und daher auch über eingegangene Konventionalstrafen nichts mitzuteilen. Aber zweckmäßig bleibt es doch, wenn die Werkstattsverwaltung über Kontraktbestimmungen unterrichtet wird, welche die pünktliche Ausführung der Bestellung gewährleisten sollen; daher ist es auch gut, daß derselben Angaben über festgesetzte Konventionalstrafen gemacht werden.

Es folgen nun die Angaben über die zu leistende Garantie. Wird in dieser Beziehung eine Verpflichtung übernommen, dann hat die Werkstatt auch dafür zu sorgen, daß diese, soweit es auf ihre Arbeit ankommt, erfüllt wird. Daher ist es nötig, daß die Werkstatt gleich bei der Übergabe der Bestellung von der eingegangenen Garantie unterrichtet wird, damit sie bei der ganzen Ausführung der Arbeit darauf Rücksicht nehmen kann. In vielen Fällen wird sich wohl die Garantie nur auf die Einhaltung bestimmter Leistungen beschränken, welche mit der Ausführung des Stückes in der Werkstatt nichts zu tun haben, aber trotzdem darf die letztere hierüber nicht ohne Kenntnis bleiben, weil immerhin die Möglichkeit bestehen bleibt, daß die Tätigkeit der Werkstatt auf die Einhaltung der Garantie nicht ohne Einfluß ist.

Es folgen nun die Angaben über die Verpackung, Verladung und Zollabfertigung der bestellten Gegenstände. Diese Fragen haben eigentlich nur einen Wert für die Versandabteilung, da aber der letzteren eine Abschrift der ersten und zweiten Seite der Stückliste zuerteilt wird, so ist es nicht nachteilig, wenn die Werkstatt auch über diese Angelegenheit unterrichtet wird. Ist die Arbeit in der Werkstatt beendet, so wird von derselben der Tag der Fertigstellung in der Stückliste vermerkt, während die Versandabteilung das Datum der Absendung darin einschreibt. Es ist dann auch ein Raum vorgesehen, welcher zu besonderen Vorschriften für die Ausführungen der Arbeit, sowie für die Abnahme derselben und auch für andere Zwecke dienen soll.

2.

**Zeichnungen**
sind an die Werkstatt abgegeben:

| am | Gegenstand | Gußteile Nummer der Zeichnung | Schmiedeteile Nummer der Zeichnung |
|---|---|---|---|
| 1./VII. 04 | Grundplatte . . . . . . . . . . | 2106 | — |
| | Anker . . . . . . . . . . . . | — | 2107 |
| | Zylinder . . . . . . . . . . . | 2108 | 2108 |
| | Lager . . . . . . . . . . . . | 2109 | 2109 |
| | Welle und Schwungrad . . . . . | 2110 | 2110 |
| 5./VII. | Zylinderkolben . . . . . . . . . | 2115 | — |
| | Schmiedeteile dazu . . . . . . . . | — | 2116 |
| 7./VII. | Gradführung und Kreuzkopf . . . | 2120 | — |
| | Schmiedeteile dazu . . . . . . . . | — | 2121 |
| 10./VII. | Steuerung . . . . . . . . . . . | 2132 | — |
| | Schmiedeteile dazu . . . . . . . . | — | 2135 |
| 18./VII. | Regulator . . . . . . . . . . . | 2140 | — |
| | Schmiedeteile dazu . . . . . . . . | — | 2141 |
| 19./VII. | Absperrventil . . . . . . . . . | 2137 | — |
| | Schmiedeteile dazu . . . . . . . . | — | 2138 |
| | Nachbestellung: | | |
| 27./VII. | 1 Antriebsriemscheibe m/m Ø, m/m bt. wird besonders berechnet . . . | 2160 | |

Formular 18.

Die zweite Seite der Stückliste — Formular 18, Seite 136 — wird zur Aufführung der Zeichnungen benutzt. Es muß stets eingeschrieben werden, wann eine Zeichnung der Werkstatt übergeben wird, damit nachgewiesen werden kann, ob bei einer verspäteten Fertigstellung der Arbeiten hieran die Werkstatt oder das technische Bureau die Schuld trägt. Ist eine Lieferung nicht zur rechten Zeit fertig geworden, dann pflegt die Werkstatt sich damit zu entschuldigen, die Zeichnungen wären ihr vom technischen Bureau viel zu spät zugestellt worden, während das letztere dies in Abrede stellt. Dadurch, daß das technische Bureau die Ablieferung einer jeden Zeichnung selbst in die Stückliste eintragen und das Datum beisetzen muß, werden Meinungsverschiedenheiten über diesen Punkt ein für allemal beseitigt. Das Auseinanderhalten der Zeichnungen über Guß- oder Schmiedearbeit erleichtert nicht allein die Übersicht, sondern soll auch in Fällen, wo die Schmiedearbeiten nicht besonders ausgezeichnet, also aus der Gußteilzeichnung zu entnehmen sind, hierauf hindeuten, damit nicht unnötigerweise nach einer Zeichnung gesucht wird, die nicht vorhanden ist.

Auf der dritten — Formular 19, Seite 138 — und, wenn diese nicht ausreicht, auch auf den folgenden Seiten werden die Einzelteile, welche nach jeder Zeichnung hergestellt werden sollen, aufgeführt. Bevor mit den Arbeiten begonnen wird, ist festzustellen, welche Teile vorhanden sind und für die vorliegende Arbeit benutzt werden sollen; dies ist dann in der Stückliste zu vermerken. Auch werden hier Bemerkungen über die bei anderen Werken bestellten Rohmaterialien oder fertigen Gegenstände, beispielsweise über Wellen, Armaturen usw., eingesetzt, damit sich ein jeder danach richten kann. Sobald ein Stück einer Werkstatt zur Ausführung übergeben wird, ist in die zutreffende Spalte das Datum der Auftragerteilung einzusetzen. Hierdurch kann sowohl von dem Werkstattsvorstande als auch von dem Meister zu jeder Zeit übersehen werden, ob und wann die einzelnen Teile zur Ausführung abgegeben worden sind. Diese Kontrolle ist in einem großen Betriebe eine sehr notwendige, denn nur allzu leicht wird es übersehen, hier oder dort einmal einen Gegenstand auszuführen, wodurch eine unliebsame Verzögerung in der Herstellung der ganzen Maschine bewirkt wird.

| Nummer der Zeichnung | Gegenstand | Zur Ausführung übergeben | | | | | 3 Bemerkungen |
|---|---|---|---|---|---|---|---|
| | | Modelle | Gießerei | Schmiede | Dreherei | Schlosserei | |
| 2106 | 1 Grundplatte . . | 2./7. | 25./7. | | 10./8. | 27./9. | |
| 2107 | 6 Ankerbolzen mit Scheiben . . | | | 8./7. | 25./7. | | |
| | 6 Muttern m/m | | | | | | vorhanden |
| | 6 Ankerplatten . . | 2./7. | 10./7. | | | | |
| 2109 | 2 Lager mit Deckeln | 2./7. | 15./7. | | 28./7. | | vorhand. Modell benutzen |
| | 2 Lagerpfannen . . | 2./7. | 15./7. | | 28./7. | 10./8. | |
| | 4 Schrauben . | | | 16./7. | 25./7. | | |
| | 8 Muttern m/m . | | | | | | vorhanden |
| 2110 | 1 Welle . | | | | 25./8. | | bei Bohum bestellt |
| | 1 Schwungrad . . | | 6./7. | | | | mit Formmaschine herstellen |
| | 2 Keile . . . . | | | 8./7. | 15./7. | | |
| 2108 | 1 Zylinder . . . | 2./7. | 10./8. | | 24./8. | 28./9. | |
| | 2 Zylinderdeckel | 2./7. | 10./8. | | 20./8. | | |
| | 1 Schieberkastendeckel | 2./7. | 10/8. | | 20./8. | | |
| | Schrauben und Stiftschrauben . . | | | | | | vorhanden |
| 2115 | 1 Zylinderkolben mit Deckel u. Ring . . | 6./7. | 9./7. | | 20./7. | 1./8. | |
| 2116 | 1 Kolbenstange . . . | | | 8./7. | 18./7. | | |
| | 1 Mutter dazu . | | | 8./7. | 18./7. | | |
| | Kolbenfedern . | | | 8./7. | | | |
| 2120 | 1 Gradführung . | 12./7. | 27./7. | | 15./8. | 3./9. | |
| | 2 Gleitschienen . . | 12./7. | 27./7. | | 15./8. | | |
| | 4 Zwischenstücke . | 12./7. | 27./7. | | 15./8. | | |
| | 1 Kreuzkopf . . | 12./7. | 27./7. | | 15./8. | | |
| 2121 | 1 Kreuzkopfzapfen . | | | 15./7. | 20./8. | | |
| | 2 Keile . . . . . | | | 15./7. | 20./8. | | |
| | 4 Schrauben . . . | | | 15./7 | 20./8. | | |
| | usw. | | | | | | |

Formular 19.

| Nummer der Zeichnung | 4<br>**Bemerkungen**<br>der Werkstatt über die Ausführungen |
|---|---|
| 2106 | Grundplatte mußte sehr viel nachgearbeitet werden, weil die Zeichnung Irrtümer enthielt. Modell muß geändert werden. |
| 2132 | Die Schieber mußten geändert werden, weil die Schmierung versagte und Riefen sich bildeten. |
| 2109 | Lager liefen sich bei der Probe warm. |
| 2110 | Die Welle war zu stark bestellt und es mußte daher sehr viel abgedreht werden. Die Zeichnung muß abgeändert werden. |
| 2108 | Die Zylinder waren zu hart gegossen, die Bearbeitung verursachte bedeutende Mehrkosten.<br>Die Probe fiel nicht ganz zufriedenstellend aus; die Leistung, welche garantiert wurde, ist nur sehr knapp zu erreichen.<br>Die Maschine leistete bei<br>0,2 Zylinderfüllung . . . . . . . . . x-PS.<br>0,25 „ . . . . . . . . . x-PS.<br>0,3 „ . . . . . . . . . x-PS.<br>Der Dampfverbrauch stellte sich bei<br>0,2 Zylinderfüllung auf . . . . . 12,8 kg<br>0,25 „ „ . . . . . 13 „<br>0,3 „ „ . . . . . 13,5 „<br>Der Regulator arbeitete nicht ruhig, er mußte daher geändert werden. Die notwendigen Arbeiten waren:<br>Beschwerung der . . . . . . . . . . .<br>Nacharbeiten von x-Teilen usw. |
| | |

Formular 20.

Die letze Seite der Stückliste — Formular 20, Seite 139 — ist für Bemerkungen der Werkstatt bestimmt. Hier werden alle Mängel und Irrtümer aufgefürt, welche bei Herstellung der Zeichnung vorgekommen sind und sich erst bei Ausführung des Stückes herausgestellt haben. Hier werden die Änderungen angegeben, welche bei wiederholter Ausführung der Maschine durchgeführt werden müssen, um die Herstellung oder Bearbeitung der einzelnen Teile zu erleichtern. Es wird über die vorgenommenen Versuche und Proben berichtet, auch werden hier die ermittelten Resultate niedergeschrieben. Da aber bei vielen Ausführungen kleine Fehler unterlaufen, welche beim besten Willen nicht immer beseitigt werden können, weil dazu, wegen des kürzeren Liefertermines, die erforderliche Zeit nicht übrig geblieben ist, so sind auch hierüber Angaben in der Stückliste zu machen, damit, wenn im Laufe der Zeit Ausstände an der Lieferung von dem Besteller erhoben werden, man in der Lage ist, die Ursache hierfür auf Grund der gemachten Notizen festzustellen.

Wird eine Stückliste in dieser Weise sorgfältig geführt, dann wird sie ein wertvolles Dokument für den Fabrikbetrieb abgeben, das noch nach Jahren seinen Nutzen betätigen kann.

Nachdem die Stückliste die Werkstatt verlassen, wandert sie in die Kalkulatur, um dort bei der Selbstkostenberechnung benutzt zu werden. Der Kalkulator erfährt aus derselben, was alles hergestellt und geliefert ist, er findet alle benutzten Zeichnungen und eingetretenen Abänderungen aufgeführt und ist dadurch in der Lage, allen Verhältnissen besser Rechnung tragen zu können.

Zum Schluß kommt die Stückliste in das technische Bureau zurück, wo sie im Archiv aufbewahrt wird.

## Die Lohnfrage.

Die Frage, wieviel Stunden täglich gearbeitet werden soll, könnte eigentlich einem jeden Industriellen ziemlich gleichgültig sein, wenn die Auslöhnung der Arbeiter auf Grund eines Stundensatzes erfolgt. Mit der kürzeren Arbeitszeit ist aber den Arbeitern allein nicht gedient, dieselben verlangen auch, daß mit der

Herabsetzung der Arbeitszeit eine solche Erhöhung des Stundenlohnsatzes erfolgt, daß für den Arbeiter durch die verminderte Arbeitszeit kein Ausfall in dem Verdienst eintritt. Und hierin liegt das Verhängnisvolle für den Industriellen bei der Herabsetzung der Arbeitszeit. Aber neben der Erhöhung des Lohnes hat eine Verminderung der Arbeitszeit auch noch andere Übelstände für den Industriellen zur Folge; die Werkseinrichtungen werden weniger ausgenutzt, die Leistungen verringert und die Generalunkosten werden im Verhältnis zu der geleisteten Arbeit eine Steigerung erfahren. Es ist daher sehr wohl zu verstehen, daß Werksbesitzer sich oft einer Lohnerhöhung gegenüber nicht abgeneigt zeigen und ihren Arbeitern gern einen Mehrverdienst zukommen lassen wollen, wenn nur auf die jetzt überall angestrebte Herabsetzung der Arbeitszeit verzichtet wird. Wie einschneidend die Forderungen der Arbeiter, die Arbeitszeit herabzusetzen und den Lohn dabei so zu erhöhen, daß der bisherige Tagesverdienst auch weiter bestehen bleibt, auf das Gedeihen und Bestehen eines Werkes sein kann, mag aus folgendem Beispiele ersehen werden.

Ein Arbeiter hat bisher einen Stundenlohn von 40 Pfennigen gehabt und verdient also bei einer zehnstündigen Arbeitszeit täglich 4 Mark. Wird die Arbeitszeit auf neun Stunden herabgesetzt und der Tagesverdienst von 4 Mark soll dabei bestehen bleiben, so muß der Lohn für die Stunde auf $44^1/_2$ Pfennig erhöht werden. Es ist dies eine Lohnerhöhung von 11 Prozent! Im Verhältnis zur Verringerung der täglichen Arbeitszeit vermindert sich aber auch die Leistungsfähigkeit des Werkes um 11 Prozent, zieht man dann noch die Generalunkosten hinzu, welche bei der geringen Arbeitsleistung ebenso hoch sind wie bei der größeren, so kommt man zu einer so hohen Belastungsziffer des Werkes durch die um eine Stunde verminderte Arbeitszeit und den erhöhten Lohnsatz, daß der sorgfältig rechnende Geschäftsmann sich sehr besinnen muß, ob er auf eine solche Doppelforderung der Arbeiter eingehen kann oder nicht. Die geschäftlichen Verhältnisse liegen überall darnieder, der Verdienst wird von Jahr zu Jahr geringer, weil der Wettbewerb beständig zunimmt, da muß die Lohnfrage einer sehr sorgfältigen Prüfung unterzogen werden, damit nicht das Werk unter der Last der Verpflichtungen zugrunde geht.

Die Annahme, das bei neunstündiger Arbeitszeit ebenso viel geleistet wird wie bei zehnstündiger, weil der Arbeiter frischer und tatkräftiger bleibt, kann nur als eine nicht beweisbare Behauptung angesehen werden, welche den Tatsachen kaum entspricht. Bei Arbeitern, welche an Arbeitsmaschinen beschäftigt sind, ist eine solche Annahme niemals, bei Handarbeitern aber nur teilweise zutreffend. Anders ist es aber mit der neunstündigen Arbeitszeit, wenn dieselbe damit begründet wird, daß dem Arbeiter mehr Zeit für seine Erholung und sein Familienleben verschafft werden soll. Wird die durch die verringerte Arbeitszeit gewonnene Zeit von den Arbeitern zu diesem Zweck wirklich verwendet, dann kann dies für die Erhaltung eines gesunden und zufriedenen Arbeiterstandes nur von Nutzen sein; aber sehr oft führt die zu viel freie Zeit zur Langeweile und zur Aufsuchung von Zerstreuungen und Beschäftigungen, welche den Hausstand und das Familienleben, das man zu fördern hoffte, untergraben.

In einem schroffen Gegensatz zu der Behauptung, daß bei geringerer Arbeitszeit eine größere Leistung eintritt, steht die Forderung der Arbeiter, Überstunden mit einem 25 Prozent höheren Lohn als die gewöhnliche Arbeitszeit zu bezahlen. Ist die Behauptung der Vertreter des Neun- und Achtstundentages richtig, daß in dieser Zeit mehr als bei zehnstündiger Arbeitszeit geleistet wird, dann müßten die Überstunden, bei welchen weniger als bei gewöhnlicher Arbeitszeit geleistet wird, nicht höher, sondern geringer bezahlt werden. Logische Schlüsse werden aber bei der Behandlung der Lohnfrage niemals von seiten der Arbeiter gezogen, daher muß der Werkbesitzer bei der Auslohnung seiner Arbeiter solche Wege einschlagen, welche ihm die Sicherheit bieten, daß bei vorübergehender stärkerer Beschäftigung, welche das Einlegen von Überstunden notwendig macht, nicht Belastungen entstehen, welche einen jeden Nutzen bei einem Geschäfte ausschließen. Es ist ja ganz gut, wenn, um dem Umsichgreifen der Überstundenarbeit vorzubeugen, eine besondere Vergütung für die letztere dem Arbeiter gewährt wird; diese Vergütung muß sich aber nur nach der wirklich geleisteten Arbeit, niemals aber nur nach der aufgewandten Zeit richten.

Die Vertreter des Acht- und Neunstundentages sind Gegner aller Überstunden. Sie verlangen, daß, wenn viel Arbeit vorliegt, mehr Arbeiter angestellt werden. Daß die Erhöhung der Belegschaft eines Werkes auch eine Vermehrung der Arbeitseinrichtungen bedingt, welche einen höheren Kapitalaufwand beanspruchen, wird nicht berücksichtigt, denn das Kapital ist für diejenigen, welche es nicht herzugeben haben, eine Nebensache, über die man sich hinwegsetzen kann. Aber, gesetzt den Fall, es gelingt unter Opfern, Arbeitseinrichtungen zu schaffen, welche es ermöglichen, eine so große Arbeiterzahl anzustellen, daß jede Überstundenarbeit bei der vorübergehend stärkeren Beschäftigung vermieden wird, was soll dann mit den von weit und breit herangezogenen Aushilfsarbeitern werden, wenn der flotte Geschäftsbetrieb nachläßt und wieder gewöhnliche Verhältnisse eintreten? Richtig ist es, in solchen Fällen alle Arbeiter, mögen sie jung oder alt sein, kurze oder längere Zeit in Arbeit stehen, zu behalten und die Arbeitszeit so herunterzusetzen, daß sie für die zu erledigenden Aufträge ausreicht. Aber eine solche Geschäftshandhabung würde nicht nach dem Sinne der Arbeiter, am allerwenigsten aber für die Vertreter des Acht- und Neunstundentages sein! Treten solche Verhältnisse ein, dann soll der im Werk viele Jahre beschäftigte Arbeiter vor den neu angenommenen, der verheiratete vor dem jugendlichen und der einheimische vor dem eingewanderten Arbeiter bevorzugt werden. Dann hört jedes Mitgefühl für den Kollegen auf; die Theorie der sogenannten Arbeiterfreunde bricht zusammen und der Selbsterhaltungstrieb setzt sich über alles hinweg, was man noch vor kurzer Zeit als allein richtig und notwendig dahingestellt hat. In solcher Zeit sehnen sich viele Arbeiter nach den oft gelästerten Überstunden zurück. Es war eine schöne Zeit, wenn am Löhnungstage ein Viertel und noch mehr über den gewöhnlichen Wochenlohn ausgezahlt wurde, weil Überstunden eingelegt werden mußten. Es entstand ein Einnahme, welche manche Einschränkung aufhob und manche Besserung des Lebensunterhaltes zuließ. Die schönen Tage sind vorüber, die Bedürfnisse sind geblieben, die guten Einnahmen aber, welche durch die Überstunden bewirkt wurden, sind für immer dahin! Die Theorie, welche von den Zielbewußten aufgestellt, von den Unverständigen nachgeschrien wurde, ist durch die Macht der Verhältnisse vernichtet. Die erhofften goldenen Tage sind in eine Zeit der Sorge und Not verwandelt worden. Die Lohnfrage ist eine sehr wichtige, sie kann daher nicht durch Schlagworte gelöst werden, sondern nur durch gewissenhafte Prüfung und Beurteilung der allgemeinen Verhältnisse!

## Die Vergebung der Arbeit.

Bei der Vergebung der Arbeit muß so vorgegangen werden, daß nicht nur eine zuverlässige Abrechnung mit den Arbeitern bewirkt werden kann, sondern daß auch alle notwendigen Unterlagen für die bei der Herstellung eines Gegenstandes aufgewandten Löhne der Selbstkostenberechnung der Erzeugnisse zugeführt werden. Sofern es sich um Betriebe handelt, wo nur eine Spezialität hergestellt wird, da wickelt sich die Arbeit in ziemlich einfacher Weise ab, und es sind da auch alle Nachweise über dieselbe sehr einfach zu halten. Werden aber in einem Werk verschiedene Gegenstände hergestellt, dann sind alle Arbeiten so auseinander zu halten, daß ein jedes Stück besonders berechnet werden kann, auch müssen Einrichtungen getroffen werden, welche die richtige Verteilung der ausgezahlten Löhne auf jeden zur Ausführung gebrachten Gegenstand sichern. Ob ein Stück im Lohn oder im Akkord ausgeführt wird, ist ganz gleichgültig, die Arbeitsangaben müssen in jedem Falle zuverlässig sein und nichts zu wünschen übrig lassen. Die Hauptsache bei der Gestaltung des Arbeitsvergebungsverfahrens ist Einfachheit und Übersichtlichkeit, damit Irrtümer und Unregelmäßigkeiten verhütet oder leicht erkannt werden.

Werke, bei denen nur reine Lohnarbeit oder reine Stück- oder Akkordarbeit ausgeführt wird, dürfte es wohl kaum geben. Es ist nicht möglich oder zweckmäßig, alle Arbeiten in gleicher Weise zu behandeln; es wird sich stets die Notwendigkeit herausstellen, ein gemischtes Verfahren einzurichten und Lohn- und Akkordarbeit nebeneinander bestehen zu lassen. Wird eine Arbeit in Akkord vergeben, so muß der für die Arbeit zu zahlende Akkordsatz vor Beginn derselben vereinbart werden. Ist eine solche Vereinbarung vor Beginn der Arbeit nicht möglich, weil die Schwierigkeiten bei Ausführung derselben nicht zu übersehen sind, so muß dem Arbeiter dies mitgeteilt und die Vereinbarung so schnell als möglich nachgeholt werden, damit ein jeder Teil weiß, woran er ist. Alle Abmachungen betreffs Bezahlung der Arbeit sind schriftlich niederzulegen, damit allen Meinungsverschiedenheiten mit den Arbeitern vorgebeugt wird. Ist eine Vereinbarung über die Ausführung einer Arbeit getroffen, dann muß dieselbe unter allen Umständen gehalten werden; es ist in keinem Falle statthaft, später einen bewilligten Akkordsatz herabzusetzen, weil sich derselbe im Laufe der Arbeit als zu hoch angenommen zeigt. Anders ist es aber, wenn ein Akkord so niedrig bemessen ist, daß ein Arbeiter trotz des größten Fleißes dabei nicht einmal seinen gewöhnlichen Arbeitslohn verdienen kann. In diesen Fällen ist dem Arbeiter ein Akkordzuschuß zu zahlen, welcher als solcher bestimmt benannt werden muß. Wird dem Arbeiter eine Arbeit zur Ausführung übergeben, so muß derselbe über den Zweck derselben so genau unterichtet werden, daß er darüber in allen von ihm zu machenden Aufzeichnungen die richtigen Angaben niederschreiben kann. Ob ein Arbeiter die Arbeit in Lohn oder im Akkord ausführt, ist gleichgültig, er muß stets erfahren, für wen und wozu das von ihm hergestellte Stück bestimmt ist; nur dann kann man beanspruchen, daß alle für die Selbstkostenberechnung notwendigen Lohnangaben richtig eingehen. Die Arbeitszeit eines jeden Arbeiters muß von Anfang bis zu Ende mit einem Arbeitsnachweis versehen werden; hierbei ist grundsätzlich zu vermeiden, daß verschiedene Tätigkeiten zusammengeworfen und in einem Zeitabschnitt aufgenommen werden. Alle Angaben können ganz kurz gehalten sein, sie dürfen aber keinerlei Zweifel hervorrufen, sondern sind so klar zu fassen, daß, aus denselben noch nach längerer Zeit das Richtige herausgelesen werden kann. Sache der Meister und des Lohnbeamten ist es, darauf zu achten, daß unzutreffende Angaben der Arbeiter stets sogleich richtiggestellt werden.

## Der Tageszettel.

Der Tageszettel dient zur Aufzeichnung der Tätigkeit der Arbeiter während der ganzen Lohnperiode. Je nachdem in einem Werke die Löhnung wöchentlich oder alle 14 Tage erfolgt, erhält der Tageszettel danach seine Gestalt. Die Tageszettel können nicht durch die Arbeitszettel — Akkordmarke, Akkordschein, Akkordzettel — ersetzt werden, sondern letztere müssen nebenbei bestehen. Während der Arbeitszettel dazu dient, die Arbeit zu bezeichnen und die Arbeitsbedingungen festzulegen, hat der Tageszettel den Zweck, den Nachweis darüber zu führen, welche Arbeiten der Arbeiter an jedem Tage ausgeführt hat und an welchem Stücke dies geschehen ist. Den Tageszettel darf man wohl als die notwendigste Einrichtung beim Lohnabrechnungsverfahren ansehen, wenn eine zuverlässige Kontrolle über die Arbeiter und deren Tätigkeit ausgeführt werden soll. In früheren Jahren bestand in vielen Werken die Vorschrift, daß der Meister oder ein Werkstattsbeamter täglich zu jedem Arbeiter ging, dessen Arbeit in ein Notizbuch schrieb und dann diese gemachten Angaben in die Lohn- oder Werkstattsbücher weiter übertrug. Diese Art der Arbeitsübersicht ist nicht allein mit viel Schreibarbeit verknüpft, sondern die Aufschreibungen werden auch oft sehr flüchtig behandelt, weil sie gewöhnlich hintereinander vorgenommen werden, und der diese Arbeit ausführende Meister und Beamte sich stets beeilen muß, um hiermit fertig zu werden. Anders ist es aber bei der Benutzung von Tageszetteln. Dieselben werden am Tage vor Beginn der neuen Lohnperiode an die Arbeiter verteilt. Der Arbeiter legt den Tageszettel in eine hierzu bestimmte kleine Mappe, in der er auch Arbeitsscheine und andere Schriftstücke aufbewahrt, und trägt dann selbst alle erforderlichen Notizen täglich in denselben ein. Sind Arbeiter nicht imstande, diese kleine Schreibarbeit auszuführen, so besorgt dies auch ein Fabrikschreiber, welcher in regelmäßigen Zeitabschnitten von einem Arbeiterstand zum andern geht. Der Tageszettel macht die Führung aller weiteren Bücher, welche die Tätigkeit des Arbeiters behandeln. überflüssig und erleichtert die Abwicklung aller Lohn- und statistischen Arbeiten so, wie keine andere Einrichtung.

Die Tageszettel werden in zweierlei Gestalt benutzt. Einmal dienen sie nur für die Verrechnung der Arbeitszeit und enthalten dann nur die Gestalt des Formulars 21, Seite 148, dann werden sie aber auch gleichzeitig zur vollständigen Lohnabrechnung benutzt und hierzu dürfte das Formular 22, Seite 149 zu wählen sein. Zunächst haben wir es mit den reinen Zeitangaben über die täglich ausgeführten Arbeiten zu tun, welche in der Lohnabteilung weiter verwertet werden. Auf Grund dieser Zeitangaben wird die an einem Stück aufgewandte Zeit in die Arbeitszettel-Akkordscheine usw. eingetragen. Ohne die Tageszettel wäre eine Feststellung der Gesamtarbeitszeit an einem Gegenstande nicht möglich, zumal, wenn die Arbeit an einem Stücke längere Zeit beansprucht und öfter durch Einlegung anderer Arbeiten unterbrochen wird. Natürlich müssen diese Eintragungen von den Meistern stets sorgfältig überwacht werden; das ist aber mit keinen Schwierigkeiten verbunden, denn der Meister soll täglich mindestens zweimal zu jedem Arbeiter gehen und die von demselben ausgeführten Arbeiten prüfen. Bei dieser Gelegenheit hat der Meister den Tageszettel einzusehen, und dabei, durch Einzeichnung des Anfangsbuchstabens seines Namens in die Revisionsstelle, zu bescheinigen, daß er nicht allein die Eintragungen in den Tageszetteln als richtig anerkannt, sondern auch die vorgeschriebene tägliche Überwachung der Arbeit ausgeführt hat. Der Arbeitszettel ist also nicht bloß ein Arbeitsausweis für den Arbeiter, sondern auch gleichzeitig ein Nachweis, daß der Meister sich um die Arbeiter und deren Tätigkeit gekümmert hat. Sache der Obermeister oder des Werkstattvorstehers ist es, sich ab und zu durch Einblick in die Tageszettel davon zu überzeugen, ob sowohl der Arbeiter, als auch der Meister seine Schuldigkeit getan hat.

In der Reihenfolge, in der dem Arbeiter die Arbeiten zur Ausführung übergeben werden, sind dieselben auf Grund der Angaben des Arbeitszettels in die Tageszettel einzutragen. Muß ein Gegenstand beiseite gelegt und dafür ein anderer eiligerer in Arbeit genommen werden, so kann dies in dem Tageszettel zum Ausdruck gebracht werden. An Kommission Nr. 240 waren 2 Stunden gearbeitet, da wurde dem Arbeiter die Kommission Nr. 260 zur schleunigen Ausführung übergeben, er schrieb daher die zwei Stunden der ersten Kommission in den Tageszettel, erledigte dann an drei hintereinander folgenden Tagen in 4, 10 und 2 Stunden Arbeitszeit die letztere Kommission, und nahm dann am dritten Tage wieder die Kommission 240 auf, um sie mit einer weiteren Unterbrechung am Schlusse der Lohnperiode fertig zu stellen. Die Abwickelung dieser Arbeitsnachweise durch die Tageszettel geschieht so einfach und so übersichtlich, daß die Vorführung

**Tageszettel** vom *14./VIII. 04* bis *28./VIII. 04* Werkstatt *D.*
für *Trautmann* No. *246* Maschine No. *96.* Klasse *III.*

| Komm.-No. | Zeichnung-No. | Gegenstand der Bearbeitung | D | F | S | S | M | D | M | D | F | S | S | M | D | M | Arbeitsstunden |
|---|---|---|---|---|---|---|---|---|---|---|---|---|---|---|---|---|---|
| 230 | 1809 | A und B drehen . . . . . | 10 | 10 | 4 | — | — | — | — | — | — | — | — | — | — | — | 24 |
| 240 | 1620 | A und B " . . . . . . | — | — | 2 | — | — | 8 | 10 | — | — | — | — | 10 | 4 | — | 34 |
| 260 | 1530 | D und F " . . . . . . | — | — | 4 | — | 10 | 2 | — | — | — | — | — | — | — | — | 16 |
| 242 | 1750 | A und D " . . . . . . | — | — | — | — | — | — | — | 10 | 4 | — | — | — | 6 | 10 | 30 |
| 260 | 1810 | B " . . . . . . | — | — | — | — | — | — | — | — | 6 | 10 | — | — | — | — | 16 |
| | | Tägliche Arbeitszeit: Stunden | 10 | 10 | 10 | — | 10 | 10 | 10 | 10 | 10 | 10 | — | 10 | 10 | 10 | 120 |
| Tägliche Revision des Meisters: | | Vormittag | *M* | *M* | *M* | — | *M* | *M* | *M* | *M* | *M* | *M* | — | — | *M* | *M* | |
| | | Nachmittag | *M* | *M* | *M* | — | — | *M* | *M* | *M* | *M* | *M* | — | *M* | *M* | *M* | |

Unterschrift des Meisters: *Meyer*

Unterschrift des Aufsichtsbeamten: *Weber* Unterschrift des Lohnbeamten: *Neumann*

Formular 21.

**Tageszettel** vom *14./VIII.* bis *28./VIII.* Werkstatt *D*

für *Trautmann* No. *246* Maschine No. *96.* Klasse *III.*

| Komm.-No. | Zeichnung-No. | Gegenstand der Bearbeitung | D | F | S | S | M | D | M | D | F | S | S | M | D | M | Arbeitszeit Stunden | Stundenlohn Pf. | Lohnbetrag M. | Lohnbetrag Pf. | Akkordbetrag M. | Akkordbetrag Pf. |
|---|---|---|---|---|---|---|---|---|---|---|---|---|---|---|---|---|---|---|---|---|---|---|
| 230 | 1809 | A und B drehen . | 10 | 10 | 4 | — | — | — | — | — | — | — | — | — | — | — | 24 | — | — | — | 11 | — |
| 240 | 1620 | A und B „ . . | — | — | 2 | — | – | 8 | 10 | — | — | — | — | 10 | 4 | — | 34 | 40 | 13 | 60 | — | — |
| 260 | 1530 | D und F „ . . | — | — | 4 | — | 10 | 2 | — | — | — | — | — | — | — | — | 16 | — | — | — | 6 | 80 |
| 242 | 1750 | A und D „ . . | — | — | — | — | — | — | — | 10 | 4 | — | — | – | 6 | 10 | 30 | — | — | — | 13 | 50 |
| 260 | 1810 | B „ . . | — | — | — | — | — | — | — | — | 6 | 10 | — | — | — | — | 16 | 40 | 6 | 40 | — | — |
| | | Tägliche Arbeitszeit: Stunden | 10 | 10 | 10 | — | 10 | 10 | 10 | 10 | 10 | 10 | — | 10 | 10 | 10 | zus. 120 Stunden | | 20 | — | 20 | — |
| Tägliche Revision des Meisters: | | Vormittag | *M* | *M* | *M* | — | *M* | *M* | *M* | *M* | *M* | *M* | - | — | *M* | *M* | | | | | 51 | 30 |
| | | Nachmittag | *M* | *M* | *M* | — | — | *M* | *M* | *M* | *M* | *M* | — | *M* | *M* | *M* | | | | | | |

| | Lohnbetrag M. | Lohnbetrag Pf. | Akkordbetrag M. | Akkordbetrag Pf. |
|---|---|---|---|---|
| Abzüge: Krankengeld . . . . | — | 50 | — | — |
| Invalidenversicherung | — | 30 | — | — |
| Vorschuß . . . . . | 5 | — | 5 | 80 |
| Lohnauszahlung am *6./8. 04* | | | 45 | 50 |

Unterschrift des Meisters: *Meyer*

„ des Aufsichtsbeamten: *Weber*

Der Lohnbeamte: *Neumann*

Formular 22.

des einen Beispiels vollständig genügen, dürfte um sich in die Handhabung dieser Einrichtung einleben zu können. Die Hauptsache bei den Tageszetteln ist, daß die Eintragungen der Zeit gut überwacht werden, damit die Verteilung der Arbeitszeit auch richtig geschieht. Werden Arbeiten in Lohn und in Akkord in gemeinschaftlicher Weise von einem Arbeiter ausgeführt, dann werden gern Stunden, welche für eine Akkordarbeit aufgewandt sind, auf die in Lohn gearbeiteten Gegenstände übertragen. Sache der Meister ist es, darauf zu achten, daß solche Ungehörigkeiten sofort aufgedeckt werden. Tut der Meister seine Pflicht, macht er jeden Vormittag und Nachmittag seinen Rundgang durch die Werkstatt, um die Arbeiter und Tageszettel zu kontrollieren, dann wird kein Arbeiter es wagen, Übertragungen von Zeit von einer auf die andere Kommission zu unternehmen. Wird aber von den Meistern eine laxe Handhabung der Geschäfte betrieben, dann bürgern sich sehr leicht Unzuträglichkeiten ein, welche eine zuverlässige Selbstkostenberechnung der Erzeugnisse unmöglich machen. Daher ist es dringend notwendig, daß die Tätigkeit der Meister von ihren Vorgesetzten überwacht und darauf gesehen wird, daß in den Tageszetteln stets zu entsprechender Zeit der Revisionsvermerk der Meister eingetragen ist.

Das Formular 22, Seite 149, baut den Tageszettel noch weiter aus, indem es auf demselben gleich die vollständige Lohnabrechnung fertig machen läßt. Nachdem dieser Tageszettel am Schluß der Lohnperiode abgenommen und von dem Meister durch Unterschrift als richtig bezeichnet worden ist, wandert er in die Lohnabteilung, wo die Ausfüllung der Verdienstbeträge auf Grund der Lohn- oder Akkordzettel eingesetzt wird. Gleichzeitig werden die Abzüge für die Krankenkasse und Invalidenversicherung usw. eingeschrieben und überhaupt die Abrechnung so hergestellt, daß sie ein vollständig klares Bild über die geleistete Arbeit und den erreichten Verdienst des Arbeiters abgibt. Der die Lohnabrechnung ausführende Beamte unterschreibt dann den Tageszettel, worauf der letztere einer Kontrolle unterzogen und das Endresultat der Abrechnung in die Lohnliste eingetragen wird, wonach die Auszahlung des Verdienstes an den Arbeiter erfolgt.

Eine vollständige Abschrift der Tageszettel in andere Bücher erfolgt nicht, vielmehr bilden die Tageszettel den einzigen Nachweis über die Lohnabrechnung mit dem Arbeiter. Aus diesem Grunde werden nach der Löhnung alle Tageszettel nach den Nummern der Arbeiter geordnet und so aufbewahrt, daß sie zu jeder Zeit eingesehen werden können. Hierzu eignen sich ganz vorzüglich Klemm-Mappen, in welche die Tageszettel ohne gelocht zu werden, eingeklemmt und nach einem bestimmten Zeitraum, nehmen wir ein Jahr an, herausgenommen und in Papiere verpackt, dann weiter aufbewahrt werden können. Die Klemm-Mappen halten die Einlagen vermittels' einer Feder an dem Rande so fest, daß sie wie ein Buch durchblättert, schnell herausgenommen und wieder eingelegt werden können, ohne dadurch eine Beschädigung zu erleiden.

Diese Handhabung der Lohnabrechnung durch den Tageszettel ist die denkbar einfachste und zweckmäßigste, auch wird hierdurch viel Schreiberei erspart. Nachdem die Tageszettel für die Löhnung ihren Zweck erfüllt haben, werden aus denselben die notwendigen Auszüge für die Kalkulation gemacht, worauf bei Besprechung der letzteren noch ausführlicher eingegangen werden soll.

## Der Arbeitszettel.

Sobald einem Arbeiter eine Arbeit zur Ausführung übertragen wird, ist demselben von seinem Meister ein Arbeitszettel zu übergeben, worauf alles Wissenswerte für den Arbeiter, die Lohnabteilung und die Kalkulatur aufgeschrieben ist. Diese Zettel — auch Akkordschein, Akkordzettel oder Akkordmarke benannt — sind so zu gestalten, daß sie sowohl für Lohn-, als auch für Akkordarbeit verwendet werden können, damit die Meister nicht erst lange zu überlegen brauchen, welche Sorte Zettel sie zu wählen haben. Das Formular 23 Seite 152 dürfte für den gemeinschaftlichen Zweck sehr passend sein und selbst den weitgehendsten Anforderungen genügen. Je nachdem die Arbeit in Lohn oder Akkord ausgeführt wird,

Vorderseite.

**Arbeitszettel** No. *470* **Werkstatt** *D*

Maschinen-No. *54*

~~Lohn~~ — Akkord.

für: *Neumann* No.: *386*

Komm.-No.: *230* Besteller: *Schmidt & Co.*

Zeichnung-No.: *1870* Gegenstand: *B*

Ausführung: *Ausbohren und Deckelflächen drehen*

**Akkordsatz:** M. *45*

Angefangen: *25./VII. 9 Uhr* Unterschrift des Meisters: *Schäfer*

Fertig: *5./VII. 10 Uhr* Abgenommen durch: *Werner*

Zusammen: *98*...Arbeitsstunden. Werkstattsvorsteher: *Hohmann*

Rückseite.

| Datum | Material | | | Abschlagzahlungen | | | |
|---|---|---|---|---|---|---|---|
| | | kg | gr | Datum | Stunden | M. | Pf. |
| 25./VI. | Zylinder, Guß | 1805 | — | 25./VI. | 20 | 8 | — |
| | | | | 2./VII. | 60 | 24 | — |
| | | | | 10./VII. | 18 | 13 | — |
| | | | | | 98 | 45 | — |

Formular 23.

ist das unzutreffende Wort auszustreichen und dann bei „Werkstatt“ die Bezeichnung derselben zuzusetzen, Zwischengeschaltet soll hierbei werden, daß in vielen Werken jede Werkstatt mit einem Buchstaben bezeichnet wird und daß alle darin beschäftigten Arbeiter auf ihrer Kontrollmarke auch diesen Buchstaben führen. In jeder Werkstatt fangen in solchen Fällen die Nummern stets von 1 an und können dann beliebig weiter geführt werden. Der Nutzen dieser Anordnung liegt darin:

1. daß die Ziffern nicht zu hoch und dadurch von einzelnen Arbeitern weder vergessen, noch verwechselt werden;
2. daß alle in einer Werkstatt beschäftigten Arbeiter mit ihren Nummern zusammenliegen und dies die Kontrolle, besonders bei Leistung von Überstunden, sehr erleichtert;
3. daß die Werkstatt bei Einstellung von neuen Arbeitern in der Ausgabe von Kontrollmarken unbeschränkt ist, also, um notwendige Zusammenlegungen zu bewirken, nicht erst ein Umtausch der Kontrollmarken bei den Arbeitern vorgenommen werden braucht.

Nach der Bezeichnung der Werkstatt ist der Name des Arbeiters und dessen Nummer auf dem Arbeitszettel einzusetzen, dann die Kommissionsnummer und, wenn irgend möglich, auch der Name des Bestellers. Es folgt dann die Nummer der Zeichnung und der Gegenstand, welcher zu bearbeiten ist. Der letztere darf nur durch die auf der Zeichnung angegebenen Buchstaben der einzelnen Stücke gekennzeichnet werden, doch kann ja auch die volle Benennung ausgeschrieben werden, wenn dies dem die Arbeitszettel ausschreibenden Meister oder Beamten nicht zu viel Arbeit oder Abhaltung verursacht. Die Ausführung der Arbeit ist kurz und zutreffend zu bezeichnen. Beispielsweise sollte man sich nicht damit begnügen einfach zu sagen: 1 Schwungrad drehen, sondern: 1 Schwungrad abdrehen, ausbohren und Nabe drehen, weil die erstere Bezeichnung nicht alle die Arbeiten deckt, welche in der zweiten und dritten angedeutet sind, und daher in besonderen Fällen Mißverständnisse entstehen können, welche, wenn der Arbeiter das Gewerbegericht zur Entscheidung anruft, nur in dessen Sinne entschieden werden können.

Aus der Angabe des Beginns der Arbeit und deren Fertigstellung wird nur in den Fällen die wirkliche Arbeitsdauer an einem Stück ausgerechnet werden können, wenn die Arbeit ohne Unterbrechung glatt durchgeführt wurde, ist dies nicht möglich gewesen, dann haben diese Angaben nur den Wert, daß festgelegt wird, wann dem Arbeiter die Arbeit zur Ausführung übergeben und wann selbige als fertiggestellt abgenommen ist. Die an einem Stücke aufgewandte Zeit wird auf Grund der anderweits behandelten verschiedenen Arbeitskontrollen ermittelt und dann in die Akkordscheine eingetragen, damit bei neuen Akkorden diese Arbeitszeitaufwendungen als Grundlage dienen können. Sehr empfehlenswert ist es, wenn gleich nach Fertigstellung eines Stückes der gezahlte Akkordsatz einer sorgfältigen Prüfung unterzogen und dann für künftige Fälle festgelegt wird. Der Meister kann einen Akkordsatz am besten beurteilen, wenn eine Arbeit soeben beendet worden ist, dann sind seine Erinnerungen an alle Einzelheiten bei Ausführung derselben noch frisch und ungetrübt, und es kann festgestellt werden, ob bei Wiederholung der Arbeit der letztgezahlte Akkordsatz beibehalten werden kann oder geändert werden muß.

Für die auf einen nicht beendeten Akkord geleisteten Vorschußzahlungen dient die Rückseite des Arbeitszettels, ebenso werden dort die Abrechnungen niedergeschrieben, wenn ein Akkord von mehreren Arbeitern gemeinschaftlich ausgeführt worden ist.

Bei Herstellung ganz bestimmter Gegenstände, besonders aus Rotguß, Messing, Weißmetall usw., sowie bei Reparaturen ist es wünschenswert, gleich mit den Arbeitslöhnen auch die bei der Arbeit verwendeten Materialien angegeben zu bekommen. Für diesen Zweck ist auf der Rückseite des Arbeitszettels ein entsprechender Raum vorgesehen. Die Angaben über das bei der Arbeit verbrauchte Material sollen der Kalkulation zwar in anderer Weise zugehen, aber in verschiedenen Fällen werden doch die mit dem Arbeitszettel beigebrachten Materialangaben nicht allein bloß angenehmer, sondern sogar zweckmäßiger sein und bei der Kalkulation die Arbeit vereinfachen.

Wenngleich der Arbeitszettel in erster Linie nur für Arbeiten bestimmt ist, welche von Handwerkern ausgeführt werden, so empfiehlt es sich doch, die Anwendung desselben möglichst auf alle Arbeiter auszudehnen. Der Arbeitszettel gibt jedem Arbeiter die Grundlage für die Aufzeichnungen, welche er über seine Arbeiten zu machen hat, werden ihm dieselben vorenthalten, dann kann man nicht verlangen, daß jede Arbeitsstunde stets an der richtigen Stelle und mit der zutreffenden Angabe zur Anrechnung gebracht wird.

## Arbeitsbücher.

Die Benutzung von Arbeitsbüchern, in welche die Arbeiter oder deren Meister alle Arbeiten einschreiben und worin dann von dem Lohnbeamten der Verdienst ausgerechnet wird, ist nur noch in wenigen Fabriken üblich. Die Bücher werden durch die längere Benutzung so verschmutzt, daß oft von den mit Bleistift gemachten Eintragungen verschiedenes nicht mehr zu entziffern ist, und sie daher leicht ihren Zweck verfehlen. In kleineren Fabriken werden die Arbeitsbücher gern verwendet, weil man sich vor jeder Mehrausgabe, welche durch ein anderes Abrechnungssystem entstehen könnte, fürchtet. Wo Arbeitsbücher eingeführt sind, wird gewöhnlich jede weitere Übertragung der darin gemachten Aufzeichnungen unterlassen. Am Schluß einer jeden Lohnperiode werden die Arbeitsbücher aufgerechnet und, wenn viel geschieht, die Endsumme eines jeden derselben in ein mit Lohnbuch bezeichnetes Buch eingetragen. Ein solches Verfahren ist durchaus unzweckmäßig; denn abgesehen davon, daß es nichts Angenehmes ist, beständig mit den vor Schmutz starrenden Heften herumzuwirtschaften, so ist auch das Aufsuchen von Eintragungen, welche man zur Aufstellung von Selbstkostenberechnungen gebraucht, so umständlich und unzuverlässig, daß nur dringend empfohlen werden kann, die Benutzung von Arbeitsbüchern ganz zu unterlassen. Allerdings hat das Arbeitsbuch in kleinen Fabriken ohne besondere Lohnabteilung auch seine angenehmen Seiten, weil dem Meister, der in solchen Betrieben diese Arbeiten besorgen muß, seine Tätigkeit erleichtert wird; trotz alledem machen alle solche Arbeitsbücher einen so unzuverlässigen und wenig geschäftsmäßigen Eindruck, daß man, offen gestanden, von einem Werke, wo derartige Abrechnungsverfahren bestehen, nicht viel halten kann. Ist es für einen Meister auch recht einfach, die Arbeiten, welche ein Arbeiter ausgeführt hat, gleich hintereinander aufgeschrieben zu sehen, so daß er nicht mehr nötig hat, weitere Übertragungen machen zu müssen, so versuche man es andererseits einmal, aus solchen Büchern sich alle zu einer größeren Selbstkostenberechnung erforderlichen Lohnangaben zusammen zu suchen, da wird man erst kennen lernen, wie umständlich und unzuverlässig solche Arbeiten ausfallen.

Bestimmte Vorschriften für die Führung solcher Arbeitsbücher zu geben, hat keinen Zweck, weil man sich für gewöhnlich damit begnügt, nur den Gegenstand, welcher gearbeitet wird, niederzuschreiben und die Arbeitszeit nebst Lohnbetrag nebenan zu setzen. Sollen in einem Arbeitsbuch dieselben Angaben gemacht werden, wie sie ein Arbeitszettel enthält, dann würde dasselbe zu umfangreich werden und in einen Betrieb, wo das Arbeitsbuch beliebt ist oder bevorzugt wird, nicht hineinpassen.

## Akkordsätze.

Die Ausarbeitung von Akkordsätzen ist keine leichte Arbeit, denn selbst der gewiegte Fachmann ist nicht in der Lage, bei Ausführung einer neuen Arbeit sofort einen zutreffenden Akkordsatz feststellen zu können. In manchen Fabriken vergehen oft Jahre, ehe man zu wirklich angemessenen Akkordsätzen kommt, denn selbst die Ausführung eines Gegenstandes gibt noch immer nicht einen genügenden Anhalt, um die Richtigkeit eines Akkordsatzes beweisen zu können. Bei einem und demselben Akkordsatz wird der Verdienst der Arbeiter oft sehr verschieden ausfallen, während der eine bei der Akkordarbeit stets wesentlich mehr als im Stundenlohn verdienen wird, wird ein anderer Arbeiter denselben in vielen Fällen nicht erreichen. Je nach der Geschicklichkeit und dem Fleiße wird der Verdienst der Arbeiter bei gleichen Sätzen höher oder niedriger ausfallen.

Sollen Akkordsätze ausgearbeitet werden, so wird dies zunächst nur auf Grund der Aufzeichnungen in den Lohnabrechnungen möglich sein. Aber schon bei dem ersten Versuche, einen Satz zu ermitteln, stoßen wir auf Schwierigkeiten, denn ein und derselbe Arbeiter hat bei demselben Gegenstande, nehmen wir an, das eine Mal zwölf und das andere Mal achtzehn Stunden gearbeitet. Welche Zeit ist nun die zutreffende? Welcher Akkordsatz soll da angesetzt werden? Wird in solchen Fällen der Arbeiter gefragt, wie er zu dieser abweichenden Zeitangabe bei der Ausführung kommt, so wird er sich entweder der Sache nicht mehr erinnern wollen, oder merkt er, daß die Angaben zur Festlegung eines Akkordsatzes benutzt werden, so weiß er ganz genau, daß nur die längere Arbeitszeit zutreffend ist, und er sich bei dem Aufschreiben der geringeren Stunden geirrt und aus Versehen bei einem anderen Arbeitsstück zu viel Zeit angeschrieben hat. Solche Überschreibungen von Arbeitszeit von einem Gegenstand auf den anderen sind bei vielen Arbeitern sehr beliebt, besonders, wenn Lohn- und Akkordarbeiten nebeneinander ausgeführt werden. Ist man da mit dem Akkordsatz nicht gut ausgekommen, dann werden von den Akkordstunden gern Überschreibungen auf die in Lohn hergestellte Arbeit vorgenommen. Bei guter Kontrolle und richtiger Handhabung der Tageszettel ist ein solches Überschreiben zwar sehr erschwert, trotzdem kann es aber bei dem vermischten System doch vorkommen, wenn der Meister nicht die Augen stets offen hält.

Wird beabsichtigt, von der Lohn- auf die Akkordarbeit überzugehen, dann ist es gut, wenn hierüber vorher garnicht gesprochen, sondern die ganze Sache längere Zeit als Geheimnis betrachtet wird. Sofern es sich um kleine Massenartikel handelt, wird es nicht schwer fallen, sehr bald mit sich über einen zutreffenden Akkordsatz einig zu werden. Schwieriger stellt sich die Feststellung bei Gegenständen, welche sich nicht zu oft wiederholen. Hier muß abgewartet und beobachtet werden. Merkt ein Arbeiter, daß seine Arbeit als Grundlage für die Festsetzung eines Akkordsatzes dienen soll, dann findet er kleine Mittel und Wege genug, um den Zeitaufwand bei Herstellung des Stückes zu vergrößern und sich auf diese Weise einen höheren Akkordsatz zu verschaffen. Als Verfasser die Ausarbeitung der Akkordtabellen einer größeren Fabrik mit weitverzweigter Spezialität durchführte, waren weder die Arbeiter noch die Meister hiervon unterrichtet. Zunächst wurden aus allen Arbeitsbüchern Auszüge gemacht, um eine Grundlage für die zu schaffenden Sätze zu erhalten. Hierbei kamen sehr sonderbare Erscheinungen zutage. Beispielsweise stellte sich die Herstellung eines Gegenstandes, welcher stets in mehreren Dutzend zur Ausführung kam, bei verschiedenen Arbeitern auf 30 bis 105 Pf. für das Stück. Der Akkordsatz wurde damals auf 35 Pf. und weil noch zu hoch, später auf 30 Pfg. weiter herabgesetzt. Für die Annahme des fast geringsten Lohnbetrages als Akkordsatz kamen zunächst die Personen in Berücksichtigung, welche den Gegenstand bisher gefertigt hatten; den Ausschlag gab aber die unauffällig durchgeführte Beobachtung der betreffenden Arbeiter bei ihrer Tätigkeit. Aus weiter Entfernung wurde beobachtet, wann ein Arbeiter einen Gegenstand auf die Drehbank aufspannte; die Zeit des Beginns der Arbeit wurde vermerkt und dann bei wiederholtem „zufälligen" Vorübergehen gesehen, ob die Maschine auch entsprechend belastet und das Werkzeug richtig eingestellt war. Niemand ahnte den Zweck des wochenlangen Aufenthaltes des Verfassers in den Werkstätten, denn es wurden Aufnahmen gemacht, wozu natürlich nach allen Seiten hin und her gegangen und Niederschriften ausgeführt werden mußten. Erst als ein richtiges Material vorhanden und alles übersichtlich geordnet war, wurde dasselbe den Meistern zur Prüfung und Begutachtung überwiesen. Auf diese Weise enstanden über alle auszuführenden Stücke Akkordsätze; dieselben sind mit den Jahren berichtigt und vermehrt worden und bilden heute einen wertvollen Besitz des Werkes.

Die Annahme, daß Akkordsätze nach der Größe der zu bearbeitenden Flächen berechnet werden können, ist nicht zutreffend. Nehmen wir beispielsweise das Behobeln einer Grundplatte zur Dampfmaschine an; hier muß das Werkzeug mindestens ebensoviel Flächen durchlaufen, welche nicht bearbeitet, als solche, welche bearbeitet werden. Wie wird da der Verdienst des Arbeiters ausfallen, wenn der Akkord nach der bearbeiteten Fläche berechnet werden würde? Aber nicht allein das Bearbeiten einer Fläche und das Leerlaufen des Werkzeuges über Aussparrungen beeinflußt den Akkordsatz, sondern es muß auch die größere oder geringere Arbeit des Auflegens eines Arbeitsstückes auf die Maschinen berücksichtigt werden. Es spricht sich sehr leicht aus: es soll für die Arbeit ein Akkordsatz gemacht werden, aber einen richtigen Satz gleich von vornherein zu finden, hat seine großen Schwierigkeiten. Und daher ist es auch sehr gut zu verstehen, daß viele Meister sich gern recht lange um die Einschreibung eines Akkordsatzes in die Arbeitszettel herumdrücken, denn sie fürchten das Stück entweder zu teuer zu bezahlen, oder, wenn sie es zu gering angesetzt haben, zu Nachzahlungen gezwungen zu werden, und leider pflegt dies seitens der Vorgesetzten Beanstandungen oder abfällige Bemerkungen herbeizuführen. Hat es schon seine großen Schwierigkeiten, für manche Stücke, die man im rohen Zustande vor sich liegen hat, einen richtigen Akkordsatz zu bestimmen, so wird diese Schwierigkeit noch vermehrt, wenn von den Meistern zu Voranschlägen Akkordsätze für Stücke abgegeben werden sollen, welche noch nicht einmal richtig aufgezeichnet und deren zu bearbeitende Flächen noch nicht mit Sicherheit zu übersehen sind. Dem Gebote folgend und nicht dem eigenen Triebe wird der Meister nach bestem Wissen solchen Anforderungen zu genügen suchen, aber man verlange nicht, daß in solchen Fällen die abgegebenen Zahlen zutreffend sind und die Arbeiten unter allen Umständen hiefür ausgeführt werden müssen. In dieser Weise schafft man keine Akkordsätze von Wert.

Besitzt ein Werk eine Spezialität und werden die vorschriftsmäßig ausgefüllten Arbeitsscheine wie an anderer Stelle ausgeführt, in der Kalkulatur zweckentsprechend geordnet und abgelegt, dann wird man sich mit Leichtigkeit eine große Übersicht über die Herstellungskosten der einzelnen Teile während eines langen Zeitraumes verschaffen können. Man breite die Zettel sämtlich vor sich aus, prüfe die aufgewandte Zeit, den gezahlten Lohn, sehe sich den ausführenden Arbeiter an und vergleiche dann die Angaben des einen Zettels mit denen des anderen. Hat man nach diesen Vergleichen und Prüfungen einen Satz gefunden, bei welchem Arbeiter und Werk zu ihrem Rechte kommen, so benutze man denselben für die Akkordarbeit. Stellt sich später heraus, daß der ermittelte Akkordsatz nicht ganz zutreffend ist, so kann er ja stets in entsprechender Weise umgeändert werden. Gut tut man aber, die Akkordarbeit nicht mit einzelnen Stücken zu beginnen und dann dieselbe später langsam zu erweitern, das führt zu Unzuträglichkeiten.

Ist ein Stück zum ersten Male ausgeführt, so muß darauf Bedacht genommen werden, daß für weitere Ausführungen die Akkordsätze nachgeprüft sind. Sobald ein Stück in der Werkstatt hergestellt ist, hat daher der Meister den Arbeitsschein vorzunehmen und den für die Ausführung des Stückes gezahlten Arbeitslohn zu untersuchen. Gerade kurz nach Ausführung der Arbeit ist der Meister am besten in der Lage, alle Einzelheiten derselben am sichersten beurteilen zu können; findet er nun, daß der gezahlte Akkord nicht angemessen war, so wird von ihm der Satz geändert und dieser dann in ein Akkordbuch zum Gebrauch für künftige Fälle eingetragen. Das Akkordbuch wird, nachdem die Sätze geprüft und richtig gestellt sind, dem Werkstattsleiter vorgelegt, damit dieser seine Zustimmung für die vorgenommenen Änderungen gibt. Bei dieser Handhabung der Geschäfte entwickelt sich die Akkordarbeit in zweckentsprechender Weise. Irrtümer kommen in jedem Lohnverfahren vor, dadurch aber, daß man immer und immer wieder alle Akkordsätze auf Grund der Angaben der Tages- und Arbeitszettel einer Nachprüfung unterzieht, schafft man schließlich doch gute und nach allen Seiten hin befriedigende Einrichtungen.

Bei jeder Akkordarbeit ist es Hauptsache, daß der Arbeiter bei Beginn seiner Tätigkeit erfährt, was er für die Ausführung der betreffenden Arbeit erhält, damit spätere Meinungsverschiedenheiten verhütet werden. Nachzahlungen auf vereinbarte Akkorde sind nur in sehr seltenen Fällen zu gewähren, sonst verliert das Akkordverfahren seinen Wert. Der Arbeiter, welcher weiß, daß ihm von seiten der Werkstatt eine Nachzahlung bewilligt wird, wenn er mit dem vereinbarten Akkordsatze nicht auskommt, hat kein Interesse daran, die Ausführung seiner Arbeiten zu beschleunigen. Ja, im Gegenteil, es wird Fälle geben, daß Arbeiter ihre Tätigkeit verlangsamen, wenn sie sehen, daß sie mit dem Akkorde nicht auskommen, weil sie wissen, daß, je schlechter sich der Verdienst gestaltet, um so leichter dann ein Zuschuß zu dem Akkord zu erlangen ist. Zuschüsse zu abgeschlossenen Akkorden dürfen daher auch niemals ohne genaue Nachprüfung der Verhältnisse erfolgen und dann auch nur unter Zustimmung der Betriebsleitung.

In einzelnen Werken besteht das Verfahren, daß Arbeitern für Ausführung der Arbeiten „Prämien" gutgeschrieben werden. Im großen und ganzen ist dieses Prämienverfahren auch nichts weiter als eine Akkordarbeit, denn während bei der letzteren ein bestimmter Geldbetrag für die Ausführung der Arbeit ausbedungen wird, erhält der Arbeiter bei dem ersteren eine Prämie, wenn er die Arbeit in einer kürzeren als der festgesetzten Zeit ausführt. In beiden Verfahren ist der Grundgedanke der, daß die Arbeiter durch in Aussicht stehenden Mehrverdienst zu größerem Fleiß veranlaßt werden sollen. Das Prämienverfahren kann eigentlich als ein Zugeständnis an die Arbeitervereinigungen angesehen werden, welche die Akkordarbeit bekämpfen. Der Arbeiter führt seine Arbeiten in Lohn aus, arbeitet also nicht im Akkord; er läßt es sich aber gefallen, daß ihm für seine Mehrleistung eine Prämie gutgeschrieben wird. Das Gewissen des organisierten Arbeiters ist beruhigt, er hat nicht gegen die Grundsätze seiner Vereinigung verstoßen, denn die ihm gezahlte Prämie ist — kein Akkordverdienst.

Über die Handhabung des Prämienverfahrens sind die Ansichten sehr verschieden. Werke, welche es eingeführt haben, loben es sehr und vertreten die Ansicht, daß sie damit besser fortkommen, als mit dem gewöhnlichen Akkordverfahren. Eine Berechtigung für diese Auffassung mag darin zu suchen sein, daß bei dem Prämienverfahren der Grundlohn verschieden ist und daher, durch Heranziehung jüngerer und somit billigerer Arbeitskräfte, die Herstellungskosten veringert werden können, während bei dem Akkordsystem stets mit den festen Sätzen gerechnet werden muß, die sich nur dann ermäßigen, wenn eine allgemeine und auffällige Herabsetzung derselben erfolgt. Hier für ein bestimmtes System einzutreten, und dasselbe in hervorragender Weise zu empfehlen, ist sehr schwer. Aber anzunehmen ist, daß beide Verfahren nicht für alle Fälle passend sind und daher eine sorgfältige Prüfung vorhergehen muß, ehe man sich für das eine oder andere entschließt. So gut bei dem gewöhnlichen Akkordverfahren die Beträge ermittelt werden müssen, welche dem Arbeiter für die Ausführung der Arbeiten gezahlt werden, ebenso müssen die Prämiensätze festgestellt werden, welche dem Arbeiter bei schnellerer Ausführung seiner Arbeiten gutgeschrieben werden sollen. Was einfacher und übersichtlicher für sein Werk ist, mag sich ein jeder selbst sagen.

## Verteilung des Verdienstes bei Gruppenarbeiten.

Die Verteilung des Verdienstes der Gruppenarbeiter — unter Gruppenarbeiter sind Arbeiter zu verstehen, welche unter Leitung eines Vorarbeiters gemeinschaftlich eine Arbeit verrichten — wird oft mit einer Umständlichkeit vorgenommen, die man sich gar nicht erklären kann. Wird eine Gruppenarbeit ausgeführt — nehmen wir als Beispiel die Arbeit an einem Schmiedefeuer an — so hat doch nur der Schürrmeister eine besondere Tätigkeit zu entfalten, während die Zuschläger alle auf einer Stufe stehen, und daher nur auf einen gleich hohen Verdienst Anspruch erheben können. Es gibt ja allerdings Gruppenarbeiter, bei welchen, außer dem Vorarbeiter, noch einem anderen Arbeiter eine besondere Tätigkeit übertragen werden muß, das sind aber Ausnahmefälle, welche auch als Ausnahme behandelt werden können. Im großen und ganzen zeigen sich aber in allen Gruppenarbeiten ziemlich gleiche Verhältnisse. Unter solchen obwaltenden Umständen ist es nicht verständlich, wenn bei der Ausführung von Akkordarbeiten die Auseinanderrechnung des Gesamtverdienstes auf Grund des Lohnes erfolgt, den jeder Arbeiter bei Ausführung in Lohnarbeit erhält. Man kommt in solchen Fällen zu so umständlichen und zeitraubenden Abrechnungen, daß die Löhnungsarbeiten dadurch nicht allein verzögert, sondern auch Irrtümern bei denselben leicht hervorgerufen werden können. Es empfiehlt sich daher, bei Gruppenarbeiten feste Abrechnungsverfahren einzuführen, bei welchen alle kleinen Verschiedenheiten im gewöhnlichen Tagelohnsatz unbeachtet bleiben, dagegen nur besondere Zeitaufwände oder Fehlstunden, in Zu- oder Abgang für die einzelnen Beteiligten, in Berücksichtigung zu ziehen. Besteht eine Gruppe z. B. aus fünf Personen einschließlich Vorarbeiter, und haben dieselben sämtlich gleiche Zeit gearbeitet, so erhält der Vorarbeiter von dem ganzen verdienten Lohn einen bestimmten Prozentsatz vorweg, während der Rest auf alle fünf Beteiligten zu gleichen Teilen verteilt wird. Würde also die Gruppe in der Woche bei 60 Arbeitsstunden 120 Mk. verdient haben und der Vorarbeiter fünf Prozent vorweg erhalten, so würden von den 120 Mark fünf Prozent = 6 Mk. für den Vorarbeiter abgehen und der Rest in fünf gleiche Teile zerlegt werden, somit der Vorarbeiter Mk. 22,80 + 6 Mk. = Mk. 28,80 und jeder andere Arbeiter 22,80 erhalten. Hat ein Arbeiter in der Woche beispielsweise 4 Stunden versäumt, so würde demselben diese Zeit von dem Verdienste abgezogen und seinen Mitarbeitern zugerechnet werden. Hat dagegen ein Arbeiter, um einige Vorbereitungsarbeiten zu verrichten, einige Stunden in der Woche mehr geleistet, so wird demselben hierfür eine im Verhältnis zum Gesamtverdienste stehende Extravergütung gezahlt, und diese dann den anderen Mitarbeitern zu gleichen Teilen in Abzug gebracht. Ist einer Gruppe ein jugendlicher Arbeiter als Hilfe oder zur Ausbildung zugeteilt, so kommt dessen Verdienst, welcher sich nur in Höhe des gewöhnlichen Lohnsatzes beläuft, in besonderen Fällen vielleicht auch mit einem kleinen Zuschlag, von dem Gesamtververdienst sämtlicher Arbeiter in Abzug. Auf diese Weise wickeln sich alle Abrechnungen zwischen den Beteiligten an einer Arbeitsgruppe in der einfachsten Art ab. Hauptsache ist natürlich, daß allen Arbeitern dieses Abrechnungsverfahren für Gruppenarbeiten von vornherein bekannt gemacht wird, damit kein Arbeiter nachträglich dagegen Einwendungen erheben und etwaige Beanstandungen durch die verschiedenen Lohnsätze zwischen seinen Mitarbeitern begründen kann. Eine willkürliche Auseinanderrechnung des Verdienstes, wie es leider in manchen Fabriken durch die Meister und Lohnbeamten gehandhabt wird, muß grundsätzlich vermieden werden. Überall müssen feste Satzungen bestehen, nach welchen alle Lohnabrechnungen erfolgen, damit niemals der Gedanke bei den Arbeitern auftreten kann, es würde jemand bei der Verteilung des Verdienstes bevorzugt. Stellt es sich heraus, daß die Auseinanderrechnung des Verdienstes für bestimmte Arbeiten nicht zweckmäßig ist, so muß ein anderer Verteilungsplan aufgebaut werden, solange dies aber nicht geschehen ist, behalten die bisherigen Bestimmungen ihre Geltung.

## Benutzung mehrerer Arbeitsmaschinen.

Die Benutzung mehrerer Arbeitsmaschinen durch einen Arbeiter kommt in einer jeden Fabrik vor. Besonders bei großen Drehbänken und Hobelmaschinen, wo stunden- ja tagelang die Maschine selbsttätig ihren Gang geht und der Arbeiter nur ab und zu einen Blick auf das Werkzeug zu richten braucht, um zu sehen, ob dasselbe noch in Ordnung ist, da pflegt ein Arbeiter meistenteils zwei, zuweilen auch drei Maschinen zu bedienen. Arbeitet ein solcher Arbeiter im Akkord, und das ist in solchen Fällen ja meistenteils der Fall, so wird demselben nicht der volle Akkordsatz ausgezahlt, den er bei Benutzung einer Maschine erhalten würde, sondern ihm wird ein bestimmter Prozentsatz vom Verdienste abgezogen. Dieser Abzug ist ein ganz berechtigter. Mag ein Arbeiter noch so gut seine Zeit einteilen, es werden doch Stunden eintreten, wo beide, oder, wenn er drei Maschinen bedient, alle drei Maschinen angehalten werden müssen, weil er nicht imstande ist, überall zu gleicher Zeit einzugreifen. Ist beispielsweise an zwei Drehbänken zur selben Zeit ein Stück fertig geworden, so ist es dem Dreher nicht möglich, sofort wieder beide Maschinen mit neuen Arbeitsstücken zu versehen, sondern er wird zuerst auf der einen ein neues Stück aufspannen und erst, wenn damit fertig, die zweite Maschine bedienen. Es entstehen also Ruhepausen für die Maschinen, in welcher dieselben nichts leisten. Jeder Stillstand einer Arbeitsmaschine hat aber eine Einbuße für das Werk zur Folge; je größer die Maschine ist, um so bedeutender wird auch der Verlust sein, der durch ihren Stillstand hervorgerufen wird. Es ist daher auch ganz erklärlich, daß, wenn ein Arbeiter zwei Arbeitsmaschinen zur Benutzung erhält, er auch zur Tragung der Verluste herangezogen wird, die durch nicht entsprechende Ausnutzung der Maschinen entstehen. Aber auch aus anderen Gründen ist die Auszahlung des vollen Akkordsatzes bei Benutzung von zwei oder mehreren Maschinen nicht angängig. Ein Arbeiter, welcher an einer Maschine arbeitet, welche stundenlang keiner Wartung bedarf, muß es stets dankbar anerkennen, wenn ihm für die freie Zeit noch eine andere Arbeit überwiesen wird, bei welcher er sich noch einen besonderen Verdienst verschaffen und sich die Langeweile durch gewinnbringende Tätigkeit vertreiben kann. Die Übertragung von zwei oder mehreren Arbeitsmaschinen wird daher von tüchtigen, fleißigen Arbeitern gern gesehen, und einer hierdurch bedingten Akkordherabsetzung bereitwilligst zugestimmt. Die Lohnabzüge für Benutzung von zwei und mehreren Maschinen durch einen Arbeiter sind zwar in den Fabriken verschieden, doch darf als Durchschnitt angenommen werden, daß einem Arbeiter 25 Prozent von dem normalen Akkordsatz gekürzt werden, wenn er zwei Maschinen und $33^1/_3$ Prozent, wenn er drei Maschinen benutzt. Bei kleinen Maschinen, wo bei Feststellung der Akkordsätze darauf Rücksicht genommen ist, daß ein Arbeiter regelmäßig zwei oder mehrere Werkzeuge zu gleicher Zeit bedient, weil er bei einer Maschine niemals genügende Beschäftigung haben würde, fallen derartige Abzüge für Benutzung mehrerer Maschinen selbstredend fort. Bei dem Ausschreiben der Arbeitszettel für den Arbeiter ist in jedem Falle der volle, normale Akkordsatz auszuwerfen, die Abzüge sind besonders anzuführen und dann ersichtlich von dem Verdienste abzusetzen. Der Zweck dieser Einrichtung ist, daß einesteils eine Übersicht über die Arbeiter von mehreren Maschinen geschaffen und die hierbei ersparten Löhne für statistische Zwecke festgestellt werden können; andererseits aber der Kalkulatur die normalen Arbeitssätze bekannt gegeben werden, damit diese bei der Selbstkostenberechnung in entsprechender Weise berücksichtigt werden können.

Arbeitet ein Arbeiter in Lohn an mehreren Arbeitsmaschinen zu gleicher Zeit, so wird demselben von vornherein ein höherer Lohnsatz gewährt, oder ihm wird für jede Stunde, während der er mehrere Arbeitsmaschinen bedient, eine besondere Lohnvergütung gutgeschrieben. Ob aber bei Lohnarbeit ein Werk einen Nutzen davon hat, wenn es einem Arbeiter mehrere Maschinen zur Bedienung überweist, dürfte meistenteils sehr fraglich sein, daher ist es empfehlenswert, bei Lohnarbeit nur an einer Maschine arbeiten zu lassen.

## Abrechnung des Akkord- oder Stücklohnes.

Die Abrechnung des Akkord- oder Stücklohnes erfolgt eigentlich schon durch die Arbeitszettel. Da nun aber Arbeitszettel in der Werkstatt verschwinden können, so ist es nötig, in der Lohnabteilung eine Einrichtung zu treffen, aus welcher der vereinbarte Akkordsatz sowie die darauf in verschiedenen Löhnungen gezahlten Vorschüsse bis zur Abwicklung des Akkordes ersichtlich bleiben. Für diesen Zweck pflegte man früher große Bücher einzurichten, für jeden Arbeiter darin ein Konto anzulegen und dann in weitschweifigen und zeitraubenden Verbuchungen die Abrechnung des Akkordes vorzunehmen. Ein solches Verfahren ist nicht nötig, wenn Vielschreiberei vermieden werden soll. Akkorde, die im Laufe einer Löhnung ihre Erledigung finden sollen, bedürfen keiner weiteren Verbuchung in der Lohnabteilung, da genügen die Tageszettel, um abhanden gekommene Arbeitszettel ergänzen zu können. Für Akkorde, die sich über eine Löhnung ausdehnen, wird jedoch ein Abrechnungsverfahren erforderlich, welches in der Lohnabteilung geführt wird, und aus dem man alles ersehen kann, was die Arbeitszettel mit wochenlangen Akkorden enthalten, damit, wenn ein Zettel abhandenkommt, sofort die Ausfertigung eines Ersatzarbeitszettels erfolgen kann. Um die Abwicklung der Lohgeschäfte für solche Fälle zu sichern, ist es nicht nötig, besondere Bücher anzulegen, denn werden diese errichtet, so ist die Folge davon, daß schließlich ein jeder Arbeitszettel in dieselben eingetragen wird, und dann baut sich im Handumdrehen wieder eine Schreibarbeit auf, welche doch nach Möglichkeit vermieden werden soll. Es empfiehlt sich für die Abrechnung langdauernder Akkorde in der Lohnabteilung einen Hinterlegungsschein nach Formular 24, Seite 167, zu benutzen. Ist am Schluß einer Lohnperiode ein Akkord nicht beendet, so wird nach dem Arbeitszettel der Hinterlegungsschein ausgefüllt und in demselben, neben dem Datum der Löhnung, die in der Lohnperiode an dem Akkord gearbeiteten Stunden und die geleistete Abschlagszahlung eingesetzt. Den Arbeitszettel erhält der Arbeiter sofort wieder zurück, nach-

**Hinterlegungsschein** für Arbeitszettel No. *470.* Werkstatt *D.*

Arbeiter: *Neumann* No. *386* Maschine No. *54*

Komm.-No. *230* Zeichnung No. *1870* Gegenstand *B*

Angefangen *21./VI. 04.* Akkordbetrag M. *45.—.*

Abschlagszahlungen:

| Datum der Löhnung | Gearbeitete Stunden | Abschlag-zahlung M. | Pf. | Datum der Löhnung | Gearbeitete Stunden | Abschlag-zahlung M. | Pf. |
|---|---|---|---|---|---|---|---|
| 25./VI. | 20 | 8 | — | Übertrag | | | |
| 2./VII. | 60 | 24 | — | | | | |
| 10./VII. | 18 | 13 | — | | | | |
| | 98 | 45 | | | | | |
| | | | | | | | |
| Übertrag | | | | | | | |

Formular 24.

| Komm.-No. | Gegenstand | Akkord-satz M. | Pf. | Datum der Löhnung | Gearbei-tete Stunden | Abschlag-zahlung M. | Pf. |
|---|---|---|---|---|---|---|---|
| 230 | Zylinder ausbohren uud | 45 | — | 25./VI. | 20 | 8 | — |
| | Deckelflächen drehen. | | | 2./VII. | 60 | 24 | — |
| | | | | 10./VII | 18 | 13 | — |
| | | | | | 98 | 45 | — |
| | | | | | | | |
| | | | | | | | |
| | | | | | | | |
| | | | | | | | |
| | | | | | | | |
| | | | | | | | |
| | | | | | | | |

Formular 25.

dem die entsprechenden Vermerke gemacht sind; der Hinterlegungsschein bleibt aber in der Lohnabteilung, wo er in einer Mappe bis zur Erledigung des Akkordes aufbewahrt und dann vernichtet wird. Diese Aufbewahrungsmappe enthält verschiedene Blätter aus dünner Pappe, welche mit Buchstaben, Nummern oder Werkstattsbenennungen bezeichnet sind, und das Ordnen und Aufsuchen der Hinterlegungsscheine erleichtern. Es können aber auch für die Aufbewahrung der Hinterlegungsscheine oben offene Kästchen mit schwachen Zwischenlagern verwendet werden, welche sich für derartige Zwecke sehr gut bewährt haben.

Während bei Benutzung von Abrechnungsbüchern stets nur ein Lohnbeamter arbeiten kann, können bei diesem Verfahren mehrere Personen zu gleicher Zeit die Lohnberechnung vornehmen.

Wird zur Abrechnung der über eine Löhnung hinaus dauernden Akkorde doch ein Abrechnungsbuch bevorzugt, so dürfte sich ein solches nach Formular 25, Seite 167, empfehlen, dasselbe bedingt wenig Schreibarbeit und ist übersichtlich und leicht zu führen. Je nach der voraussichtlichen Dauer eines Akkordes ist zwischen den einzelnen Posten ein kleinerer oder größerer Raum zu lassen, damit die Abschlagszahlungen in ordnungsmäßiger Weise untereinander gesetzt und jeder Akkord abgeschlossen werden kann.

Als Abschlag auf Akkordarbeiten sollte niemals mehr als der gewöhnliche Stundenlohn gezahlt werden und der Überverdienst erst nach der Beendigung des Akkordes zur Ausschüttung kommen. In verschiedenen Werken besteht neben dem gewöhnlichen Lohnsatz noch ein etwas erhöhter Satz, welcher als Abschlag auf Akkordarbeit gezahlt wird. Einen Zweck hat ein solches Verfahren nicht, denn der Wert der Akkordarbeit wird durch die erhöhte Abschlagszahlung nur verringert. Hat ein Arbeiter eine Akkordarbeit vor, so soll ihm dieselbe auch einen höheren Verdienst als eine Lohnarbeit bringen. Je höher nun die Abschlagszahlungen sind, um so geringer wird bei der Schlußabrechnung der Überverdienst ausfallen und der Arbeiter dadurch recht oft sehr in seinen Erwartungen enttäuscht werden. Der Überverdienst bei Akkordarbeit ist gewöhnlich der Betrag, welcher von den Arbeitern zu Sparzwecken angelegt wird, da muß schon aus wirtschaftlichen Gründen darauf Bedacht genommen werden, daß derselbe recht hoch ausfällt.

## Die Löhnung.

Die Abrechnung des Verdienstes der Arbeiter erfolgt wöchentlich oder alle 14 Tage, je nachdem hierüber in der Fabrikordnung Bestimmungen getroffen sind. Der Abschluß der Löhnung erfolgt aber fast niemals mit einem Sonnabend, sondern meistenteils mit einem Mittwoch oder Donnerstag, damit Zeit vorhanden bleibt, um bis zu der am Sonnabend stattfindenden Löhnung die Abrechnungen herstellen zu können. Der Sonnabend ist aber nicht in allen Fabriken als Löhnungstag festgelegt, sondern es gibt viele Werke, welche die Auszahlung der Löhne am Montag bewirken, weil die Werkinhaber die Ansicht vertreten, daß dadurch unnötige Ausgaben der Arbeiter am Sonntag vermieden werden. Ob eine solche Ansicht oder eine derartige Bevormundung der Arbeiter berechtigt ist, soll unerörtert bleiben, jedenfalls hat die Auszahlung der Arbeiter am Montag für dieselben viele Unbequemlichkeiten, denn der Sonntag ist der einzige Tag in der Woche, über den jeder Arbeiter frei verfügen und an dem er seine Einkäufe ausführen kann; wird ihm für diesen Tag das verdiente Geld vorenthalten, so wird er sehr oft nicht selbst in der Lage sein, seine Bedürfnisse einzuholen, sondern sich hierzu seiner Angehörigen bedienen müssen. Ob dies immer von Nutzen für einen Arbeiter und dessen Familie ist, dürfte doch sehr zu bezweifeln sein.

Die Abrechnung des Verdienstes erfolgt, wie an anderer Stelle ausgeführt, in der Lohnabteilung. Ist der Verdienst ausgerechnet, so ist hierüber ein Lohnzettel auszuschreiben, welcher über die Höhe der zur Auszahlung gelangenden Summe und die vorgenommenen Abzüge Auskunft gibt.

Lohnzettel für No. 340. Werkstatt D.

| | | | |
|---|---|---|---|
| Akkord . . . . . . . . . . . . . . . . . . | | | M. 16.40 |
| Lohn 16 Stunden à 45 Pfg. . . . . . . . | | | „ 7.20 |
| 6 Überstunden, für die Stunde extra 10 Pfg. | | | „ —.60 |
| | | | M. 24.20 |
| Abzüge: | | | |
| | Krankengeld | M —.24 | |
| | Invalidenkasse | „ —.20 | |
| | Vorschuß | „ 5.— | „ 5.44 |
| | | | M. 18.76 |

Berlin, den 27. August 04.

Maschinenfabrik N. N.

Der Betrag dieses Lohnzettels wird mit demselben gewöhnlich in eine Blechbüchse getan und dem Arbeiter nach Arbeitsschluß am Sonnabend vom Meister oder in der Lohnabteilung ausgehändigt.

Damit nun nicht Irrtümer unterlaufen können und ein Arbeiter den ihm zustehenden Betrag nicht richtig ausgeliefert erhält, ist die größte Vorsicht beim Einpacken des Geldes zu üben. Es empfiehlt sich daher, nicht allein jeden Betrag, welcher in die Blechbüchse hineingetan wird, sofort nochmals durch einen zweiten Beamten nachzählen zu lassen, sondern auch die Lohnsumme für eine bestimmte Anzahl Arbeiten geteilt aufzuzählen und abzustimmen. Treten hierbei keine Differenzen zutage, dann ist anzunehmen, daß jeder Arbeiter den richtigen Betrag in seine Blechbüchse hineingelegt bekommen hat. Trotz dieser Vorsicht soll die Beschwerde eines Arbeiters, daß er den auf dem Lohnzettel vermerkten Betrag in der Blechbüchse nicht vorgefunden hat, nicht abgewiesen sondern eingehend untersucht werden, damit nicht Mißtrauen bei den Arbeitern gegen dieses Auslöhnungsverfahren hervorgerufen wird. Aus der Praxis mögen hier einige Fälle vorgeführt werden welche beweisen, daß es tatsächlich vorkommen kann, daß Arbeiter beim Nachzählen des Geldes den Betrag nicht finden, welchen sie verdient haben. Ein Arbeiter beschwert sich, daß an seinem Lohn 4 Mark fehlen. Es wird genau danach geforscht, wo dieser Betrag geblieben ist und da stellt es sich heraus, daß sich ein Taler und eine Mark so fest in die Blechbüchse eingeklemmt hatten, daß sie in derselben verblieben waren. Der Arbeiter hatte den Inhalt der Büchse in die Hand geschüttet, die Blechbüchse in den am Ausgangstore zur Aufnahme der Büchsen gestellten Korb geworfen, dann das Geld nachgezählt und hierbei die Differenz gefunden. Ein Arbeiter beschwert sich, daß 10 Mark an seinem Gelde fehlen. Die sofort angestellte Untersuchung zeigte, daß der Mann an einer abgelegenen Stelle das Geld aus der Büchse in die Hand geschüttet und ihm hierbei ein Zehnmarkstück durch die Finger geglitten und unhörbar auf den weichen Boden gefallen war. Der Arbeiter war über das Fehlen der 10 Mark so bestürzt, daß er garnicht an die Möglichkeit dachte, das Geld verloren zu haben, sondern war sofort in das Lohnzimmer geeilt, um dort seine Beschwerde anzubringen. Nach ruhiger Prüfung der Sache wurde der Ort abgesucht, wo der Arbeiter die Büchse entleert hatte, und hier das Geldstück vorgefunden. Ein anderer Fall zeigt aber, daß trotz der größten Vorsicht beim Einpacken des Geldes doch Fehlgriffe vorkommen können. Es beschwert sich ein Arbeiter, daß in seiner Büchse eine Mark gefehlt hat. Noch damit beschäftigt, den Verbleib der Mark festzustellen, erscheint ein Arbeiter, um eine Mark abzuliefern, welche er zu viel bekommen haben will. Hier lag also der Fall vor, daß zwei Personen sich beim Einpacken des Geldes versehen haben. Ein solches Versehen ist keineswegs immer ausgeschlossen, denn bei dem eiligen Vor- und Nachzählen der vielen Beträge werden die Beamten oft so abgespannt, daß sie kleine Irrtümer nicht mehr wahrnehmen. Es ist daher zu empfehlen, die Beschwerden der Arbeiter über nicht richtig vorgefundene Beträge in den Blechbüchsen nicht kurzweg von der Hand zu weisen, sondern dieselben in Ruhe zu prüfen und dabei zu bedenken, daß wir alle Menschen sind, welche einmal irren können.

In vielen Werken besteht die Anordnung, daß ein jeder Arbeiter über den erhaltenen Lohnbetrag zu quittieren hat. Dieses Verfahren ist sehr umständlich und zeitraubend, weil einem jeden Arbeiter das Geld erst vorgezählt werden muß, ehe er über den Empfang desselben eine Bescheinigung unterschreibt. Diese Empfangsbestätigung bezweckt jedoch, Gewißheit zu erhalten, daß der Arbeiter auch wirklich den ausgerechneten Lohnbetrag erhalten und ihm nicht, durch irgend welche Vorspiegelungen, Abzüge von irgend einer Seite vom Verdienste gemacht sind. Gleichzeitig ist aber die Empfangsbescheinigung des Arbeiters ein Belag für die Kasse, welcher in manchen Werken nicht entbehrt werden kann. Aber auch bei Auszahlung des Lohnes mittels Blechbüchsen ist das Empfangsbescheinigen des Geldes durch den Arbeiter durchführbar. Der Arbeiter hat nur zu Hause den in der Blechbüchse vorgefundenen Lohnzettel zu unterschreiben und am nächsten Arbeitstage dem Meister oder Lohnbeamten abzugeben, dann bietet das Verfahren keinerlei Schwierigkeiten.

## Die Werkzeugausgabe.

In dem Werkzeuge eines Werkes ist oft ein bedeutendes Kapital festgelegt, es ist daher eigentlich selbstverständlich daß der Beaufsichtigung und Erhaltung desselben eine große Aufmerksamkeit geschenkt werden muß. Trotz dieser Selbstverständlichkeit wird in vielen Werken über die Werkzeuge so gut wie gar keine Kontrolle geführt. Die Arbeiter suchen und holen sich zusammen, was sie brauchen können, verwenden die Sachen, solange sie ihnen passen und werfen sie dann beiseite, um sich wieder neue oder bessere Stücke zu beschaffen. Wo solche Zustände herrschen, sieht es mit den Werkzeugen recht traurig aus, und sollen dieselben einmal bei einer Inventur nach dem wirklichen Wert und nicht nach Durchschnittspreisen aufgenommen werden, dann dürfte es sich zeigen, daß die sorglose Behandlung der Werkzeuge einen großen Kapitalverlust herbeigeführt hat.

Die Werkzeugverwaltung zerfällt in zwei Abteilungen. Die eine gibt die Werkzeuge an alle neu eintretenden Arbeiter aus und bewahrt die neuen Werkzeuge auf, die andere besorgt die Ausgabe derjenigen Werkzeuge, welche von den Arbeitern nur vorübergehend gebraucht und daher zur allgemeinen Benutzung verausgabt werden. Die Verausgabung der Werkzeuge an neu eintretende Arbeiter und die Aufbewahrung neuer Werkzeuge erfolgt in den meisten Werken in der Materialverwaltung. Ist ein Arbeiter angenommen, so übergibt demselben sein Meister ein Buch, in welchem diejenigen Werkzeuge aufgeführt sind, welche dem Arbeiter zur Benutzung ausgeliefert werden sollen. Diese Bücher haben einen Vordruck für alle im Betriebe vorkommenden Werkzeuge, und der Meister hat nur die Stückzahl einzusetzen, welche dem Arbeiter übergeben werden soll. In der Werkzeugausgabe wird genau nach den Angaben des Meisters verfahren und zum Zeichen der Verausgabung des Stückes bei jedem das Datum der Ausgabe beigesetzt.

| | | | |
|---|---|---|---|
| 1 | Vorfeile | 400 mm | 6./VII. 04 |
| 1 | „ | 350 mm | 6./VII. 04 |
| 1 | Kreuzmeißel | | 6./VII. 04 |
| 1 | Flachmeißel | | 6./VII. 04 |

Der Zweck der Beisetzung des Datums ist einmal, einen Anhalt dafür zu haben, wie lange der Arbeiter das Werkzeug benutzt hat, um hiernach beurteilen zu können, ob er mit demselben sorgsam umgegangen ist, dann aber auch um einen Beweis in Händen zu haben, daß das Stück auch wirklich zur Ausgabe gelangt ist. Es kann vorkommen, daß ein bestimmtes Werkzeug augenblicklich nicht vorhanden ist, oder der Meister es später für nötig hält, einem Arbeiter einige neue Werkzeuge zuzuführen, dann ist aus dem Fehlen des Datums zu ersehen, daß die Ausgabe des betreffenden Stückes an den Arbeiter bisher noch nicht erfolgt war.

Damit für den Fall, daß einem Arbeiter das Werkzeugbuch abhanden kommt — was sehr oft geschieht, wenn Werkzeuge verloren gehen und vom Arbeiter ersetzt werden sollen — die Kontrolle nicht unterbrochen wird, muß in der Ausgabe eine Verbuchung erfolgen. Diese Verbuchungen geschehen in verschiedener Form. Einmal wird für ein jedes Werkzeug ein Konto angelegt, auf welches jeder Eingang zu- und jede Ausgabe abgebucht wird. Durch diese Buchung wird man in der Lage sein, zu jeder Zeit eine Übersicht über den ganzen Werkzeugbestand zu erhalten. Da es aber zu umständlich wäre, aus den verschiedenen Konten die Werkzeuge zusammenzusuchen, welche einem jeden Arbeiter besonders zur Benutzung übergeben worden sind, so muß von dem Werkzeugbuch der Arbeiter eine Abschrift in der Ausgabe zurückbehalten werden. Für diesen Zweck empfiehlt sich die Anlegung eines Buches, welches genau den Vordruck der Werkzeugbücher hat und in welchem für jeden Arbeiter eine Seite eingeräumt ist, auf der dann jede Werkzeugausgabe verbucht wird. Sind Umwechslungen von Werkzeugen erforderlich, so geschieht dies stets Stück gegen Stück; in jedem Fall aber hat der Arbeiter von seinem Meister einen Schein vorzulegen, in welchem die Notwendigkeit des Umtausches genehmigt wird.

Arbeiter *Neumann* No. *430*

kann *eine Feile 400 mm lang*

umgetauscht werden

Datum: *6./IX. 04* Unterschrift: *Weber.*

Besonders bei Feilen ist es dringend nötig, daß der Meister genau prüft, ob dieselben noch weiter verwendet oder schon umgetauscht werden können, denn nur zu gern werden von den Arbeitern Feilen, welche nicht mehr ganz scharf sind, als nicht mehr verwendbar zurückgegeben. Der Meister ist nur ganz allein imstande, zu bestimmen, ob für die Arbeiten eines Arbeiters eine Feile noch brauchbar ist oder nicht. In richtiger Würdigung dieser Tatsache ist es in vielen Werken auch Brauch, daß den Arbeitern ihre Werkzeuge zwar in der Werkzeugausgabe übergeben werden, daß aber die Meister einzelner Werkstätten einen bestimmten Feilenbestand haben, um einen Austausch abgenutzter Feilen gegen brauchbare bei ihren Arbeitern, Stück gegen Stück, bewirken zu können. Ein aufmerksamer Meister kann dadurch, daß er abgenutzte Feilen zu bestimmten Arbeiten noch weiter verwenden läßt, eine ganz erhebliche Summe jährlich dem Werke ersparen. Ist der Feilenbestand des Meisters aufgebraucht, so wird derselbe Stück gegen Stück bei der allgemeinen Werkzeugausgabe ergänzt.

Die Ausgabe der Werkzeuge, welche von den Arbeitern nur vorübergehend gebraucht werden, erfolgt in einer in der Mitte des Werkes oder der Werkstatt belegenen Werkzeugausgabe. Hier erfolgt kein Umtausch der gewöhnlichen Werkzeuge, sondern eine vorübergehende Überlassung solcher Sachen, welche nur ab und zu von den Arbeitern gebraucht werden und auch zu kostspielig sind, um einen jeden oder eine bestimmte Anzahl Arbeiter damit auszurüsten. Hauptsächlich handelt es sich hier um Kluppen, Kaliber, Bohrer, Bohrknarren, Schneidewerkzeuge, Wasserwagen usw. Die Werkzeuge lagern in dieser Werkzeugausgabe in sorgsamer Weise so geordnet, daß alle Stücke zu übersehen und jedes derselben herausgenommen werden kann, ohne daß es notwendig ist, ein anderes zu berühren. Das Auf- oder Aneinanderlegen der feineren Werkzeuge muß vermieden werden, damit nicht durch Reiben oder Werfen Beschädigungen derselben vorkommen können. Über alle diese Werkzeuge wird ein genaues Verzeichnis geführt, in das auch die Preise der einzelnen Stücke eingetragen werden. Wenngleich es sich schwer durchführen lassen wird, daß eine Abschreibungsart, wie sie bei den Werkzeugmaschinen vorgesehen ist, auch bei diesen Werkzeugen durchgeführt werden kann, so hat doch die fortlaufende Einzelbewertung derselben einen nicht zu verkennenden Nutzen. Erstlich ist auf Grund des Verzeichnisses sofort der Preis eines Stückes festzustellen, wenn ein Arbeiter dasselbe verloren oder beschädigt hat, um denselben zum Ersatz heranziehen zu können. Dann aber erleichtert das Verzeichnis der Werkzeuge sehr die Inventur und die richtige Bewertung der einzelnen Stücke. Zuviel kann bei Werkzeugen niemals abgeschrieben werden, denn jede, selbst die geringste Benutzung entwertet jedes Stück derartig, daß mit den sonst üblichen Abschreibungssätzen niemals das Richtige getroffen werden kann. Besteht aber in der Werkzeugausgabe ein Verzeichnis mit Preisen für alle Stücke, dann wird man mit Leichtigkeit an der Hand derselben zu jeder Zeit eine Nachprüfung der Werte vornehmen und so das Richtige feststellen können.

Die Ausgabe der Werkzeuge erfolgt in der allgemeinen Ausgabe gegen Blechmarken mit der Nummer des Arbeiters, welcher das Stück gebraucht. Liegen die Werkzeuge einzeln in Fächern, so ist unter einem jeden Stück ein Haken oder Drahtnagel einzuschlagen, an welchem die Marke des Arbeiters aufgehängt werden kann. Wird das Werkzeug in Kästen aufbewahrt, so wird die Marke des Arbeiters an die Stelle gelegt, wo das verausgabte Werkzeug gelegen hat. Alle aus der Werkzeugausgabe entnommenen Werkzeuge sind sofort nach dem Gebrauch, spätestens jeden Abend, zurückzugeben. Arbeiter welche dies unterlassen, werden in Strafe genommen. Für jede Beschädigung der Werkzeuge ist der Arbeiter haftbar, gegen dessen Marke das Stück abgehoben worden ist.

Mit dieser Werkzeugausgabe wird gewöhnlich auch eine Werkzeugreparatur oder Neuanfertigung verknüpft. In vielen Werken ist es streng verboten, daß Arbeiter sich irgend ein Werkzeug, mag es noch so unbedeutend sein, selbst anfertigen. Es soll hierdurch vermieden werden, daß Arbeiter unter der Angabe, sich eigene Werkzeuge zu machen, Ungehörigkeiten begehen. Auch die Reparatur von Werkzeugen darf nur an ganz bestimmten Stücken vorgenommen werden, wo dies geschieht, wird hierfür kein besonderer Lohn gezahlt. Das Schleifen von Fräsern, Schneidewerkzeugen und Bohrern wird von der Werkzeugausgabe besorgt, damit diese Arbeiten an Spezialmaschinen von sachkundigen Arbeitern ausgeführt und ein Verderben oder Beschädigen der Stücke vermieden wird.

## Verwendung der Tageszettel und Arbeitsscheine.

Nachdem die Löhnung beendet ist, haben die Tageszettel und Arbeitsscheine erst einen Teil ihrer Bestimmung erfüllt, der nächste Zweck derselben ist, die Grundlagen für die Berechnung der Selbstkosten der Erzeugnisse herzugeben. Wie aus dem Kapitel über die Kalkulation zu ersehen ist, wird dieselbe in verschiedener Weise ausgeführt. Je nachdem es sich darum handelt, die Gesamtkosten einer ganzen Anlage oder die Kosten der einzelnen Teile einer Maschine oder eines Gerätes zu berechnen, müssen auch die durch die Tageszettel und Arbeitsscheine herangeschafften Arbeitslöhne verarbeitet werden.

Werden die Tageszettel stets sorgfältig ausgefüllt, wird bei keiner Arbeit unterlassen, die Kommissionsnummer oder den Zweck der Arbeit aufzuführen, dann ist es wohl angängig, daß alle ausgezahlten Löhne stets dort verbucht werden können, wo sie hingehören. Es müßte also, wenn alle auf die verschiedenen Arbeiten verteilten Löhne aufgerechnet werden sollten, genau die Summe herauskommen, welche während eines bestimmten

Zeitabschnittes an die Arbeiter als Verdienst ausgezahlt worden ist. Tatsache ist es, daß in verschiedenen Fabriken nach jeder Löhnung Auszüge aus den Lohnlisten gemacht werden, und die hierbei ermittelten Beträge auf die Konten der verschiedenen in Arbeit befindlichen Erzeugnisse gesetzt werden. Bei der Verwendung von Tageszetteln sind solche Auszüge sehr leicht herzustellen, es brauchen nur alle Posten einer jeden Lohnabrechnug durchgegangen, ausgezogen und dann auf die betreffende Kommission geschrieben werden, man erhält so tatsächlich alle Löhne zusammen, welche für einen Gegenstand oder eine Anlage ausgezahlt worden sind. Sofern es sich also um die Ermittelung der Gesamtherstellungskosten eines Erzeugnisses handelt, werden die Tageszettel mit ihren Angaben und Zahlen genügen, um alle Lohnbeträge an der richtigen Stelle zusammen zu bekommen. Anders ist es aber, wenn die Selbstkostenberechnung einzelner Teile bewirkt werden soll, da genügt nicht die einfache Zusammenschreibung der auf eine Kommissionsnummer ausgezahlten Lohnbeträge, da muß auch angegeben werden, für welche Arbeitsleistung der einzelne Lohnbetrag zur Auszahlung gekommen ist. Während es also bei einer Zusammenstellung der gesamten Selbstkosten einer Lieferung genügt, wenn aus jeder Löhnung die auf einer Kommissionsnummer enthaltenen Löhne zusammengerechnet und gemeinschaftlich darauf verbucht werden, muß für eine Einzelkostenberechnung jeder einzelne Posten ausgezogen und nebst den betreffenden Arbeitsangaben weiter gegeben werden. Da nun die Arbeitsscheine stets nur Einzelarbeiten behandeln, so sind diese nur auf Grund der Angabe der Tageszettel, betreffs der aufgewandten Arbeitszeit, für das aufgeführte Stück zu vervollständigen und dann nach der Kalkulatur weiter zu geben. Dagegen sind aber alle Lohnposten, für die kein Arbeitsschein vorliegt, in abgekürzter Weise nachträglich auszuschreiben, damit auch hierüber die Kalkulatur eingehend unterrichtet wird. In der Kalkulatur werden nun die einzelnen Zettel, welche alle ein gleiches Format haben müssen, nach den Kommissionsnummern geordnet und in einen mit kleinen Fächern versehenen Schrank — Fig. 5, Seite 184 — gesammelt, um dann, nach Fertigstellung des ganzen Werkstücks, zur Selbstkostenberechnung benutzt zu werden. Die Tageszettel verbleiben also der Lohnabteilung, dagegen die Arbeitsscheine nebst Auszügen aus den ersterereren der Kalkulatur. Da nun in der Kalkulatur nicht nur die Selbstkostenberechnungen ausgeführt, sondern auch die Generalunkosten zusammengestellt werden, welche sich aus dem Werkstattsbetrieb ergeben, so müssen alle Lohnzahlungen, mögen sie auch für einen Zweck erfolgt sein, der mit der Fabrikation direkt nichts zu tun hat, doch der Kalkulatur in so zuverlässiger Weise mitgeteilt werden, daß alle diese Angaben zusammengerechnet die Gesamtsumme der Löhnungen ergeben.

## Die Kalkulation.

Eine richtige Kalkulation oder deutsch ausgedrückt, Selbstkostenberechnung ist für die Entwicklung eines jeden Werkes von großer Bedeutung. Auf Grund der Selbstkostenberechnung sollen die Verkaufspreise gestellt werden; wenn also auf diesem Felde nicht mit der größten Gewissenhaftigkeit gearbeitet und allen Verhältnissen in zuverlässigster Weise Rechnung getragen wird, dann kann es vorkommen, daß, selbst bei der lebhaftesten Beschäftigung eines Werkes, kein Nutzen zu verzeichnen sein wird. Selbstkostenberechnung! Das Wort hört sich so einfach an, soll demselben aber die richtige Geltung verschafft werden, dann knüpfen sich daran so viele sorgfältige Arbeiten, daß es nicht so leicht ist, sich im Handumdrehen in alles, was zu einer Selbstkostenberechnung in einem großen Werke gehört, hineinzudenken. Wie oft hört man im geschäftlichen Leben die Worte gebrauchen: „Wir haben haarscharf kalkuliert und haben unsere Preise so niedrig gestellt, daß uns nur ein ganz bescheidener Nutzen bei dem Geschäfte bleibt." Haarscharf kalkuliert! Man begebe sich nur in ein großes Werk hinein, sehe sich das Treiben in demselben an, verfolge die Tätigkeit der verschiedenen Arbeiter, beachte, in welcher Weise hier und dort mit Material umgegangen wird und halte diesem Bilde dann die Worte „haarscharf kalkuliert" entgegen, dann wird man sich sagen müssen, wie ist bei solchem Betriebe überhaupt eine haarscharfe Kalkulation möglich! Wer scharf rechnet, der rechnet falsch, das ist ein altes Wort, das sich im geschäftlichen Leben stets bewahrheitet hat. Am allerwenigsten ist aber ein scharfes Rechnen in einem Fabrikbetriebe angebracht, wo selbst die geringsten Störungen oft zu großen Extraausgaben führen können. Die Selbstkostenberechnung in einem industriellen Werke ist nicht mit der Selbstkostenberechnung in einem Warengeschäfte zu vergleichen. Hier kann man mit feststehenden Zahlen rechnen, man kennt die Einkaufspreise der Waren, die Frachten und Unkosten, welche bei dem Bezuge und der Versendung entstehen und kann daher mit Leichtigkeit allen Verhältnissen Rechnung tragen. Aber anders ist es in einer Fabrik. Hier treten oft so viele Zufälligkeiten auf, welche die Höhe der Selbstkosten der Erzeugnisse beeinflussen, daß es nicht möglich ist, dieselben auf Heller und Pfennig mit Sicherheit feststellen zu können. Der Kaufmann, welcher gewöhnt ist, auf Grund seiner Bücher sich über alle Einzelheiten seines Geschäftes ohne große Umstände eine Übersicht zu verschaffen, betrachtet auch einen Fabrikbetrieb als ein Geschäft, in welchem mit bekannten, kaufmännischen Handgriffen alle Verhältnisse bezwungen werden können. Aber schon der nächste Geschäftsabschluß wird den Beweis liefern, daß der Fabrikbetrieb doch eine andere Behandlung beansprucht, als ein gewöhnliches kaufmännisches Unternehmen.

Die Selbstkostenberechnung der hergestellten Erzeugnisse würde ziemlich einfach ausfallen, wenn die Löhne und Materialien stets gleich bleiben würden. Wird aber ein Stück in Lohn ausgeführt, so kann nicht immer angenommen werden, daß die geleistete Arbeit stets dem gezahlten Stundenlohn entspricht, also ein Arbeiter, welcher für die Stunde fünf oder zehn Pfennige mehr erhält als der andere, für diesen höheren Lohnsatz auch mehr leistet. Nein, dies ist nicht zutreffend, es wird vielmehr oft der Fall eintreten, daß Arbeiter, welche einen geringeren Lohn erhalten, mehr leisten als ihre besser bezahlten Arbeitsgenossen. Trotz dieser Verschiedenheit im Lohn und der Arbeitsleistung muß doch bei der Selbstkostenberechnung ein Betrag festgestellt werden, welcher für künftige Ausführungen den Maßstab für deren Herstellung angibt. Bei einer Berechnung der Selbstkosten kann daher nicht immer mit den eben verausgabten Löhnen gerechnet werden, sondern der sachkundige Kalkulator wird stets zu prüfen haben, ob das, was jetzt gezahlt ist, auch für die Zukunft zutreffend sein wird. Wird beispielsweise eine neue Maschine hergestellt, so wird es fast regelmäßig vorkommen, daß Löhne für Arbeiten gezahlt werden, die bei einer Wiederholung derselben verringert werden, oder ganz in Fortfall kommen. Bei der Wiederholung der Arbeit werden die Erfahrungen verwertet, welche bei der ersten Ausführung gemacht sind. Man wird Änderungen an den Modellen vornehmen, welche eine einfachere Bearbeitung bedingen; man wird Dreher- und Hoblerarbeiten durch Fräserarbeiten ersetzen; man wrid, statt der schwierigen Schmiedearbeiten, Stahlguß oder schmiedebaren Guß verwenden, und es werden an der Montage Ersparnisse eintreten, weil durch zweckmäßige Vorarbeiten alle zeitraubenden Nacharbeiten vermieden werden. Wird also eine Maschine zum ersten Mal kalkuliert, so kann man ja alle Unkosten, welche deren Herstellung beansprucht haben, in Anrechnung bringen, um einen Erfahrungssatz zu finden, wieviel teurer sich die erste Ausführung gegen alle späteren stellt. Die Hauptsache bleibt jedoch stets, gleich nach der ersten Ausführung eines Gegenstandes bei der Kalkulation alle diejenigen Posten in Fortfall zu bringen, welche bei einer zweiten Herstellung desselben nicht mehr zur Auszahlung kommen. Es ist eine bekannte Tatsache, daß bei der Erstausführung eines Gegenstandes die Beträge, welche bei dem Voranschlage eingesetzt sind, nur in sehr seltenen Fällen genau eingehalten werden können. Mag das Beamtenpersonal noch so große Erfahrungen besitzen und bei seinen Vorberechnungen mit der größten Sorgfalt vorgehen, es werden doch stets Verhältnisse eintreten, welche die eine oder andere Absicht durchkreuzen, und dadurch die Einhaltung aller Zahlen unmöglich machen. Erst, nachdem ein Stück wirklich zur Ausführung gekommen ist, nachdem man praktisch durchgemacht, was man theoretisch angenommen hat, erst dann läßt sich mit einiger Sicherheit feststellen, wie sich die Kosten einer weiteren Herstellung gestalten werden. Dies ist der Zeitpunkt, wo die Kalkulatur einsetzen muß, um durch sachkundige Behandlung aller Unterlagen die Selbstkosten zu ermitteln, welche bei einer weiteren Ausführung eines Gegenstandes entstehen. Von den Löhnen und Materialien der ersten Ausführung müssen alle diejenigen Ausgaben beseitigt werden, welche den ersten Versuchen galten, und nur das muß zur

Selbstkostenberechnung herangezogen werden, was bei einer weiteren Ausführung wirklich zur Auszahlung kommt. Würden bei der ersten Selbstkostenberechnung alle Löhne und Materialien eingesetzt werden, welche wirklich zur Auszahlung gekommen sind, trotzdem man ganz genau weiß, daß dieser oder jener Betrag nur infolge der Neuheit des Fabrikates für Ersatzstücke, Nacharbeiten oder Versuche verausgabt werden mußte, dann kommt man zu einem Ergebnis, das den wirklichen normalen Herstellungskosten nicht entspricht. Die Folge ist, daß die auf Grund der Kalkulation abgegebenen Angebote zu hoch ausfallen, weitere Aufträge auf den neu ausgeführten Gegenstand nicht mehr eingehen, und alle Mühen und Arbeiten, welche mit der Erstausführung eines Werkstückes verknüpft sind, eine vergebliche Belastung des Betriebes bewirkten.

Fassen wir den Begriff Selbstkostenberechnung wörtlich auf, so pflegt man anzunehmen, daß damit die Ermittlung der Selbstkosten eines ausgeführten Gegenstandes zu verstehen ist. Eine solche Berechnung hat doch aber nur einen vollen Wert, wenn damit auch gleichzeitig festgestellt wird, wie teuer sich der betreffende Gegenstand bei einer späteren Ausführung stellen wird. Was gewesen ist, kann nicht mehr geändert werden, Ermittlungen über das Vergangene können nur allgemein zur Belehrung für künftige Fälle dienen. Was für die Zukunft einen Wert haben soll, darf daher nicht eine einfache Abschrift der verausgabten Beträge sein, sondern eine jede Ausgabe ist auf ihre künftige Notwendigkeit hin zu prüfen und dann erst bei der Selbstkostenberechnung zu verwenden. Daher ist es erforderlich, daß nach der ersten Ausführung eines Gegenstandes nicht allein alle Zeichnungen richtig gestellt, sondern auch alle Lohnzettel von den Meistern und Werkstattsvorstehern einer Prüfung unterzogen werden, damit festgestellt wird, was für die erste Ausführung zu viel gezahlt ist und künftighin mit Sicherheit in Fortfall kommen kann. Diese richtig gestellten Beträge hat die Kalkulatur für die Selbstkostenberechnung zu benutzen, dagegen aber die für die erste Ausführung zu viel gezahlten Löhne und unnötig verbrauchten Materialien nur besonders zusammenzustellen, um dadurch einen Überblick über die Mehrkosten von Erstlingsarbeiten zu erhalten. Eine solche Zusammenstellung ist sehr belehrend, sie zeigt mehr als alle Worte, welche darüber gesprochen werden, wie verhängnisvoll es für ein Werk ist, sich beständig mit Neuausführungen zu beschäftigen, statt einem Gegenstande die volle Aufmerksamkeit zu schenken, und durch öftere Wiederholung desselben die Erzeugung zu verbilligen und so das Geschäft rentabler zu machen. Nicht in der Größe des Umsatzes allein ist der Verdienst in einem industriellen Werke zu suchen, sondern in der Vereinfachung des Betriebes und in der Verbilligung der Herstellungskosten der Erzeugnisse durch Beschränkung der Fabrikation auf eine bebestimmte Zahl oder Klasse von Gegenständen.

In welcher Weise die Selbstkostenberechnung am besten erfolgt, ist nicht möglich, so ohne weiteres zu sagen. Um ein zweckmäßiges Verfahren in Vorschlag bringen zu können, muß man den Betrieb des Werkes und dessen Fabrikation genau kennen. Selbstkostenberechnungsmethoden gibt es viele, die sich gut bewährt haben, aber alle hier anzuführen, ist nicht möglich, denn das ginge über den Rahmen dieses Werkes hinaus. Aber selbst wenn es der Raum gestatten würde, hier einige Dutzend Selbstkostenberechnungsarten zu besprechen, wer bürgt dafür, daß ein jeder das für ihn Passende darunter findet? Ich werde mich daher hier nur darauf beschränken, die Hauptkalkulationsmethoden vorzuführen, und muß es dann dem sich für die Sache Interessierenden überlassen, sich das ihm zweckmäßig erscheinende auszusuchen und den Verhältnissen entsprechend weiter auszubauen und zu vervollkommnen.

## Die Vorarbeiten zur Kalkulation.

Die Vorarbeiten zur Kalkulation erfolgen in allen Abteilungen eines Werkes. Die Hauptsache ist, daß alles so angeordnet wird, daß sämtliche Abrechnungen ihren Weg nach der Kalkulatur finden, um dort verwertet zu werden. Keine Ausgabe darf der Kenntnis des Kalkulators vorenthalten werden, denn nur dadurch ist es möglich, daß überall eine richtige Bewertung aller Erzeugnisse erfolgen kann. Von der Materialverwaltung laufen täglich Angaben über alle ausgegebenen Materialien ein, dieselben sind für jede Kommissionsnummer getrennt zu halten, damit sie in der Kalkulatur nicht mehr abgeschrieben werden brauchen, sondern gleich für die einzelnen Kommissionen geordnet werden können. Ebenso werden alle Akkord- und Lohnzettel der Kalkulatur überwiesen, damit sie hier weiter bearbeitet werden können. Die Rechnungen, welche im Einkauf eingehen, sämtlich der Kalkulatur zu überweisen, dürfte nicht immer gerade notwendig sein, es würde wohl genügen, wenn dieselben mit Laufzettel durch die Kalkulatur gehen, hier von denselben Kenntnis genommen wird, und dann, wenn einzelne Rechnungen gebraucht, diese von dem Einkauf nachher zur Benutzung abgefordert werden.

In der Kalkulatur befindet sich ein Fächerschrank — Fig. 5, Seite 184 —, in welchem für jede Kommissionsnummer oder für fortlaufend gearbeitete Einzelteile von Spezialitäten Fächer eingerichtet sind, in die alle eingehenden Angaben abgelegt werden. Um diese Zettel gut unterbringen zu können, ohne die Fächer zu groß herstellen zu müssen, empfiehlt es sich, alle Lohnzettel, Materialaufgaben, Laufzettel usw. von einer Größe anfertigen zu lassen und, um diese Zettel leicht unterscheiden zu können, für das Papier verschiedene Farben zu wählen. Ende einer jeden Woche müssen sämtliche Angaben über die Gegenstände, die während einer Woche zur Ausführung gekommen sind, der Kalkulatur eingereicht werden, damit diese nicht nur in der Lage ist, die zur Rechnungserteilung erforderlichen Kalkulationen sofort auszuführen, sondern auch über die bisherigen Aufwendungen an einer Arbeit zuverlässige Angaben machen zu können.

Sofern es sich um eine bestimmte Kommissionsnummer handelt, welche kalkuliert werden soll, werden ja in der Hauptsache die Angaben so benutzt werden können, wie sie von den einzelnen Abteilungen des Werkes eingehen. Höchstens wird zu prüfen sein, ob durch Verwendung von jugendlichen Arbeitern und für Benutzung mehrerer Maschinen durch einen Arbeiter eine Erhöhung der Lohnsätze bei der Kalkulation notwendig oder angemessen sein könnte. Anders ist es aber, wenn eine Kalkulation von Spezialitäten oder Einzelteilen derselben erfolgt und in einem größeren Zeitraum hiervon Arbeiten zu den verschiedensten Lohn- oder Akkordsätzen ausgeführt worden sind. Dann kann der Kalkulator nicht mechanisch arbeiten, er muß die Lohn- und Akkordzettel über längere Zeitabschnitte vor sich

Fig. 5. Zettelschrank für die Kalkulatur.

ausbreiten, alle Verhältnisse genau abwägen und dann einen Satz zu ermitteln suchen, für welchen die Herstellung des Stückes möglich ist, ohne daß das letztere in unangemessener Weise hoch belastet wird. Bei jeder Kalkulation ist zu berücksichtigen, daß wohl alle Ausgaben in Anrechnung gebracht werden müssen, weil sonst das Werk einen Verlust erleiden würde, es darf aber nicht über diese Ausgaben hinaus der Gegenstand belastet werden, weil dadurch das Fabrikat unnötig verteuert und das Werk nicht als genügend leistungsfähig angesehen wird.

Ist eine Kalkulation beendet, dann werden sämtliche Zettel einer Kommissionsnummer zusammengetan und aufbewahrt, damit sie, wenn nötig, zur Aufklärung von Irrtümern oder als Unterlage für künftige, gleiche Arbeiten benutzt werden können.

# Reparaturarbeiten.

Die Reparaturen können nicht in derselben Weise behandelt werden wie neue Arbeiten. Während bei neuen Arbeiten die Ausführung glatt vorwärts geht und auch etwas sichtbares fertiggestellt wird, muß bei Reparaturen durch Nacharbeiten, kleine Erneuerungen, Zusammenpassen usw. so viel Zeit vertrödelt werden, daß man oft nicht versteht, wie die anscheinend so geringfügige Arbeit einen so großen Zeitaufwand für ihre Herstellung beansprucht hat. Ein jeder Arbeiter ist zur Herstellung von Reparaturen nicht geschaffen, daher ist auch in verschiedenen Fabriken für die Ausführung von Reparaturarbeiten ein ganz bestimmtes Personal vorgesehen, welches dieselben in besonderen Werkstätten ausführt. Die Aufnahme der Reparaturbestellungen erfolgt nicht durch das technische oder kaufmännische Bureau, sondern durch die Werkstatt. Gewöhnlich ist von der Werkstattsverwaltung ein erfahrener, älterer Meister mit der Leitung der Reparaturwerkstatt betraut und dieser hat dann die Aufträge in Empfang zu nehmen, mit dem die Bestellung Überbringenden die Reparaturen zu besprechen und diese ausführen zu lassen. In einer Reparaturwerkstatt werden nicht nur Schlosser beschäftigt, sondern auch Dreher und Schmiede, damit durch die vielen kleinen Nach- und Ergänzungsarbeiten die anderen Werkstätten nicht in ihrer Tätigkeit gestört und auch viele Laufereien vermieden werden. Der Meister der Reparaturwerkstatt ist Meister für alles. Je nach dem Umfange seines Wirkungskreises steht ihm wohl ein erfahrener Monteur und ein Schreiber zur Seite, aber die Hauptarbeit und Verantwortung trägt nur er allein.

Wird eine Reparatur angenommen, so werden in ein Reparaturannahmebuch die Stücke eingeschrieben, welche eingeliefert worden sind, damit nicht später von dem Werke etwas zurückgefordert werden kann, was überhaupt nicht abgegeben worden ist. Gleichzeitig werden neben den eingelieferten Stücken Notizen gemacht, welche Reparaturen an denselben ausgeführt werden sollen, und dann die einzelnen Teile mit einem Pergamentzettel versehen, auf welchem der Name des Auftraggebers verzeichnet ist. Es empfiehlt sich, die Pergamentzettel mit weichem Draht so zu befestigen, daß sie weder bei der Arbeit stören, noch während derselben abgenommen werden können.

Die Ausführung der Reparaturen wird in den meisten Fällen nur im Lohn geschehen können, weil sich die Arbeiten niemals vorher genau übersehen lassen. Die Aufzeichnungen in die Tageszettel erfolgen, ebenso wie bei neuen Arbeiten getrennt für ein jedes Stück, damit hiernach eine Berechnung der Einzelteile ausgeführt werden kann. Die bei den Reparaturen verbrauchten Materialien sind stets auf die Arbeitszettel zu vermerken, damit die Berechnung der ausgeführten Arbeiten sofort bei Verlassen der Fabrik erfolgen kann.

Es ist vielseitig im Publikum die Ansicht verbreitet, daß die Ausführung von Reparaturen einen großen Verdienst abwirft. Diese Annahme ist jedoch eine irrige, denn es gibt Fabriken, welche nur sehr ungern an die Ausführung von Reparaturen herangehen und ihrer Kundschaft deshalb gern den Vorschlag machen, Reparaturarbeiten entweder in ihrer Nähe oder bei einem kleinen Maschinenbauer ausführen zu lassen. Tatsache ist, daß durch die Berechnung von Reparaturen oft Differenzen entstehen, weil, wie erwähnt, die reellen Kosten einer Reparatur nur sehr schwer zu beurteilen sind und nicht allein der Laie, sondern auch der Fachmann durch den Schein irregeführt werden kann. Reparaturen können nur nach der von dem Arbeiter verbrauchten und nicht nach der für die Herstellung des Stückes aufgewandten Zeit berechnet werden. Die Arbeit selbst kann oft in wenigen Minuten ausgeführt werden, das Zusammensuchen der für die Reparatur erforderlichen Materialien, das Nachdrehen oder Nachbohren eines einzigen Stückes, auf das der die Reparatur ausführende Schlosser warten muß, alles nimmt Zeit in Anspruch und hindert die glatte Ausführung der Arbeiten. Natürlich kann der Fabrikant solche Zeitverluste nicht unberechnet lassen, denn er muß dem Arbeiter den Lohn zahlen, ganz gleich, ob derselbe gearbeitet oder seine Zeit durch Laufereien oder Warten verbracht hat. So entstehen denn oft Reparaturberechnungen, welche als enorm hoch und als nicht angemessen bezeichnet werden, trotzdem nur das berechnet ist, was an Lohn und Material dafür wirklich ausgegeben ist. Um nun eine falsche Beurteilung von Reparaturberechnungen zu vermeiden, gibt es nur zwei Wege. Entweder vermeidet man eine jede Einzelberechnung der zur Reparatur übergebenen Teile und setzt für alles eine einzige Summe an, welche der aufgewandten Arbeitszeit und den verbrauchten Materialien entspricht, oder man macht eine Einzelberechnung und bewertet die einzelnen Teile nach ihrer Wichtigkeit so, daß der dafür eingesetzte Preis keinen Anstoß erregt. Mit anderen Worten, man überträgt den aufgewandten Arbeitslohn von einem Gegenstande auf den anderen derartig, daß der Besteller an den eingesetzten Preisen nichts aussetzen kann und man doch auf seine Rechnung kommt.

## Modelle und Modellkosten.

In einem geordneten Fabrikbetriebe darf nichts unbeachtet und unberechnet bleiben, selbst wenn bei Herstellung eines Gegenstandes einmal Unkosten, welche regelmäßig entstehen, in einem besonderen Fall unberücksichtigt geblieben sind. Zu solchen Unkosten, welche oft unberücksichtigt gelassen werden, gehören die Anfertigungsarbeiten der Modelle. Wird eine noch nicht ausgeführte Maschine zur Lieferung übernommen, so müssen selbstverständlich für alle Gußteile neue Modelle hergestellt werden. Fragt man nun, ob auch die Anfertigungskosten dieser Modelle bei der Übernahme der Arbeiten voll berücksichtigt sind, so wird man auf diese Frage wohl in den meisten Fällen die ironische Gegenfrage gestellt erhalten: Wo ist es denn üblich, bei Lieferung einer neuen Maschine die vollen Modellkosten in Rechnung zu stellen, man berechnet doch hiervon höchstens den vierten Teil? Ja, daß man gewöhnlich nur den vierten Teil zu berechnen pflegt, ist wohl richtig, es fragt sich nun aber, wer denn schließlich die übrig bleibenden dreiviertel Teile decken wird? Mit der Ablieferung und Bezahlung der neu konstruierten Maschine ist gewöhnlich auch die Frage der entstandenen oder noch weiter zu deckenden Modellkosten abgetan; es wird an diese Sache nicht mehr gedacht und damit ist sie erledigt. Wenn man nun so die Löhne zusammenrechnet, welche während des Jahres für die Herstellung von Modellen ausgezahlt werden, wenn man hierzu die verbrauchten Materialien und das Gehalt des Meisters zuzieht, dann wird man finden, daß die Herstellung und Erhaltung der Modelle doch eine recht ansehnliche Summe ausmacht, die ganz unbeachtet zu lassen nicht gut angängig sein dürfte, weil dadurch ein großer Teil des erhofften Verdienstes aufgezehrt werden würde. Um also eine Erstattung der entstandenen Modellkosten zu ermöglichen, ist es in erster Linie erforderlich, daß eine zuverlässige Berechnung eines jeden Modells so durchgeführt wird, daß man in der Lage ist, zu jeder Zeit einen bestimmten Teil davon bei Übernahme von Lieferungen in Anrechnung zu bringen. Um das durchführen zu können, ist es nötig, ein Buch anzulegen, in welches alle Modelle eingetragen und berechnet werden. Für ein solches Modellbuch dürfte Formular 26, Seite 189, ein gutes Vorbild abgeben. Alle Modelle erhalten eine Nummer, welche in dieselben eingeschlagen wird. Diese Nummern werden fortlaufend in das Modellbuch eingetragen und die Bezeichnung des Modelles neben der Nummer aufgeführt. Hiernach würde der Name des Arbeiters anzugeben sein, welcher das Modell gefertigt hat. Es kommt dann das Material, aus welchem das Modell gefertigt wird — also von Eisen oder Holz und von welcher Sorte — nebst den Anschaffungskosten desselben. Für diese Materialberechnung dürfte sich ein Durchschnittspreis eignen. In der Spalte 6 wird ein Betrag für Lack, Leim, Stifte usw. ausgeworfen, den man etwa in Höhe von einem Viertel des bei Herstellung des Modells verwendeten Holzes annehmen kann. Es kommt dann der gezahlte Arbeitslohn und ein mäßiger Betrag für allgemeine Unkosten. Diese Posten zusammengezogen ergeben dann den Wert des Modells. Für die allgemeinen Unkosten pflegt man nicht die sonst zur Deckung der Generalunkosten üblichen Sätze anzunehmen, sondern niedrigere, etwa fünfzig Prozent zum Lohne, weil die Modellkosten bei jedem abgegossenen Stücke berücksichtigt werden sollen, und weil durch die öftere Benutzung des Modells eine entsprechende Deckung der Generalunkosten bewirkt wird.

Wenn nun bei Jahresschluß eine Aufrechnung des Modellbuches erfolgt, so hat man eine ganz zuverlässige Übersicht über sämtliche Herstellungskosten der Modelle während des Jahres und kann dann dieses Ergebnis bei Aufstellung des Abschlusses

| Nummer des Modells | Bezeichnung des Modells | Name des Herstellers | Material | | | Lack, Leim etc. | | Arbeitslohn | | General-Unkosten | | Gesamt-Betrag | |
|---|---|---|---|---|---|---|---|---|---|---|---|---|---|
| | | | Sorte | M. | Pf. | M. | Pf. | M. | Pf. | M. | Pf. | M. | Pf. |
| 221 | Zylinder H D 14 | Weber | Eschen | 12 | — | 3 | — | 60 | — | 30 | — | 105 | — |
| 222 | Zylinderboden H D 14 | „ | „ | — | 80 | — | 20 | 3 | — | 1 | 50 | 5 | 50 |
| 223 | Zylinderboden H D 14 | „ | „ | — | 80 | — | 20 | 3 | — | 1 | 50 | 5 | 50 |
| 224 | Zylinderstopfbüchse H D 14 | „ | „ | — | 30 | — | 08 | 1 | — | — | 50 | 1 | 88 |
| 225 | Schieberkastendeckel HD 14 | Kirstein | „ | — | 60 | — | 15 | 2 | 40 | 1 | 20 | 4 | 35 |
| 226 | Schieberstangenstopfbüchse H D 14 | „ | „ | — | 20 | — | 5 | — | 60 | — | 30 | 1 | 15 |
| 227 | Riemenscheibe 600 Ø, 200 breit | Bormann | Gußeisen | 14 | — | — | — | 4 | — | 2 | — | 20 | — |
| 228 | Lagerstuhl m. Deckel 60 m/m | Kulow | Eschen | 1 | — | — | 25 | 1 | 20 | — | 60 | 3 | 05 |
| 229 | Lagerpfannen 60 m/m | „ | „ | — | 20 | — | 05 | — | 30 | — | 15 | — | 70 |
| 230 | Sohlplatte | „ | „ | — | 40 | — | 10 | — | 80 | — | 40 | 1 | 70 |

Formular 26.

benutzen. Die Modelle werden gewöhnlich jährlich mit fünfzig Prozent abgeschrieben, weil dies der Durchschnittsentwertung entspricht.

Werden Maschinen kalkuliert, so können auf Grund des Modellbuches alle Modelle nach ihrem Werte eingesetzt werden. Handelt es sich um Spezialitäten, welche sich öfter im Werke wiederholen, so können die Modellkosten mit einem geringen Prozentsatz berücksichtigt werden, doch dürfte es sich nicht empfehlen, denselben unter $^1/_{10}$ der Herstellungskosten der Modelle in Anrechnung zu bringen, weil bei öfteren Abgüssen so viel Reparaturkosten entstehen, daß dieser Satz seine volle Berechtigung hat. Wer diese Behauptung anzweifelt, mag nur einige Jahre die Löhne zusammenstellen, welche für die Herrichtung oder Instandsetzung der vorhandenen Modelle gezahlt werden, er wird dann das vorher Gesagte bestätigt finden.

Der Aufbewahrung der Modelle sollte eine gewisse Aufmerksamkeit nicht versagt werden, denn größere Stücke verziehen sich sehr leicht und bedingen daher bei Wiederbenutzung größere Unkosten für die Instandsetzung oder führen zu Mehrkosten bei der Bearbeitung der Abgüsse. Am vorteilhaftesten für die Aufbewahrung von Modellen sind Lattenregale, weil bei denselben ein gleichmäßiger Luftzutritt zu den Modellen bewirkt wird. Die Aufbewahrung der Modelle erfolgt nicht nach den laufenden Nummern, weil dies bei den verschiedenen Gestaltungen und Größen derselben nicht gut möglich ist, sondern entweder nach Maschinen oder nach der Art der verschiedenen Teile. Beispielsweise werden alle Zylinder- oder Schieberstangenstopfbüchsen oder alle Zylinderkolben oder Exzenter zusammengelegt, weil dies die Übersicht erleichtert, wenn von alten Modellen zu neu entworfenen Maschinen etwas verwendet werden soll. Solche Verwendungen alter Modelle sollen aber niemals stattfinden, wenn erhebliche Änderungen derselben damit verbunden sind, denn es ist immer zu berücksichtigen, daß bei der Zurückversetzung in den früheren Zustand so viel Unkosten entstehen, daß dafür sehr gut neue Modelle gefertigt werden können.

## Einzelkalkulation.

Die Einzelkalkulation gilt als die genaueste Art der Selbstkostenberechnung, mag auch bei den Lohn- und Materialangaben in Werksatt und Materialverwaltung ein Fehler oder eine Unregelmäßigkeit unterlaufen sein, bei Ausführung der Einzelkalkulation wird selbst ein nicht sehr erfahrener Kalkulator den Irrtum sofort erkennen und dann in der Lage sein, die unrichtigen Zahlen mit Leichtigkeit richtig stellen zu können. Bei einer Einzelkalkulation wird derartig verfahren, daß nicht allein die Selbstkosten einer ganzen Maschine oder eines Gerätes festgestellt werden, sondern auch die eines jeden noch so kleinen Teiles mit einem Blick zu übersehen sind. Die Einzelkalkulation eignet sich ganz vorzüglich für Werke, in denen Maschinen und Geräte hergestellt werden, von welchen einzelne Teile recht oft als Ersatzstücke abgegeben werden müssen. Eine Einzelkalkulation bietet nach allen Seiten hin einen Vorteil, man kann aus derselben die Teile der verschiedensten Maschinen herausziehen und dann für Vorkalkulationen so zusammenstellen, daß dadurch mit der größten Genauigkeit der Herstellungspreis einer neu zu erbauenden Maschine gefunden wird. Bei der Einzelkalkulation findet man sehr leicht die Stücke heraus, welche eine Maschine über Erwarten verteuert haben. Man übersieht die gezahlten Löhne für jeden noch so geringen Teil und ist daher in der Lage, in der Ausführung Änderungen eintreten lassen zu können, damit in künftigen Fällen die Herstellung des Gegenstandes verbilligt wird. Die Einzelkalkulation fordert Sachkenntnis des Kalkulators und fördert auch dieselbe. Der Kalkulator lernt alle Teile und Teilchen einer Maschine kennen, weil er sie auf Grund der Zeichnungen einzeln in seinen Büchern aufführen muß. Der Kalkulator wird daher auch am besten in der Lage sein, die weitgehendste Auskunft über alles die Fabrikation Betreffende erteilen und seine Kenntnis bei der Ausarbeitung von Voranschlägen verwerten zu können.

Die Einzelkalkulation kann in verschiedener Weise ausgeführt werden, doch sind alle Verfahren im Grundgedanken übereinstimmend und nur in der Berechnungsweise abweichend. Soll eine Kalkulation in der jetzt ziemlich allgemein gebräuchlichen

| Nummer der Zeichnung | Gegenstand | Modell-Nummer | Modellkosten M. | Modellkosten Pf. | Material: Gußeisen kg | Material: Metall kg | Material: Schmiedeeisen kg | Material: Stahl kg | Schmiedelohn M. | Schmiedelohn Pf. | |
|---|---|---|---|---|---|---|---|---|---|---|---|
| 2106 | 1 Grundplatte . . . . . | 4206 | 78 | 60 | 2650 | — | — | — | — | — | 1 |
| | | | 1 Viertel | | à 18 M. | | | | | | |
| | | — | 19 | 65 | 477.— | — | — | — | — | — | |
| 2110 | 1 Welle, bei Bochum bestellt, 896 kg à 35 M. . . . . . | — | — | — | — | — | — | — | — | — | 2 |
| | Fracht hierfür . . . . . . | — | — | — | — | — | — | — | — | — | |
| 2110 | 1 Schwungrad, geteilt mit Formm. hergestellt, 3850 kg lt. besonderer Kalkulation . | — | — | — | — | — | — | — | — | — | 3 |
| | 8 Schrauben . . . . . . . . | — | — | — | — | — | 32 | — | 1 | 60 | |
| | 8 Muttern à 22 Pf. . . . . | — | — | — | — | — | — | — | — | — | |
| | 8 Scheiben . . . . . . . . . | — | — | — | — | — | 4 | — | — | 32 | |
| | 2 Keile . . . . . . . . . . | — | — | — | — | — | 6 | — | 1 | 20 | |
| | | — | — | — | — | — | 42 | — | 3 | 12 | 4 |
| | | | | | | | à 20 Pf. | | +150% | G.K. | |
| | | — | — | — | — | — | 8.40 | — | 7 | 80 | |
| 2109 | 2 Lager mit Deckeln . . . . | 4214/15 | 20 | 40 | 198 | — | — | — | — | — | 5 |
| | 2 Rotgußpfannen . . . . . | 4216 | — | — | — | 32 | — | — | — | — | |
| | 4 Schrauben . . . . . . . . | — | — | — | — | — | 16 | — | — | 80 | |
| | 4 Scheiben . . . . . . . . . | — | — | — | — | — | 2 | — | — | 32 | |
| | 8 Muttern Ø m/m à 22 Pf. . | — | — | — | — | — | — | — | — | — | |
| | | — | 20 | 40 | 198 | 32 | 18 | — | 1 | 12 | 6 |
| | | | 1 Viertel | | à 18 M. | à 1.80 M. | à 20 Pf. | | +150% | G.K. | |
| | | — | 5 | 10 | 35.64 | 57.60 | 3.60 | — | 2 | 80 | |
| | Transport . . . . . . . . . | — | 99 | — | 2848 | 32 | 60 | — | 4 | 24 | 7 |

**Formular 27 a.**

| | Dreher-lohn | | Hobler-lohn | | Fraiser-lohn | | Stoßer-lohn | | Bohrer-lohn | | Schleifer-lohn | | Gewinde-schneider-lohn | | Schlosser-lohn | | Einzel-betrag | | Gesamt-betrag | |
|---|---|---|---|---|---|---|---|---|---|---|---|---|---|---|---|---|---|---|---|---|
| | M. | Pf. | M. | Pf. | M. | Pf. | M. | Pf. | M. | Pf. | M. | Pf. | M. | Pf. | M. | Pf. | M. | Pf. | M. | Pf. |
| 1 | — | — | 24 | — | — | — | — | — | 8 | 60 | — | — | — | — | 22 | — | | | | |
| | | | + 200 % | G. K. | | | | | + 200 % | G. K. | | | | | + 125 % | G. K. | | | | |
| | — | — | 72 | — | — | — | — | — | 25 | 80 | — | — | — | — | 48 | 50 | 642 | 95 | | |
| 2 | 24 | — | — | — | 3 | — | — | — | — | — | — | — | — | — | 12 | — | 313 | 60 | 313 | 60 |
| | + 200 % | G. K. | | | + 300 % | G. K. | | | | | | | | | + 125 % | G. K. | | | | |
| | — | — | — | — | — | — | — | — | — | — | — | — | — | — | — | — | 27 | 30 | 27 | 30 |
| | 72 | — | — | — | 12 | — | — | — | — | — | — | — | — | — | 27 | — | 111 | — | | |
| | | | | | | | | | | | | | | | | | 451 | 90 | | |
| 3 | 36 | — | — | — | — | — | — | — | 12 | 50 | — | — | — | — | 28 | — | 731 | 50 | | |
| | 4 | 20 | — | — | 1 | 60 | — | — | — | — | — | — | — | 80 | — | — | | | | |
| | — | — | — | — | — | — | — | — | — | — | — | — | — | — | — | — | 1 | 76 | 1 | 76 |
| | — | 96 | — | — | — | — | — | — | — | — | — | — | — | — | — | — | | | | |
| | — | — | 2 | | — | — | — | — | — | — | — | — | — | — | — | — | | | | |
| 4 | 41 | 16 | 2 | — | 1 | 60 | — | — | 12 | 50 | — | — | — | 80 | 28 | — | | | | |
| | + 200 % | G. K. | + 200 % | G. K. | + 300 % | G. K. | | | + 200 % | G. K. | | | + 200 % | G. K. | + 125 % | G. K. | | | | |
| | 123 | 48 | 6 | — | 6 | 40 | — | — | 37 | 50 | — | — | 2 | 40 | 63 | — | 254 | 98 | | |
| 5 | 8 | — | 7 | 50 | 2 | — | — | — | 2 | 80 | — | — | — | — | 10 | — | 988 | 24 | | |
| | 3 | 80 | 1 | — | — | — | — | — | — | — | — | — | — | — | — | — | | | | |
| | 2 | 40 | — | — | — | — | — | — | — | — | — | — | — | 40 | — | — | | | | |
| | — | 60 | — | — | — | — | — | — | — | — | — | — | — | — | — | — | | | | |
| | — | — | — | — | — | — | — | — | — | — | — | — | — | — | — | — | 1 | 76 | 1 | 76 |
| 6 | 14 | 80 | 8 | 50 | 2 | — | — | — | 2 | 80 | — | — | — | 40 | 10 | — | | | | |
| | + 200 % | G. K. | + 200 % | G. K | + 300 % | G. K. | | | + 200 % | G. K. | | | + 200 % | G. K | + 125 % | G. K. | | | | |
| | 44 | 40 | 25 | 50 | 8 | — | — | — | 8 | 40 | — | — | 1 | 20 | 22 | 50 | 214 | 74 | | |
| 7 | 79 | 96 | 34 | 50 | 6 | 60 | — | — | 23 | 90 | — | — | 1 | 20 | 72 | — | 216 | 50 | 344 | 42 |

Formular 27 b.

Weise ausgeführt werden, dann empfiehlt es sich, das Formular 27a u. b, Seite 192 u. 193, zu benutzen und hierin alle Teile der zu kalkulierenden Maschine oder des Gerätes auf Grund der Stückliste und Zeichnungen so aufzuführen, daß alle zueinander gehörigen Stücke derartig zusammengeschrieben werden, daß man mit Leichtigkeit alles zu einem Maschinenteil Gehörige übersehen und berechnen kann. Nehmen wir an, daß wir es mit einer Dampfmaschine zu tun haben; da würde zuerst die Grundplatte sein, welche als Einzelstück zu behandeln wäre, und alle für dieselbe gemachten Ausgaben müßten neben derselben in die dafür eingerichteten Spalten eingesetzt werden. Es würden dann die Anker und Ankerplatten kommen, welche einer Sonderberechnung unterzogen werden. Hierauf folgt der Dampfzylinder, dann der Zylinderkolben, die Steuerung, die Welle, die Lager usw. Alle diese Teile bilden zusammen die Dampfmaschine, werden aber in der Kalkulation so auseinander gehalten, daß man außer dem Gesamtpreis der ganzen Maschine auch den Preis eines jeden Maschinenstückes ausrechnen kann. Das Beispiel auf dem oben angegebenen Formular zeigt, in welcher Weise eine solche Kalkulation ausgeführt werden muß, um allen Anforderungen zu genügen. Die Kalkulation beginnt, wie schon angedeutet, mit der Aufführung aller Einzelteile; hierbei darf auch nicht das geringste Stück übersehen werden, denn es wird oft der Fall vorkommen, daß verschiedene Teile aus dem vorhandenen Vorrat entnommen worden sind, die dann leicht bei der Kalkulation unbeachtet bleiben können, wenn die Spezifikation der Einzelteile hierauf nicht hinweisen würde. Ist das Verzeichnis der Einzelteile hergestellt, so sind zunächst die Gewichte und Preise der Materialien einzusetzen. Hat eine Maschinenfabrik eine eigene Eisengießerei, so werden die Gußstücke zu den in einer besonderen Kalkulation ermittelten Preisen in die Hauptkalkulation eingesetzt, wird aber der Guß von einer anderen Firma bezogen, so kommen die für denselben bezahlten Preise in Anrechnung. Dasselbe geschieht beim Rotguß, Messing, Weißmetall, bei Stahlteilen, Armaturen usw. Bei dem Schmiedeeisen empfiehlt es sich, einen allgemeinen Durchschnittssatz, bei welchem der Verlust für Abfall, Abbrand usw. reichlich bemessen ist, anzuwenden, denn bei einer Dampfmaschine spielt es keine große Rolle, ob für die verhältnismäßig doch nur geringen Schmiedesachen 10 M. für 100 kg mehr angerechnet werden oder nicht. Überhaupt ist es als ein großer Fehler anzusehen, wenn in Maschinenfabriken die Materialien stets genau mit den geringsten Erstehungspreisen eingesetzt werden, denn man hat immer mit so vielen Nebenbelastungen bei der Herstellung der Erzeugnisse zu rechnen, daß wenigstens bei Materialien, welche keinen großen Wert besitzen, nicht mit Pfennigen gerechnet werden darf. Anders ist es allerdings bei Fabrikaten, bei welchen ein bestimmtes Material den Hauptbestandteil eines Gegenstandes bildet, wie beispielsweise die verschiedenen Schmiedeeisensorten beim Brückenbau, die Bleche bei der Kesselherstellung usw., da müssen die Anschaffungspreise dieses Materials genau bei den Kalkulationen in Anrechnung gebracht werden, weil bei solchen Arbeiten der Materialpreis und nicht der Arbeitslohn die Hauptrolle spielt. Ist bei den Materialien ein Durchschnittsgewichtspreis angenommen, dann können die einzelnen Gewichte aufgerechnet und erst am Schluß der Kalkulation mit dem Werte ausgeworfen werden, dagegen werden alle anderen Materialien gleich sofort mit dem entsprechenden Betrage ausgeworfen. Ist bei jedem Stücke der Materialwert festgesetzt, dann werden neben allen gegossenen Teilen die vollen Modellkosten, wie sie das Modellbuch ergibt, eingesetzt. Welchen Prozentsatz man hierbei in Anrechnung bringen will, bleibt der Schlußberechnung überlassen. Als letzte Arbeit erfolgt nun das Einschreiben der Arbeitslöhne bei den einzelnen Teilen. Um sicher zu sein, daß kein Lohnbetrag übergangen ist, werden bei jedem aufgeführten Stücke alle Arbeitsleistungen genau von Spalte zu Spalte durchgesehen und dann Fehlendes ergänzt. Ist alles durchgegangen und nirgends mehr etwas zu erinnern, dann werden alle Spalten aufgerechnet und die Schlußabrechnung gemacht, bei welcher auch die Generalunkosten-Zuschläge mit aufgenommen werden. Nehmen wir an, daß es sich um die Kalkulation irgend einer Dampfmaschine handelt, so wird die Schlußberechnung etwa wie folgt aussehen:

Materialien.

| | |
|---|---|
| Verschiedene Materialien, welche fertig oder nach Aufgabe bezogen und auf Grund der erhaltenen Rechnungen ausgeworfen sind . . . . . | M. 1060,40 |
| Dampfzylinder 1240 kg à 30 M. . . . . . . . | „ 372,— |
| Rohguß zu verschiedenen Teilen 5000 kg à 18 M. | „ 900,— |
| Rotguß 140 kg à 1,80 M. . . . . . . . . . | „ 252,— |
| Selbst ausgeschmiedete Teile 1260 kg à 20 Pf. . | „ 252,— |
| Selbst ausgeschmiedete Stahlteile 320 kg à 60 Pf. . | „ 192,— |
| Mithin Materialien: | M. 3028,40 |
| Gesamt-Modellkosten M. 1260,—, hiervon $^1/_4$ = . | „ 315,— |
| | M. 3343,40 |

Arbeitslöhne.

| | | Generalunkosten-zuschlag | | |
|---|---|---|---|---|
| Schmiede | M. 190 | 150 % | = | M. 285,— |
| Dreher | „ 340 | 200 „ | = | „ 680,— |
| Hobler | „ 120 | 200 „ | = | „ 240,— |
| Fräser | „ 160 | 300 „ | = | „ 480,— |
| Bohrer | „ 84 | 200 „ | = | „ 168,— |
| Stoßer | „ 66 | 200 „ | = | „ 132,— |
| Gewindeschneider | „ 32 | 200 „ | = | „ 64,— |
| Lackierer | „ 110 | 100 „ | = | „ 110,— |
| Schlosser | „ 260 | 125 „ | = | „ 325,— |
| Montage | „ 220 | 125 „ | = | „ 275,— |
| Zusammen: | M. 1582 | G.-U.-Zuschl. | | M. 2759,— |

| | |
|---|---|
| Reine Arbeitslöhne | M. 1582,— |
| Generalunkostenzuschlag | „ 2759,— |
| Gesamtkosten der Maschine | M. 7684,40 |

Neben dieser Gesamtberechnung kann nun für jedes Maschinenstück noch eine Einzelberechnung ausgeführt werden, wobei natürlich auch die Generalunkosten in gleicher Weise zur Verteilung kommen, und das Gesamtresultat aller Einzelberechnungen mit dem Resultat der Schlußberechnung übereinstimmen muß.

Diese Art der Selbstkostenberechnung gibt die Möglichkeit, alle Posten den Zeitverhältnissen entsprechend umrechnen zu können. Wenngleich die hier angeführten Zahlen nur angenommen sind und genau auf keine bestimmte Maschine passen, so sind dieselben doch so gewählt, daß daraus belehrende Schlüsse gezogen werden können. Zunächst die Materialberechnung: Im großen und ganzen dürften die hier angenommenen Sätze ziemlich zutreffend für allgemeine Verhältnisse sein. Nehmen wir aber an, daß die verschiedenen Materialien, was hier in dem Beispiele nicht kontrolliert werden kann, noch eine Ermäßigung von 10 % erhalten könnten, der Zylinderguß für 25 M., der andere Eisenguß für 15 M., der Rotguß mit 1,60 M. herzustellen wäre und die Schmiedeteile mit 15 Pf. und der Stahl mit 40 Pf. berechnet werden würde, so würde sich der Wert des Materials verringern um:

$$106 + 60{,}20 + 150 + 28 + 63 + 64 = \text{M. } 471{,}20$$

und sich statt M. 3028,40 auf M. 2557,20 stellen.

Da nun an den Löhnen, besonders wenn bei schlechten Zeiten verkürzte Schichten gearbeitet werden, bei gleicher Konstruktion der Maschine sich nichts ersparen läßt, so bleiben nur die Generalunkostenaufschläge übrig, an welchen noch Abstriche gemacht werden könnten. Der Betrag hierfür erscheint hoch, doch darf bei geringerem Umsatz hieran weniger gestrichen werden als bei großem, weil die Generalunkostenzuschläge für normale Beschäftigung ermittelt sind und bei Verminderung der Tätigkeit stets höher und niemals niedriger werden. Betrachten wir von diesem Gesichtspunkte die Kalkulation, so bleiben nur die Materialien übrig, durch deren Minderpreis eine Verbilligung des Fabrikates erzielt werden kann. Wenn wir nun berücksichtigen, daß bei einer Gesamtsumme von nahe an M. 7600 im günstigsten Falle sich die Selbstkosten nicht mehr als um etwa M. 500 verringern können, dann wird man auch begreifen, daß in gewissen Fächern des Maschinenbaues die bei eintretender Geschäftsstille gestellten Preise sehr selten im richtigen Verhältnis zu den Erzeugungskosten stehen, weil den be-

| No. der Zeichnung | Gegenstand | Modell-Nummer | Modellkosten M. | Modellkosten Pf. | Material: Gußeisen kg | Material: Metall kg | Material: Schmiedeeisen kg | Material: Stahl kg | Schmiedelohn M. | Schmiedelohn Pf. | Dreherlohn M. | Dreherlohn Pf | Fräserlohn M. | Fräserlohn Pf. | Hoblerlohn M. | Hoblerlohn Pf. | |
|---|---|---|---|---|---|---|---|---|---|---|---|---|---|---|---|---|---|
| 2106 | 1 Grundplatte . . . . . | 4206 | **78** | **60** | **2650** | — | — | — | — | — | — | — | — | — | **24** | — | 1 |
| | | — | 1/4<br>19 | 65 | à 18 M.<br>477 | — | — | — | — | — | — | — | — | — | 24 | — | |
| 2110 | 1 Welle, bei Bochum bestellt, 896 kg à 35 Pf. . . . . | — | — | — | — | — | — | — | — | — | **24** | — | **3** | — | — | — | 2 |
| | Fracht hierfür . . . . . | — | — | — | — | — | — | — | — | — | — | — | — | — | — | — | |
| | | — | — | — | — | — | — | — | — | — | 24 | — | 3 | — | — | — | |
| 2110 | 1 Schwungrad, geteilt, mit Formm. hergestellt 3850 kg laut besonderer Kalkulation | — | — | — | — | — | — | — | — | — | **36** | — | — | — | — | — | 3 |
| | 8 Schrauben . . . . . . . | — | — | — | — | — | **32** | — | **1** | **60** | **4** | **20** | **1** | **60** | — | — | |
| | 8 Muttern . . . . . . . | — | — | — | — | — | — | — | — | — | — | — | — | — | — | — | |
| | 8 Scheiben . . . . . . . | — | — | — | — | — | **4** | — | — | **32** | — | **96** | — | — | — | — | |
| | 2 Keile . . . . . . . . | — | — | — | — | — | **6** | — | **1** | **20** | — | — | — | — | **2** | — | |
| | | — | — | — | — | — | 42<br>à 20 M. | — | 3<br>+ 150% | 12<br>G.K. | 41 | 16 | 1 | 60 | 2 | — | 4 |
| | | — | — | — | — | — | 8.40 | — | 7 | 80 | 41 | 16 | 1 | 60 | 2 | — | |
| 2109 | 2 Lager mit Deckeln . . | 4214/15 | **20** | **40** | **198** | — | — | — | — | — | **8** | — | **2** | — | **7** | **50** | 5 |
| | 2 Rotgußpfannen . . . . . | 4216 | — | — | — | **32** | — | — | — | — | **3** | **80** | — | — | **1** | — | |
| | 4 Schrauben . . . . . . . | — | — | — | — | — | **16** | — | — | **80** | **2** | **40** | — | — | — | — | |
| | 4 Scheiben . . . . . . . | — | — | — | — | — | **2** | — | — | **32** | — | **60** | — | — | — | — | |
| | 8 Muttern Ø m/m à 22 Pf. . | — | — | — | — | — | — | — | — | — | — | — | — | — | — | — | |
| | | — | 20<br>1/4 | 40 | 198<br>à 18 M. | 32<br>à 1.80 Pf. | 18<br>à 20 Pf. | — | 1<br>+ 150% | 12<br>G.K. | 14 | 80 | 2 | — | 8 | 50 | 6 |
| | | — | 5 | 10 | 35.64 | 57.60 | 3.60 | — | 2 | 80 | 14 | 80 | 2 | — | 8 | 50 | |
| | Transport: | — | **99** | — | **2848** | **32** | **60** | — | **4** | **24** | **79** | **96** | **6** | **60** | **34** | **50** | 7 |

**Formular 28 a.**

| | Stoßerlohn | | Bohrerlohn | | Gewindeschneiderlohn | | Schleiferlohn | | Schlosserlohn | | Generalunkosten: Klasse I 100% | | II 200% | | III 300% | | IV 400% | | Einzelberechnung | | Gesamtbetrag | |
|---|---|---|---|---|---|---|---|---|---|---|---|---|---|---|---|---|---|---|---|---|---|---|
| | M. | Pf. | M. | Pf. | M. | Pf. | M. | Pf. | M. | Pf. | M. | Pf. | M. | Pf. | M. | Pf. | M. | Pf. | M. | Pf. | M. | Pf. |
| 1 | — | — | 8 | 60 | — | — | — | — | 22 | | — | — | — | — | 8 | 60 | 24 | — | — | — | | |
| | | | | | | | | | + 125% G.K. | | | | | | | | | | | | | |
| | — | — | 8 | 60 | — | — | — | — | 48 | 50 | — | — | — | — | 25 | 80 | 96 | — | 699 | 55 | | |
| 2 | — | — | — | — | — | — | — | — | 12 | — | — | — | — | — | 24 | — | 3 | — | 313 | 60 | 313 | 60 |
| | | | | | | | | | + 125% G.K. | | | | | | | | | | | | | |
| | — | — | — | — | — | — | — | — | — | — | — | — | — | — | — | — | — | — | 27 | 30 | 27 | 30 |
| | — | — | — | — | — | — | — | — | 27 | — | — | — | — | — | 72 | — | 12 | — | 138 | — | | |
| 3 | | | | | | | | | | | | | | | | | | | 478 | 90 | | |
| | — | — | 12 | 50 | — | — | — | — | 28 | — | — | — | 12 | 50 | 36 | — | — | — | 731 | 50 | | |
| | — | — | — | — | — | 80 | — | — | — | — | 4 | 20 | — | 80 | — | — | 1 | 60 | | | | |
| | — | — | — | — | — | — | — | — | — | — | — | — | — | — | — | — | — | — | 1 | 60 | 1 | 60 |
| | — | — | — | — | — | — | — | — | — | — | — | 96 | — | — | — | — | — | — | | | | |
| | — | — | — | — | — | — | — | — | — | — | 2 | — | — | — | — | — | — | — | | | | |
| 4 | — | — | 12 | 50 | — | 80 | — | — | 28 | | 7 | 16 | 13 | 30 | 36 | -- | 1 | 60 | | | | |
| | | | | | | | | | + 125% G.K. | | | | | | | | | | | | | |
| | — | — | 12 | 50 | — | 80 | — | — | 63 | | 7 | 16 | 26 | 60 | 108 | — | 6 | 40 | 285 | 42 | | |
| 5 | — | — | 2 | 80 | — | — | — | — | 10 | — | — | — | 18 | 30 | — | — | 2 | - | 1018 | 52 | | |
| | — | — | — | — | — | — | — | — | — | — | — | — | 4 | 80 | — | — | — | — | | | | |
| | — | — | — | — | — | 40 | — | — | — | — | 2 | 40 | — | 40 | — | — | — | — | | | | |
| | — | — | — | — | — | — | — | — | — | — | — | 60 | — | — | — | — | — | — | | | | |
| | — | — | — | — | — | — | — | — | — | — | — | — | — | — | — | — | — | — | 1 | 76 | 1 | 76 |
| 6 | — | — | 2 | 80 | — | 40 | — | — | 10 | | 3 | — | 23 | 50 | — | — | 2 | — | | | | |
| | | | | | | | | | + 125% G.K. | | | | | | | | | | | | | |
| | — | — | 2 | 80 | — | 40 | — | — | 22 | 50 | 3 | — | 47 | — | — | — | 8 | — | 213 | 74 | | |
| 7 | — | — | 23 | 90 | 1 | 20 | — | — | 72 | — | 10 | 16 | 36 | 80 | 68 | 60 | 30 | 60 | 215 | 50 | 344 | 26 |

Formular 28 b.

lehrenden Zahlen der Kalkulation nicht die notwendige Beachtung geschenkt wird. Man übersehe niemals, daß die in der Kalkulation eingesetzten Generalunkostenzuschläge keinesfalls einen Gewinn bedeuten, sondern zur Deckung von Ausgaben dienen, welche bei der Selbstkostenberechnung eines Gegenstandes nicht durch bestimmte Zahlen ausgedrückt werden können.

In neuerer Zeit sind nun in technischen Kreisen Bedenken aufgetreten, alle Arbeitsmaschinen bei der Kalkulation mit einem gleichen Prozentsatz zu den Generalunkosten heranzuziehen. Wenn bei einer kleinen Drehbank, welche einen Anschaffungspreis von 800 Mark hat, auf den Lohn des Arbeiters der gleich hohe Generalunkostenzuschlag angenommen wird, wie bei einer Drehbank oder Hobelmaschine, welche einen Anschaffungswert von 20000 Mark besitzt, so wird dies als nicht richtig und angemessen angesehen werden müssen. Aber immerhin ist ja zu berücksichtigen, daß die Generalunkosten im Durchschnitt ermittelt sind und dieser Durchschnittsbetrag bei der allgemeinen Anwendung alle Ungehörigkeiten oder Unebenheiten wieder zum Ausgleich bringen muß. Trotzdem gibt es Betriebe, wo Durchschnittszahlen überall anzuwenden, nicht angängig ist, wenn man kleine Arbeiten nicht verteuern und große nicht zu billig berechnen will. Dieser Umstand hat dazu geführt, daß man die Arbeitsmaschinen in verschiedene Klassen teilt und für jede einen anderen Generalunkostensatz einsetzt. Die Dreher-, Hobler- usw. -Löhne erhalten also nicht, wie in dem Beispiel auf Seite 196 angeführt ist, durchweg nur einen Zuschlag von 200, sondern einen solchen von 100 bis 400 Prozent, je nach Größe und Wert der Arbeitsmaschine. Soll eine Kalkulation nach diesen Grundsätzen ausgeführt werden, dann empfiehlt es sich, die Formulare 28a u. b, Seite 198 u. 199, zu benutzen. Alle Arbeitsmaschinen eines Werkes werden in bestimmte Klassen eingeteilt und auf jedem Lohn- und Arbeitszettel in der Werkstatt angegeben, von welcher Maschinenklasse die betreffende Arbeit ausgeführt ist. Der Kalkulator hat dann nur nötig, den Lohnsatz, welchen er bei der entsprechenden Arbeitsleistung im Kalkulationsbuch ausgeworfen hat, in der weiteren Spalte, welche für die Klassifizierung der Arbeitsmaschinen dient, zu wiederholen, um in leichter Weise die verschiedenartige Verteilung der Generalunkosten bewirken zu können. Um nicht zu viel Spalten zu bekommen, werden die Beträge für Arbeiten an Arbeitsmaschinen, also für Dreher-, Fräser-, Hobler- usw. -Arbeit, bei jedem Stück für die einzelnen Klassen zusammengezogen und eingesetzt. Also nehmen wir an, daß ein Gegenstand gedreht, gehobelt und gebohrt ist und diese Arbeiten auf Maschinen ausgeführt sind, welche die Klasse III haben, dann werden diese Arbeitslöhne, nachdem sie unter Dreher, Hobler und Bohrer besonders eingeschrieben sind, in einer Summe zur Generalunkostenberechnung in die Spalte Klasse III eingesetzt. Arbeiten, welche keine verschiedene Klassifizierung haben, wie Schmiede, Tischler, Schlosser usw. werden nur in die Lohnspalte allein hineingeschrieben und dort zusammengerechnet und mit Generalunkostenaufschlägen versehen. Die in den Tafeln aufgeführten Beispiele dürften das Verfahren so verdeutlichen, daß eine weitere Erklärung hierzu nicht nötig sein wird.

Es fragt sich nun, mit welchen Beträgen die Löhne stets in die Kalkulation eingesetzt werden müssen. Bestehen feste Akkordsätze, welche einem jeden Arbeiter ausgezahlt werden, so ist es selbstverständlich, daß diese Beträge und keine anderen in der Kalkulation Verwendung finden müssen. Nun sind aber Lehrlinge vorhanden, welche nur einen Teil der üblichen Akkordsätze erhalten. Dann arbeiten wieder verschiedene Arbeiter an mehreren Maschinen, wofür ihnen bestimmte Abstriche von den normalen Akkordsätzen gemacht werden. Dann werden manche Teile einzeln und auch in größerer Anzahl ausgeführt, wofür ebenfalls verschiedene Lohn- oder Akkordbeträge verausgabt werden. In solchen Fällen immer den Betrag in die Kalkulation einzusetzen, welcher zur Auszahlung gekommen ist, dürfte nicht angängig sein, weil man dann verschiedene Übersichten bekommen würde, welche zu falschen Schlüssen führen müssen. Um da eine Einheit in der Berechnung zu schaffen, empfiehlt es sich, feste Normen aufzustellen, welche dahin gehen, daß

1. bei Arbeiten, welche nicht ausschließlich durch Lehrlinge ausgeführt werden, die normalen Akkordsätze in die Kalkulation eingestellt werden.
2. bei Arbeiten an verschiedenen Arbeitsmaschinen auch stets der normale Akkordsatz anzunehmen ist, weil bei Benutzung mehrerer Maschinen durch einen Arbeiter

die Ausnutzung derselben nicht in dem Maße erfolgt, als wenn eine jede von einem Arbeiter bedient wird;

3. bei Herstellung von einzelnen und mehreren Teilen ein Mittelwert festgestellt und in Anrechnung gebracht wird.

Aber auch den zufälligen Verteuerungen eines Gegenstandes bei der Fabrikation, beispielsweise zu harter Guß, wiederholter Ausschuß, erschwerte Montage usw., muß bei der Kalkulation Rechnung getragen werden. Es ist nicht nötig, daß solche Verteuerungen stets in die Kalkulation eingefügt werden, sondern es empfiehlt sich, dieselben zusammenzustellen nnd als Anhang zu behandeln, um dadurch eine Übersicht über sogenannte unvorhergesehene Ausgaben bei der Herstellung eines Gegenstandes zu bekommen.

Alle Einzelheiten welche bei der Kalkulation zu beachten sind, hier aufzuführen, dürfte zu weit führen. Ein jeder Kalkulator wird mit Leichtigkeit bald selbst herausfinden, was zum weiteren Ausbau seiner Kalkulationen nötig ist und dann seine Erfahrungen benutzen, um die Einrichtungen zu verbessern und zu vervollkommnen. Ein jeder Betrieb hat andere Bedürfnisse und Eigentümlichkeiten, da kann nicht von dem Schreibtische aus schablonenartig eine Einrichtung getroffen werden, sondern es sind alle obwaltenden Verhältnisse sorgfältig zu beachten, damit denselben auch Rechnung getragen wird.

## Gesamtkalkulation.

Unter Gesamtkalkulation ist eine Selbstkostenberechnung zu verstehen, welche die Kosten nicht der einzelnen Teile übersehen läßt, sondern nur die der ganzen auf einer Nummer ausgeführten Lieferung. Es gibt Arbeiten, bei welchen es entweder nicht nötig oder sogar unmöglich ist, die Herstellungskosten eines jeden Teiles zu ermitteln, in solchen Fällen wird eine Gesamtkalkulation ausgeführt, welche weniger umständlicher ist, als eine Einzelkalkulation. Beispielsweise würde es wohl sehr schwierig sein, im Schiffbau eine Einzelkalkulation durchzuführen; dieses schließt aber nicht aus, daß auch bei einer Gesamtkalkulation die Herstellungskosten verschiedener Stücke oder Arbeiten ermittelt werden können. Will man bei einer großen Arbeit, bleiben wir einmal beim Schiffsbau, durch Gesamtkalkulation die Kosten verschiedener Ausführungen ermitteln, so hat man nur nötig, das große Objekt in mehrere Arbeitsnummern zu teilen, und hierauf dann alle Lohn- und Materialienangaben ausschreiben zu lassen. Zunächst wären die Dampfmaschinen, dann die Kessel, Rohrleitungen, die Schiffskörper, die Deckarbeiten, die Schotten, Kohlenbunker usw. mit Arbeits- oder Kommissionsnummern zu versehen. Wird jede Leistung ordnungsmäßig mit einer Nummer bezeichnet, so ist es ein Leichtes für die Kalkulatur, alles so auseinander zu halten, daß ein zutreffendes Bild über die Selbstkosten für bestimmte Arbeiten, auch bei den größten Lieferungsobjekten, geschaffen werden kann.

Für die Gesamtkalkulation ist die Ausarbeitung eines Verzeichnisses der Einzelteile nicht erforderlich. Die Zusammenstellung der Materialien und Löhne braucht auch nicht in einem Buche gemeinschaftlich vorgenommen, sondern kann getrennt behandelt werden. Bei einer Gesamtkalkulation können die Materialien, so wie sie eingehen und berechnet worden sind, auch fortlaufend eingetragen werden. Ebenso werden nach jedem Lohntage alle Löhne sofort auf verschiedene Kommissionsnummern verteilt. Werden diese Arbeiten stets sorgfältig durchgeführt, so wird dadurch die Möglichkeit geschaffen, gleich nach jedem Lohnabrechnungstage eine Übersicht über alle Ausgaben zu besitzen, die ein Lieferungsobjekt erforderte. Wenn man sich nun vergegenwärtigt, daß ein großer Seedampfer im Bau befindlich ist, dessen Fertigstellung Jahr und Tag beansprucht, daß man bei solchen Arbeiten nicht erst abzuwarten braucht, bis alles zur Ablieferung hergestellt ist, um einen Überblick über die Höhe der entstandenen Kosten zu erhalten, so wird man den Wert einer Kalkulation zu schätzen wissen, welche an jedem Tage und über jede bisher erfolgte Ausgabe zuverlässige Angaben zu machen imstande ist.

Wie schon bemerkt, genügt es, wenn für die Materialberechnung einer jeden Kommission ein Konto, ein Buch oder ein Heft angelegt wird, worin forlaufend die eingegangenen oder zur Verwendung gekommenen Materialien eingetragen werden. Hierbei ist nur zu beachten, daß feste Bestimmungen getroffen

Komm.-No.

| Datum der Löhnung | | Schmiede-löhne | | Dreher-löhne | | Hobler-löhne | | Fraiser-löhne | | Stoßer-löhne | | Bohrer-löhne | | Schleifer-löhne | | Gewinde-schneider löhne | | Schlosser-löhne | | Gesamt-betrag | |
|---|---|---|---|---|---|---|---|---|---|---|---|---|---|---|---|---|---|---|---|---|---|
| | | M. | Pf. | M. | Pf. | M. | Pf. | M. | Pf. | M. | Pf. | M. | Pf. | M. | Pf. | M. | Pf. | M. | Pf. | M. | Pf. |
| Juli | 2. | 38 | — | 32 | — | 26 | — | 20 | — | 10 | — | 6 | — | — | — | 6 | — | 34 | — | | |
| „ | 16. | 53 | — | 96 | — | 34 | — | 37 | — | 14 | — | 22 | — | 8 | — | 8 | — | 58<br>*M.* 20 | —<br>— | | |
| „ | 30. | 67 | — | 130 | — | 27 | — | 51 | — | 22 | — | 31 | — | 10 | — | 5 | — | 68<br>*M.* 44 | —<br>— | | |
| August | 13. | 30 | — | 62 | — | 18 | — | 34 | — | 11 | — | 12 | — | 3 | — | 8 | — | 59<br>*M.* 71 | —<br>— | | |
| „ | 27. | 2 | — | 20 | — | 15 | — | 18 | — | 8 | — | 9 | — | 2 | — | 4 | — | 42 | — | | |
| Septbr. | 10. | — | — | — | — | — | — | — | — | 5 | — | — | — | — | — | 1 | — | *M.* 84 | — | | |
| Netto Löhne | | 190 | — | 340 | — | 120 | — | 160 | — | 66 | — | 84 | — | 23 | — | 32 | — | 480 | — | 1495 | — |
| General-unkosten-Zuschlag | | 150 % | | 200 % | | 300 % | | 200 % | | 200 % | | 200 % | | 200 % | | 200 % | | 125 % | | | |
| | | 285 | — | 680 | — | 360 | — | 320 | — | 132 | — | 168 | — | 46 | — | 64 | — | 600 | — | 2655 | — |
| | | | | | | | | Netto-Löhne mit Generalunkosten-Aufschlägen zusammen: | | | | | | | | | | | | 4150 | |

*M* bedeutet Montage

Formular 29.

Komm.-No.

| Datum der Löhnung | | Schmiedelöhne M. | Pf | Dreherlöhne M. | Pf | Hobler löhne M | Pf. | Fräserlöhne M. | Pf | Stoßerlöhne M. | Pf. | Bohrerlöhne M. | Pf. | Schleiferlöhne M. | Pf. | Gewindeschneiderlöhne M. | Pf. | Schlosserlöhne M. | Pf. | Generalunkosten, Klasse I 150 % M. | Pf | II 200 % M. | Pf. | III 300 % M. | Pf. | Gesamtbetrag M. | Pf. |
|---|---|---|---|---|---|---|---|---|---|---|---|---|---|---|---|---|---|---|---|---|---|---|---|---|---|---|---|
| Juli | 2. | 38 | — | 32 | — | 26 | — | 20 | — | 10 | — | 6 | — | — | — | 6 | — | 34 | — | 8 | — | 48 | — | 44 | — | | |
| „ | 16. | 53 | — | 96 | — | 34 | — | 37 | — | 14 | — | 22 | — | 8 | — | 8 | — | 58<br>*M* 20 | — | 42 | — | 108 | — | 69 | — | | |
| „ | 30. | 67 | — | 130 | — | 27 | — | 51 | — | 22 | — | 31 | — | 10 | — | 5 | — | 68<br>*M* 44 | — | 46 | — | 198 | — | 32 | — | | |
| August | 13. | 30 | — | 62 | — | 18 | — | 34 | — | 11 | — | 12 | — | 3 | — | 8 | — | 59<br>*M* 71 | — | 35 | — | 65 | — | 38 | — | | |
| „ | 27. | 2 | — | 20 | — | 15 | — | 18 | — | 9 | — | 8 | — | 2 | — | 4 | — | 42 | — | 6 | — | 62 | — | 8 | — | | |
| Septbr. | 10. | — | — | — | — | — | — | — | — | — | — | 5 | — | — | — | 1 | — | *M* 84 | — | 2 | — | 4 | — | — | — | | |
| Netto Löhne | | 190 | — | 340 | — | 120 | — | 160 | — | 66 | — | 84 | — | 23 | — | 32 | — | 480 | — | — | — | — | — | — | — | 1495 | — |
| Generalunkosten-Zuschlag | | 190 | — | | | | | | | | | | | | | | | 480 | — | 139 | — | 485 | — | 191 | — | | |
| | | 150 % | | | | | | | | | | | | | | | | 125 % | | 150 % | | 200 % | | 300 % | | | |
| | | 285 | — | | | | | | | | | | | | | | | 600 | | 208 | 50 | 970 | | 573 | — | 2636 | 50 |
| Netto-Löhne mit Generalunkosten-Aufschlägen zusammen: | | | | | | | | | | | | | | | | | | | | | | | | | | 4131 | 50 |

*M* bedeutet Montage

Formular 30.

werden, von welchem Zeitpunkte ab die Eintragungen auf die verschiedenen Nummern zu erfolgen haben, damit nicht Verbuchungen an Materialien geschehen, welche zuerst für den betreffenden Zweck bestimmt waren, aber infolge Änderungen der Ausführung überhaupt nicht zur Verwendung gekommen sind. Hierüber bestimmte Grenzen festzutellen, ist Sache jeder Verwaltung: die ausführenden Beamten haben nur die Pflicht, sich streng an die gegebenen Vorschriften zu halten. Sie dürfen niemals ohne Genehmigung der verantwortlichen Leitung deren Bestimmungen außer acht lassen, sonst entstehen Irrtümer, welche die Richtigkeit der ganzen Kalkulation in Frage stellen können. Wird eine Gesamtkalkulation über kleinere Lieferungen ausgeführt, die der Kalkulator in ihren Einzelheiten zu übersehen imstande ist, dann ist es nicht gerade nötig, daß die oberste Leitung des Werkes bei Abweichungen von der üblichen Geschäftshandhabung in Anspruch genommen wird, denn dann wird ein erfahrener Kalkulator auch selbständig so zu handeln verstehen, daß Ungehörigkeiten oder Irrtümer vermieden werden,

Für die Lohnzusammenstellung bei der Gesamtkalkulation dürften die Formulare 29 u. 30, Seite 204 u. 205, zweckmäßig sein. Im wesentlichen entsprechen dieselben den für Einzelkalkulation aufgestellten Grundsätzen, nur sind hier die überflüssigen Spalten vermieden, dagegen solche angewandt worden, welche die Zahlungen der Löhne für die einzelnen Lohnperioden kennzeichnen. Die Eintragung der Löhne erfolgt hier nicht besonders in Höhe des auf jedem Arbeitszettel angegebenen Lohnes, sondern die Beträge der verschiedenen Arbeitsleistungen werden zusammengerechnet und dann deren Gesamtbetrag in die zutreffende Spalte, neben dem Datum der Löhnung, eingesetzt. Sollen an einem bestimmten Tage die bisherigen Kosten einer Lieferung festgestellt werden, also beispielsweise bei der Inventur, so hat man nur nötig, alle Spalten des Kalkulationsbuches aufzurechnen, um ohne weitere Umstände eine Übersicht über die bisher gehabten Ausgaben zu erhalten.

Ist in einem Werke eine Gesamtkalkulation eingerichtet, dann müssen auch alle Arbeiten ohne Ausnahme fortlaufend kalkuliert werden; geschieht das nicht, dann besteht die Gefahr, daß Verschiebungen oder Unterlassungen eintreten können, welche die Richtigkeit der Kalkulation in Frage bringen, weil jede zuverlässige Kontrolle unmöglich wird. Nur wenn eine jede Arbeit mag sie auch noch so gering sein, mit einer Kommissionsnummer versehen ist, wird es dem Kalkulator möglich sein, zu prüfen, ob ein Irrtum in der Angabe oder eine Verschiebung eingetreten ist, denn er muß den Lohnbetrag verbuchen, was ohne eine Kommissionsnummer nicht möglich ist.

Die Schlußabrechnung der Gesamtkalkulation ist in gleicher Weise wie bei der Einzelkalkulation zu behandeln.

## Die Verrechnung verschiedener Betriebe untereinander.

Der Verrechnung verschiedener Betriebe untereinander wird zwecks Herstellung einer richtigen Kalkulation und der Ausrechnung des Gewinnes einer jeden Betriebsabteilung in vielen Betrieben eine große Aufmerksamkeit geschenkt. Trotzdem ist bis jetzt noch kein Verfahren bekannt, welches eine allgemeine Einführung erlangt und allen Bedürfnissen und Wünschen Rechnung zu tragen imstande ist. Sollen die Selbstkosten der Erzeugnisse der einzelnen Betriebe besonders festgestellt werden, so dürften nicht die gezahlten Lohnbeträge eine Schwierigkeit hierfür bieten, sondern die richtige Verteilung der General-Unkosten auf die einzelnen Abteilungen. Selbst in einem Werke, das die Ausführung ganzer Anlagen oder großer Werkstücke wie Schiffbauten, Lokomotiven usw. übernimmt, ist es nicht immer angebracht einen Durchschnitts-Unkostensatz festzulegen und zu benutzen, denn es werden öfters Arbeiten oder Lieferungen vorkommen, bei denen ein Durchschnitts-Unkostensatz nicht angewandt werden kann, weil dadurch der eine Gegenstand zu billig, der andere zu teuer bewertet wird und infolgedessen das Werk in dem einen Falle ein zu niedriges und in dem anderen ein zu hohes Angebot abgeben könnte. Gesetzt, es handelt sich um die Lieferung einer Dampfmaschine und um einen Dampfkessel an zwei verschiedene Personen, die gesamten Generalkosten sind in einer Höhe festgestelt, daß sie nur durch einen Zuschlag von 200 Prozent auf alle produktiven Löhne gedeckt werden können. Werden nun diese 200 Prozent sowohl bei der Kalkulation der Dampfmaschine, als auch bei der des Kessels gleichmäßig in Anwendung gebracht, so wird zweifellos die Dampfmaschine zu gering und der mit einfachen Einrichtungen herzustellende Dampfkessel zu hoch im Preise zu stehen kommen. Die Folge wird sein, daß die billigere Dampfmaschine zum Nachteil des Werkes in Bestellung gegeben und der zu teure Dampfkessel anderweitig gekauft wird. Um solche Vorkommnisse zu vermeiden, ist es nötig die Betriebskosten auf die einzelnen Betriebe zu verteilen, daß damit auch dem wirklichen Kostenaufwande der einzelnen Betriebsabteilungen Rechnung getragen wird. Selbstverständlich darf sich diese Auseinandersetzung nicht bloß auf die Betriebskosten beschränken, sondern sie muß sich auch auf die allgemeinen Handlungsunkosten und die Amortisation für Maschinen, Gebäude, Werkzeuge und Inventar erstrecken.

Sobald nun die Gesamtunkosten für die einzelnen Betriebe ermittelt sind, tritt eine weitere Frage in den Vordergrund, die einer sehr sorgfältigen Prüfung unterzogen werden muß. Ist es nötig oder überhaupt angängig, daß die Deckung der Generalunkosten in allen Betrieben eines Werkes nur durch Aufschläge auf die Arbeitslöhne geschieht? Können nicht Verhältnisse bestehen oder eintreten, welche ein solches Verfahren für die Ermittelung der Selbstkosten als falsch und widersinnig erscheinen lassen? Nehmen wir an, daß eine Maschinenfabrik ein großes Lager I-Träger unterhält, welche mit den in der eigenen Gießerei gegossenen Säulen für Bauzwecke abgegeben werden. Für die Träger ist ein Lagerplatz angekauft, ein Lagerschuppen erbaut und für den Transport Hebewerkzeuge und Wagen angeschafft. Da nun an solchen Trägern fast niemals, und wenn es geschieht, nur ganz geringe Bearbeitungen, ausgeführt werden, so würde hier der Fall eintreten, daß wenn eine Deckung der Generalunkosten nur durch Zuschläge auf die Arbeitslöhne vorgenommen werden sollte, keine Deckung für die Verzinsung des Platzkapitals, Amortisation der Baulichkeiten, Geräte und Utensilien, sowie der allgemeinen Geschäftsunkosten erfolgen würde. In solchen Fällen müßte also ein anderes Verrechnungsverfahren für die Generalunkosten eintreten und beispielsweise durch Festlegung eines bestimmten Aufpreises auf die Gewichtseinheit der Träger die Deckung der Generalunkosten erfolgen.

Es ist ja selbstverständlich, daß die Ermittelung der Selbstkosten bei den verschiedenen Werken und dann wieder bei den einzelnen Abteilungen der letzteren nicht nach einer Schablone erfolgen kann, sondern daß stets den eigentümlichen oder örtlichen Verhältnissen Rechnung getragen werden muß. Daher ist es auch nicht der Zweck dieser Auslassungen, bestimmte Vorschläge für die Auseinanderrechnung der Unkosten der einzelnen Betriebe und deren Deckung zn machen, sondern nur auf die Notwendigkeit einer solchen Arbeit hinzuweisen.

Es dürfte nun noch die Frage zu erörtern sein, in welcher Weise die Verteilung des erzielten Gewinnes auf die einzelnen Betriebe eines Werkes zu erfolgen hat. Die Frage läßt sich sehr leicht beantworten, wenn festgestellt werden kann, in welcher Weise der Verkaufspreis des Fabrikates festgelegt worden ist. Jedem Angebot soll naturgemäß eine Vorkalkulation zugrunde liegen. Nehmen wir nun an, daß es sich um den Bau eines Seedampfers handelt, so werden bei demselben mindestens drei verschiedenen Betriebsabteilungen in Frage kommen; 1. die Schiffbauabteilung, 2. der Maschinenbau mit Eisengießerei, 3. die Kesselschmiede. Jede dieser Abteilungen stellt ihre Voranschläge auf, welche dann vereint mit einem entsprechenden Gewinnzuschlag den Verkaufspreis des Dampfers ergeben. Der erzielte Gewinn oder richtiger der erhaltene Aufpreis wird im Verhältnis der Voranschläge auf die einzelnen Betriebe verteilt und diesen als Gewinn angerechnet. Ob bei diesem Geschäft für die einzelnen Abteilungen wirklich ein Gewinn erzielt ist, kann später durch die Nachkalkulation festgestellt werden.

Nun läuft neben der Maschinenfabrik, welche die Schiffsmaschinen, Winden, Pumpen usw. geliefert hat, die Eisengießerei, das Dampfhammerwerk, die Metallgießerei usw. als Unterbetriebe nebenbei, welchen auch ein Anteil an dem erzielten Gewinn gut gebracht werden soll. Bei solchen Auseinanderrechnungen kann leicht des Guten zu viel getan werden, es empfiehlt sich daher nicht den Bogen zu straff zu spannen und nicht das Unmögliche möglich zu machen suchen, sondern sich auf den Geschäftsstandpunkt zu stellen, daß Eisengießerei, Dampfhammerwerk usw. gewöhnliche Lieferanten der Maschinenfabrik sind, denen ihre Erzeugnisse zu dem üblichen Tagespreise von der letzteren bezahlt werden. Auf diese Weise erhalten die Unterbetriebe ihren Gewinn an der Arbeit des Seedampfers zugeschrieben und dürfte dann am Jahresschluß festzustellen sein, ob diese Abteilungen bei den üblichen Tagespreisen imstande gewesen sind, einen entsprechenden Gesamtgewinn abzuwerfen. Natürlich kann durch Einzelkalkulationen in den Unterbetrieben bei verschiedenen Stücken festgestellt werden, ob sich deren Herstellungskosten durch die üblichen Tagespreise decken.

## Die Materialverwaltung.

Eine zuverlässige Materialverwaltung zu erzielen, hat schon sehr vieles Nachdenken bewirkt, aber leider ist bis jetzt diese Frage noch nicht ganz zufriedenstellend gelöst worden. Zu verschiedenen Malen haben findige Köpfe versucht, in öffentlichen Blättern Vorschriften anzugeben, in welcher Weise die Materialverwaltung in Fabriken eingerichtet werden muß, um zu jeder Zeit über die Bestände des Lagers genau unterrichtet zu sein; wenn man aber diese Vorschläge sich etwas genauer ansah, dann kam man bald zu der Überzeugung, daß sie in der Praxis nicht durchführbar waren, oder ihren Zweck vollständig verfehlen. Schon bei ganz einfachen Fabrikbetrieben der Textilindustrie, wo man es doch nur mit wenigen Materialsorten zu tun hat, hält es sehr schwer, den Zu- und Abgang derartig zu verbuchen, daß Bestand und Bücher stets übereinstimmen; um wieviel schwieriger ist aber die Materialverwaltung einer Maschinenfabrik oder Fabrik elektrotechnischer Erzeugnisse, wo es sich um hunderte verschiedener Gegenstände, mit einer Unzahl von Abstufungen, handelt. Auch bei der Materialverwaltung sollte Amerika dem ratlosen Europa die Wege zeigen, wie man auf einfache Weise zu einer zuverlässigen Buchführung kommt. Es sollen Karten hergerichtet werden, auf welche stets der Zu- und Abgang von Materialien vermerkt wird. Diese Karten sollen in Kästen geordnet und letztere dann in hierfür passenden Schränken so aufbewahrt werden, daß sie leicht auffindbar sind. Das Kartensystem ist in vielen Fällen, wie wir an anderer Stelle gesehen haben, sehr zweckmäßig und empfehlenswert, es paßt aber nicht für alle Verhältnisse und kann daher auch nur dort in Anwendung gebracht werden, wo es tatsächlich einen Wert hat.

Wer in die Geheimnisse eines Fabrikbetriebes eingeweiht ist und dann in Zeitungen liest, daß diese oder jene Fabrik auf Veranlassung ihrer aus dem Bankfache stammenden Aufsichtsräte gezwungen wird, Halbjahresübersichten zu machen, bei welchen auf Grund der Materialverwaltungsbücher Wertberechnungen der Vorräte unternommen werden sollen, der wird sich der Ansicht nicht verschließen können, daß in solchen Fällen Arbeit, Zeit und Geld vergeblich aufgewandt werden. Zuverlässiges kann durch solche Halbjahresabschlüsse nicht erreicht werden, denn die Materialbücher werden niemals mit dem Materialbestande übereinstimmen. Eine solche Ansicht wird in Kreisen, denen die praktischen Erfahrungen in einem Fabrikbetriebe fehlen, einen Widerspruch finden, aber es soll in einigen Beispielen ausgeführt werden, daß die hier aufgestellte Behauptung zutreffend ist. Nehmen wir das Stahllager einer Fabrik an. Hier finden wir Stahl, welcher zu Maschinenteilen verwendet werden soll und solchen, welcher zu Werkzeugen dient. Jede dieser Sorten hat einen anderen Qualitätspreis. Dem Qualitätspreise gliedern sich die Dimensionspreise und die Preise für besondere Beschaffenheiten des Stahles an. Ist es denkbar, daß in einem Fabrikbetriebe, wo beständig verschiedene Stücke bald groß, bald klein zur Abforderung kommen, eine Materialverwaltung so durchgeführt werden kann, daß zu jeder Zeit der Sollwert des Vorrats mit dem wirklichen Wert übereinstimmt? Soll solche Übereinstimmung wirklich stattfinden, dann muß für jede Dimension und Preislage ein bestimmtes Konto eingeführt sein, von welchem jeder Zu- und Abgang sorgfältig abgebucht wird. Dies würde aber einen Arbeits- und Zeitaufwand in der Materialverwaltung bedingen, welcher mit dem Nutzen dieser Aufwendungen in keinem Verhältnis steht. Nehmen wir weiter einfache Bedarfsartikel an. Da sind Holzschrauben mit Köpfen in verschiedenen Formen und in Dimensionsverschiedenheiten, daß ganze Seiten damit gefüllt werden könnten. Diese Holzschrauben werden in Originalpackungen und auch einzeln von den Arbeitern abgefordert. Soll da für jede Schraubensorte ein besonderes Konto angelegt und jeder Zu- und Abgang sorgfältig verbucht werden? Die einzelne Schraube hat zwar nur einen geringen Wert, aber in den Preisen weichen die verschiedenen Dimensionen doch so sehr ab, daß man zu einer ganz falschen Übersicht kommen würde, wenn man ein Konto für alle Schrauben zusammen anlegen und davon den Ausgang, in nicht immer zutreffender Weise, absetzen wollte. Und zutreffend diese Abbuchungen immer vorzunehmen, dürfte doch seine großen Schwierigkeiten haben, weil in der Materialverwaltung, außer dem eigentlichen Abteilungsvorstand, doch nur Arbeiter verwendet werden, welchen man weitgehende, schriftliche Arbeiten nicht zumuten darf. In jedem Fabrikbetriebe muß der Aufwand für eine Einrichtung mit dem Nutzen derselben in Einklang stehen. Einen Nutzen wird aber eine komplizierte Buchführung in der Materialverwaltung niemals haben, denn die Bücher werden niemals den wirklichen Wert der Materialbestände zu jeder Zeit wiedergeben können. Daher ist es besser, man unterläßt eine Einrichtung anzubahnen, welche zuverlässig in der Allgemeinheit nicht durchführbar ist. Hiermit soll aber nicht gesagt werden, daß eine Buchführung in der Materialverwaltung überhaupt zwecklos ist, nein, sie muß bestehen, aber nur so weit ausgebaut werden, als sie nützlich ist, sich den Verhältnissen eines Werkes anpaßt und nicht unnötigerweise zu großem Arbeits- und Kostenaufwand führt.

Ein ganz zuverlässiger Ein- und Ausgangsnachweis muß über alle Materialien und Gegenstände geführt werden, welche von besonders hohem Wert sind und leicht der Verschleppung unterliegen. Hierzu gehören Kupfer, Zinn, Rotguß, Messing, ferner fertig bezogene Armaturen wie: Hähne usw. Jede dieser Materialien muß ein besonderes Konto erhalten, auf welchem der Ein- und Ausgang in Gewicht, Stück oder Maß verbucht wird, damit zu jeder Zeit der Bestand festgestellt werden kann. Die Formulare 31 und 32, Seite 214 und 215, geben für die Einrichtung solcher Bücher einen Anhalt. Während das Formular 31 sich für Materialien eignet, welche in der Fabrik weiter bearbeitet werden, ist das Formular 32 für fertig bezogene Gegenstände bestimmt. Alle überflüssigen Schreibereien sind in beiden Fällen vermieden, die Bücher, zu denen natürlich Register angelegt werden müssen, können daher von untergeordneten Kräften, wenn sie sonst zuverlässig sind, leicht in Ordnung gehalten werden. Zu der Eintragung des Einganges sind keinerlei Erklärungen nötig, sie erfolgen auf Grund der zur Eingangsbestätigung vorgelegten Rechnungen. Der Wert der Materialien braucht in der Materialverwaltung nicht verbucht zu werden. Für den Ausgang liegen die Verabfolgescheine der Werkstatt oder der Versandabteilung vor, welche alle näheren Angaben über die Verwendung des Materials enthalten müssen. In beiden Tafeln ist neben dem Datum des Ausganges der Empfänger, also der Arbeiter, zu vermerken, welcher den Gegenstand abholt. Hiermit wird der Verbleib des Gegenstandes nachgewiesen. Dann kommt die Verwendung des Materials. Hier gibt die Nummer der Kommission, der Zeichnung und der den Gegenstand bezeichnende Buchstabe Auskunft. Schließlich ist das wirklich zur Verwendung gekommene Gewicht des Materials zur Eintragung zu bringen. Bei fertig aus der Materialverwaltung entnommenen Gegenständen werden die Spalten: Zeichnung und Gegenstand des Formulars 32 wohl in vielen Fällen unausgefüllt bleiben. Selbstverständlich können diese Tafeln in beliebiger Weise erweitert, und beispielsweise das Konto „Profilkupfer“ für verschiedene Dimensionen geteilt werden. Im großen und ganzen dürfte aber wohl eine summarische Behandlung solcher Materialsorten genügen, weil damit eine genügende Kontrolle ausgeübt und der Bestand des Lagers übersehen werden kann. Für welche Materialien und Gegenstände ein solcher ausführlicher Zu- und Abgangsnachweis eingeführt werden soll, muß dem Ermessen einer jeden Werkleitung überlassen bleiben. Soweit eine Einzelverbuchung möglich und ohne Umstände und Unkosten durchführbar ist, sollte sie nicht unterlassen werden, aber für jede Kleinigkeit eine Verbuchung einzuführen, bei welcher die Arbeit in keinem Verhältnis zu dem Wert des Gegenstandes steht, ist überflussig und zu vermeiden. Nun ist es aber nicht denkbar, daß der Ein- und Ausgang aller kleinen oder minderwertigen Materialien einer jeden Kontrolle enthoben wird. Ein Nachweis muß über den Verbleib eines jeden Lagerstückes geführt werden, nur ist es nicht nötig, daß derselbe immer vereinzelt erfolgt; es wird vielmehr oft genügen, wenn derselbe, bei Gegenständen von geringerem Wert, in allgemeiner Weise erbracht wird. Bleiben wir bei den vorher angeführten Holzschrauben stehen. Da eine Trennung aller Sorten und Größen zu weit führen würde, so können im Eingang alle Schrauben gemeinschaftlich verbucht werden, im

Eingang — Kupfer, verschiedene Profile. — Ausgang

| Eingang: Datum Monat | Eingang: Datum Tag | Bezugsquelle | Gewicht kg | Gewicht g | Ausgang: Datum Monat | Ausgang: Datum Tag | Empfänger Arbeiter-No. | Verwendung Komm.-No. | Verwendung Zeichnung | Verwendung Gegenstand | Gewicht kg | Gewicht g |
|---|---|---|---|---|---|---|---|---|---|---|---|---|
| 1904 | | | | | 1904 | | | | | | | |
| Januar | 20. | Mende & Schwerte, Schwerte. | 1043 | — | Januar | 25. | 960 | 84 | 306 | C | 12 | 150 |
| März | 12. | Felten & Guilleaume, Mühlheim. | 730 | — | „ | 29. | 820 | 92 | 420 | B | 18 | 050 |
| | | | | | Febr. | 4. | 960 | 107 | 380 | E | 24 | 700 |
| | | | | | „ | 6. | 820 | 120 | 370 | B | 19 | 150 |
| | | | | | „ | 6. | 840 | 124 | 410 | C | 17 | 300 |

Formular 31.

| Eingang | | | | Manometer 120 m/m | | | | | | Ausgang |
|---|---|---|---|---|---|---|---|---|---|---|
| Datum | | Bezugsquelle | Stück | Datum | | Empfänger | Verwendung | | | Stück |
| Monat | Tag | | | Monat | Tag | Arbeiter-No | Komm.-No. | Zeichnung | Gegenstand | |
| 1904 | | | | 1904 | | | | | | |
| Januar | 10. | Schäffer & Budenberg, Buckau. | 50 | Januar | 12. | 520 | 72 | — | — | 1 |
| | | | | „ | 13. | 540 | 82 | — | — | 3 |
| | | | | „ | 24. | 520 | 106 | — | — | 2 |
| | | | | Febr. | 2. | 510 | 109 | — | — | 1 |
| | | | | „ | 6. | 506 | 98 | — | — | 2 |

Formular 32.

Ausgange aber, so wie sie abgeholt werden, in kleinen Partien. Natürlich muß bei jedem Ausgangsposten die Dimension oder Nummer der Schrauben angeführt werden, weil, wie wir aus der Besprechung der Kalkulation ersehen haben, auf Grund der Angaben der Materialverwaltung die Materialberechnungen erfolgen müssen. Darum ist auch selbst bei Ausgabe von untergeordneten Gegenständen die Anführung der Kommissionsnummer erforderlich. Wie Holzschrauben werden auch Splinte, Blechnieten, Verpackungen usw. behandelt.

Es ist schon bemerkt worden, daß Materialien nur auf Grund eines Auslieferungsscheines verabfolgt werden dürfen. Die Auslieferungsscheine — Formular 33, Seite 217 — werden, nachdem die Materialverwaltung die Gewichte, Maße oder Stückzahl der verabfolgten Gegenstände eingeschrieben hat, an jedem Abend nach der Kalkulatur zur weiteren Benutzung abgegeben. Die Hauptaufgabe der Materialausgabe ist, daß nicht der geringste Gegenstand ohne nähere Angabe der Verwendung verabfolgt wird, sonst besteht die Gefahr, daß Materialien bei der Kalkulation oder der Rechnungserteilung unberücksichtigt bleiben.

Der Ausgabe von Schmier- und Putzmaterial wird oft nicht große Beachtung geschenkt, weil angenommen wird, daß es ziemlich zwecklos ist, ob besondere Angaben über die Verwendung gemacht werden oder nicht. Diese Auffassung ist nicht ganz zutreffend. Schmier- und Putzmaterial wird nicht allein für die Betriebs- und Arbeitsmaschinen, sondern auch beim Probieren und Reinigen von Neuarbeiten verwendet. Da ist es doch sehr angenehm, zu erfahren, was beispielsweise bei den verschiedenen Betriebsmaschinen, was im Werkbetriebe und was bei der Fabrikation verbraucht wird, um hieraus Schlüsse über die bei jeder Verrichtung entstehenden Unkosten ziehen, zugleich aber auch eine Kontrolle über die Maschinenwärter ausüben zu können.

Im großen und ganzen wird sich die Materialienverwaltung wohl nur auf die unter Schloß und Riegel befindlichen Materialien zu beschränken haben, dagegen bei Gegenständen wie Stangeneisen, Blechen, Winkeleisen, Roheisen und dergl. nur auf den richtigen Eingang derselben zu achten brauchen, weil diese groben und oft umständlich zu handhabenden Materialien

**Werkstatt:** *K*

An *Altmann* No. *436*

ist zu verabfolgen:

Komm.-No.: *336* Besteller: *Weber*

| Stück | Gegenstand | Gewicht kg |
|---|---|---|
| | 8 m Rundkupfer 20 mm zu Stehbolzen . . . | 24,5 |
| 40 | Schrauben mit Muttern 16 ⌀ 60 lg zum Anschrauben von Armaturen an den Kessel | |

Berlin, den 10./IX. 04.

*Urban*
Name des Meisters.

Formular 33.

meistenteils in der Nähe der Arbeitsstätten lagern und dann unter die Aufsicht der betreffenden Werkstattsabteilung gestellt werden. Über den Wert des Nachweises über das bei der Herstellung eines Stückes gebrauchte Stangen- oder Winkeleisen ist an anderer Stelle gesprochen worden. Bleche werden meistenteils für bestimmte Zwecke bestellt und es bereitet daher keine Schwierigkeiten, das Lager derselben zu kontrollieren und die für die Kalkulation erforderlichen Gewichte zu ermitteln. Roheisen aber vor dem Einwerfen immer noch abzuwiegen und zu kontrollieren, dürfte doch wohl keinen Sinn haben und zwar als unnötige Arbeitslohnvergeudung anzusehen sein.

## Das Magazin für Einzelteile.

Im Magazin für Einzelteile werden alle Stücke aufgenommen, welche in größerer Anzahl hergestellt und erst bei der Montage für eine bestimmte Maschine oder bestimmtes Gerät Verwendung finden. Je mehr Stücke auf einmal ausgeführt werden können, um so billiger wird sich die Herstellung derselben ermöglichen lassen. Daher wird ein jeder Konstrukteur die Aufgabe haben, bei seinen Konstruktionen so vorzugehen, daß die in der Fabrik in größerer Menge hergestellten Einzelteile auch bei verschiedenen Maschinen Verwendung finden können. Da es nun nicht immer angängig sein wird, daß ein und derselbe Gegenstand für Maschinen von verschiedener Größe ohne weiteres benutzt werden kann, so werden viele in größerer Anzahl hergestellte Einzelteile nur bis zu einer bestimmten Grenze vorgearbeitet werden und oft, wenn die endgültige Verwendung derselben feststeht, der Bestimmung entsprechend vollständig fertig gemacht werden.

Zu den Einzelteilen gehören nun nicht nur die einzelnen Stücke, wie beispielsweise Ventilspindeln, Handräder, Gelenkstücke u. dgl., sondern auch die bis zu einer gewissen Grenze fertiggestellten Maschinenstücke, wie Absperrventile, Regulatoren usw., welche erst in Verwendung kommen, wenn beispielsweise eine Dampfmaschine in der Montagewerkstatt zusammengestellt werden soll. Alle diese Stücke wandern, sobald an ihnen augenblicklich nichts mehr gearbeitet werden kann, in das Magazin. Als Vorsteher des Magazins wird gewöhnlich ein alter, in allen Teilen der Fabrikation bewanderter Meister oder Monteur angestellt, welcher imstande ist, alle Arbeiten beurteilen zu können. Dieser Magazinvorsteher nimmt jedes eingelieferte Stück selbst ab und prüft, ob dasselbe in vorschriftsmäßiger Weise ausgeführt und unbeschädigt ist, und läßt es dann ordnungsmäßig aufbewahren. Das Magazin dient also, außer als Aufbewahrungsstätte, gleichzeitig als Kontrollstation für die ausgeführten Arbeiten. Sollte dem Meister in der Werkstatt ein Fehler bei der Arbeit entgangen sein, so wird er dem Magazinvorsteher nicht so leicht entgehen, weil er in der Lage ist, jedes Stück sorgfältiger prüfen zu können, als der Meister dies im Drange der Geschäfte bei mangelhafter Beleuchtung und beengtem Raum tun kann.

Ein Magazin für Einzelteile ist auch in jeder Fabrik notwendig, wo Maschinen und Geräte ohne vorherige Bestellung hergestellt werden. Die Arbeiten für das Magazin ermöglichen nicht nur die Anfertigung mehrerer Stücke auf einmal, sondern sie schaffen auch die Möglichkeit, für eine gleichmäßige Beschäftigung der Arbeiter sorgen zu können. Es ist ja selbstverständlich, daß für diese Vorratsarbeiten, wenn sie in großen Mengen bewirkt werden, nur solche Stücke zur Auswahl kommen, welche öfter gebraucht werden und nicht jahrelang unbenutzt liegen bleiben müssen. Würde dies letztere eintreten, dann wäre eine Massenherstellung für den Vorrat zwecklos, weil durch Zins- und andere Verluste der Nutzen derselben verloren gehen würde. Die Werkstattverwaltung hat daher nach sorgfältiger Ermittelung anzugeben, welche Stücke oder Teile in Vorrat gearbeitet werden dürfen, und hat eine zuverlässige Übersicht darüber zu führen, was in dem Magazin vorhanden ist, und wie weit in der Bearbeitung die Gegenstände sich befinden, um einesteils zu verhüten, daß die Vorräte sich ins Ungemessene steigern, andererseits aber in der Lage zu sein, unter Berücksichtigung der Lagerbestände die kürzesten Liefertermine zu jeder Stunde festsetzen zu können. In einem großen Betriebe mit vielen auswärtigen Vertretern müssen fast alle Wochen Angaben über Liefertermine für die verschiedenartigsten Erzeugnisse erlassen werden. Das ist aber nur möglich, wenn die Werkstattleitung stets genau über alle Vorräte und den Stand der augenblicklichen Beschaffenheit der Einzelteile unterrichtet ist. Der Magazinvorsteher wird daher nicht nur die Pflicht haben, alle ihm zugeführten Einzelteile anzunehmen und zu prüfen, sondern auch darüber Buch zu führen, in welchem Stand der Bearbeitung sie sich befinden, um hierüber der Werkstattleitung die zur Ausstellung der Lieferlisten notwendigen Unterlagen geben zu können. Diese Aufgabe gut zu lösen, erscheint sehr schwer und umständlich, läßt sich aber, praktisch angefaßt, sehr leicht abwickeln. Zunächst ist zu berücksichtigen, daß kleine Einzelteile, welche stets in großer Menge hergestellt und zu den mannigfaltigsten Maschinen und Geräten verwendet werden, von der buchmäßigen Festsetzung des zeitigen Zustandes ausgeschlossen sind, weil solche Gegenstände gleich in einem Zuge hergestellt und dann fertig im Magazin abgeliefert werden. Bei diesen Sachen ist nur darauf zu achten, daß ein bestimmter Vorrat stets vorhanden ist. Der Schwerpunkt liegt darin, stets eine genaue Übersicht über den Zustand solcher Gegenstände zu haben, welche beim Gießen und bei den verschiedenen Bearbeitungen stets eine längere Zeit in Anspruch nehmen. Bei Dampfmaschinen würde in erster Linie der Zylinder, die Grundplatte, Kurbelwelle und Schwungrad, dann vielleicht die Steuerung und Kolben in Frage kommen. Wird also der Dampfmaschinenbau als Spezialität betrieben, so würde für die wichtigsten Teile einer jeden Dampfmaschine ein Konto angelegt werden, aus welchem mit einem Blick ersehen werden kann, ob und wieviel Stücke von jedem Teile vorhanden sind und inwieweit die Bearbeitung derselben vorgeschritten ist. Das Formular 34, Seite 221, gibt für diese Buchführung einen Anhalt. Die einzelnen Striche in jeder Spalte deuten an, daß die angegebenen Arbeiten ausgeführt sind. Zunächst ist ersichtlich, daß acht Zylinder von der Dampfmaschine Hd 6 zum Abguß aufgegeben sind, daß zwei Zylinder davon vollkommen fertig sind und der eine derselben für die Kommission No. 86 bestimmt ist, während der zweite zur sofortigen Benutzung bereit liegt. Vier Zylinder befinden sich in verschiedenen bearbeiteten Zuständen, einer ist im Rohguß vorhanden, und einer erst der Gießerei aufgegeben. Da nun feststeht, wieviel Zeit für jede Arbeit erforderlich ist, so ist die Werktattsverwaltung in der angenehmen Lage, auf Grund der ganz einfachen Aufzeichnungen mit voller Sicherheit der Magazinverwaltung angeben zu können, in wieviel Tagen oder Wochen eine jede dieser acht Dampfmaschinen geliefert werden kann, wenn die anderen Teile derselben in der Bearbeitung ebenso weit vorgeschritten sind wie die Zylinder. Man sieht auch, wie der Absatz jeder Maschinensorte sich vollzogen hat und kann daher stets rechtzeitig Schritte tun, um den Vorrat in notwendiger Größe zu erhalten. Nun ist es ja selbstverständlich, daß nicht die großen Stücke in das Magazin gebracht, dort deren jedesmalige Bearbeitung festgestellt und dann dieselben wieder in die Werkstätten zurückgeschleppt werden können, um dort weiter bearbeitet zu werden. Da hat dann entweder der Magazinverwalter oder dessen Helfer die Pflicht,

Dampfzylinder für HD 6.

| Nummer des Stückes | Datum der Aufgabe | Guß fertig | Ausbohren | Schieberfläche bearbeitet | Flanschen bearbeitet | Sohle gehobelt | Schraubenlöcher gebohrt | Gewinde eingeschnitten | Schlosser fertig | Bekleidung fertig | Verwendet für |
|---|---|---|---|---|---|---|---|---|---|---|---|
| 1 | 4./5. 93 | / | / | / | / | / | / | / | / | / | Komm.-No. 86 |
| 2 | 4./5. 93 | / | / | / | / | / | / | / | / | / | |
| 3 | 6./8. 93 | / | / | / | / | / | / | | | | |
| 4 | 6./8. 93 | / | / | / | / | / | | | | | |
| 5 | 1./12. 93 | / | / | / | | | | | | | |
| 6 | 1./12. 93 | / | / | | | | | | | | |
| 7 | 4./2. 94 | / | | | | | | | | | |
| 8 | 4./2. 94 | | | | | | | | | | |

Formular 34.

sich in den Werkstätten in gewissen Zeitabschnitten nach den betreffenden Stücken umzusehen und sich nach dem Fortschritt der Arbeiten zu erkundigen, oder die Meister werden veranlaßt, der Magazinverwaltung die Fertigstellung einer jeden Bearbeitungsstufe an großen Stücken mitzuteilen. Die Überwachung und Verbuchung der Ausführung der verschiedenen Arbeiten kann aber auch bei bestimmten großen Stücken ganz von der Magazinverwaltung getrennt und in das Werkstattsbureau verlegt werden, wo dann auf Grund der fertig geschriebenen Lohnzettel die Eintragung der einzelnen Bearbeitungen erfolgen kann.

In verschiedenen Fabriken ist es eingeführt, daß bei Vorratsarbeiten für die Spezialität jedes Stück gleich bei der Ablieferung in das Magazin mit einem Zettel versehen wird, auf welchem die Nummer der Maschine, für die das Stück dereinst in Verwendung kommen soll, verzeichnet ist. Diese Anordnung hat einen sehr praktischen Zweck. Treten Änderungen in der Ausführung einer Maschine ein, so erfolgt an die Werkstattsleitung die Weisung, daß diese Änderungen mit Nummer so und so der betreffenden Maschinenart beginnen sollen. Diese Änderungen werden natürlich so weit hinausgeschoben, daß die in Angriff genommenen Einzelteile erst aufgebraucht werden können. Bis zu dieser für die Änderung festgelegten Nummer kann also in der alten Weise fortgearbeitet werden. Damit aber nun die Neuausführungen bei der Ausgabe aus dem Magazin nicht vorgezogen und die alten Stücke zurückgesetzt und dadurch Erschwerungen oder Störungen in der Fabrikation herbeigeführt werden, so wird dadurch, daß jedem im Magazin eingelieferten Stück die Nummer der Maschine, für welche es dereinst verwendet werden soll, angeheftet wird, allen Unzuträglichkeiten vorgebeugt.

Die Lage eines Magazins muß derartig sein, daß es von allen Werkstätten bequem und schnell erreicht werden kann. Um eine Beschädigung von sauberen Stücken zu vermeiden, empfiehlt es sich, die Ablieferungstische mit festem Filz zu belegen, auch die Aufbewahrungsregale nicht aus Eisen, sondern nur von Holz herzustellen. Die zur Ablieferung gebrachten Stücke mit der Nummer desjenigen Arbeiters zu verzeichnen, welcher die letzte Arbeit an denselben ausgeführt hat, ist ebenfalls eine recht empfehlenswerte Einrichtung. Hierdurch soll dem Arbeiter, welcher ein Stück aus verschiedenen Teilen zusammengepaßt und fertig gemacht hat, die Verpflichtung und Verantwortung aufgelegt werden, darauf zu achten, daß nur fehlerfreie und in guter Ausführung befindliche Einzelteile bei seiner Arbeit zur Verwendung kommen. Es ist beim besten Willen oft nicht möglich, daß ein Meister oder der prüfende Magazinverwalter einen fehlerhaften Teil bei einem zusammengebauten Stück herausfinden kann, während jeder Arbeiter, der das Zusammenpassen und Fertigmachen des Stückes ausführt, genügend Gelegenheit hat, jeden Einzelteil sorgfältig prüfen und beurteilen zu können. Es ist daher nur in der Ordnung, wenn Arbeiter, welche fehlerhafte Einzelteile ungerügt verwenden, hierfür verantwortlich gemacht werden.

Die Abhebung von Einzelteilen aus dem Magazin erfolgt auf Grund von Auslieferungsscheinen oder der Stücklisten. Die Auslieferungsscheine werden, nachdem sie verbucht und mit entsprechenden Vermerken versehen sind, der Kalkulatur übergeben. Auf dem Auslieferungsschein muß angegeben werden, inwieweit der ausgegebene Teil in der Bearbeitung vorgeschritten ist, damit danach die entsprechende Löhne für die Arbeiten berücksichtigt werden können. Der Auslieferungsschein wird meistenteils nur zur Abhebung von Teilen für Reparaturzwecke benutzt werden, während die Stücklisten für Neuarbeiten Anwendung finden. Hauptsache in der Magazinverwaltung ist auch hier wieder, daß alle Angaben so sorgfältig und gewissenhaft gemacht werden, daß niemals bei Berechnungen Arbeitslöhne oder Materialien übergangen werden können. Diese Aufgabe ist sehr leicht zu erfüllen, weil alle Buchungen in so einfacher Weise erfolgen, daß selbst der einfachste Arbeiter dieselben ausführen kann. In einem Magazin muß die peinlichste Ordnung und Sauberkeit herrschen. Es muß darauf gesehen werden, daß alle Stücke vor Rost, Staub und Schmutz bewahrt bleiben, damit dieselben nicht unansehnlich und für altes Material gehalten werden können. Ist das Magazin gut geordnet, sind alle zueinander gehörigen Teile stets zusammengehalten, dann vereinfacht sich auch die Inventur ganz wesentlich, weil die Aufnahme nicht erst vorbereitet zu werden braucht. Ein gut angelegtes und sauber gehaltenes Magazin ist eine Zierde einer jeden Fabrik; es ist aber auch die wertvollste Abteilung eines Werkes, und es muß aus diesem Grunde demselben die größte Aufmerksamkeit geschenkt werden.

## Die Lagerverwaltung fertiger Gegenstände.

Die Verwaltung des Lagers an fertigen Fabrikaten untersteht in Maschinenfabriken meistenteils der Werkstattsleitung, weil alle Maschinen, welche dem Versand noch nicht zur Abschickung übergeben sind, nicht als fertig angesehen werden, tatsächlich es meistenteils auch nicht sind, weil an denselben vor ihrer Verladung immer noch etwas nachzuarbeiten ist. Für alle Fabriken empfiehlt es sich, die fertiggestellten Maschinen allgemein fortlaufend oder in ihren Gruppen zu nummerieren, und dann in die Lagerbücher einzutragen, damit ein zuverlässiger Nachweis über den Verbleib eines jeden fertigen Stückes geführt werden kann. Für ein solches Lagerbuch eignet sich das Formular 35, Seite 225, zur Benutzung. Wie in alle Werkstattsbücher, so können auch in dieses Lagerbuch alle Maschinen und Geräte in der in der Fabrik üblichen Weise abgekürzt eingeschrieben werden. Es ist nicht gerade nötig, daß nur die auf Lager gearbeiteten Gegenstände in das Lagerbuch aufgenommen werden, sondern es müßten überhaupt alle mit der fortlaufenden Nummer versehenen Maschinen durch das Lagerbuch gehen, weil dies eine recht angenehme Übersicht über die Ausgänge gibt, die von allen Abteilungen des Werkes zu Nachschlagezwecken benutzt werden kann.

## Der Versand und Eingang.

In der Versandabteilung wird nicht nur der Versand der fertiggestellten Erzeugnisse bewirkt, sondern es werden auch die eingehenden Sachen empfangen und an die entsprechenden Stellen des Werkes weitergegeben. Nachdem von der Werkstattsverwaltung die Anzeige eingegangen ist, daß ein Gegenstand zur Versendung bereit liegt, hat der Versand sich mit der kaufmännischen Abteilung in Verbindung zu setzen, um die Genehmigung

| Laufende Nummer | Gegenstand | Datum der Fertigstellung | Empfänger | Datum der Fertigstellung |
|---|---|---|---|---|
| 3106 | Hd 2 | 2./III. 1902 | Wilhelm Kramer & Co., Frankfurt a/M. | 4./VI. 1902 |
| 3107 | Ho 4 | 6./III. 1902 | Ig. Kapitzki, Warschau | 8./V. 1902 |
| 3108 | Rb 3 | 15./III. 1902 | Joseph Streitl, Wien | 1./II. 1903 |
| 3109 | Dr 4 | 18./III. 1902 | Albert Weber, Weimar | 15./VI. 1902 |
| 3110 | Dr 4 | 18./III. 1902 | Franz Giese, Königsberg i/Pr. | 18./X. 1902 |
| 3111 | Dr 4 | 18./III. 1902 | Derselbe | 3./III. 1903 |
| 3112 | B 2 | 20./III. 1902 | Hermann Klein, Hamburg | 20./III. 1904 |

Formular 35.

zur Absendung der betreffenden Gegenstände zu erhalten. Durch die Abschrift der Stückliste ist der Versand über die Art der Verladung und die Adressen unterrichtet, aber diese Aufzeichnungen dürften nicht genügen, um sofort die Verladungen vorzunehmen; denn es können vor der Versendung noch verschiedene Bedingungen von dem Empfänger zu erfüllen sein, die in die Stückliste nicht eingeschrieben werden dürfen. Daher ist es notwendig, daß die kaufmännische Abteilung vor der Verladung der Waren nochmals befragt wird. Ist alles zur Verladung bereit, dann werden die abzusendenden Teile mit der Stückliste verglichen, verwogen, aufgeschrieben und verpackt. Sind zu der Verpackung mehrere Kisten erforderlich, so müssen natürlich die in jeder Kiste untergebrachten Teile besonders vermerkt werden, damit der Empfänger weiß, was in jeder derselben enthalten ist, und nicht nötig hat, erst die ganze Sendung auspacken zu lassen, um einen zuerst gebrauchten Gegenstand zu erlangen. Die Verpackung der Erzeugnisse erfolgt nicht allein in der Versandabteilung, sondern unter Aufsicht eines Beamten der letzteren auch in den Werkstätten, damit ein wiederholter Transport von schweren Gegenständen vermieden wird. Bei der Verpackung ist nicht allein darauf Rücksicht zu nehmen, daß die Teile nicht auf dem Transport, sondern daß sie auch bei dem Auspacken an Ort und Stelle nicht beschädigt werden können. Es kommt sehr oft vor, daß die mit der Verpackung betrauten Arbeiter glauben des Guten nicht genug tun zu können und daher die einzelnen Teile in den Packkisten und dann die letzteren selbst in einer Weise vernageln, daß es oft eine Unmöglichkeit ist, die Kisten in gewöhnlicher Weise zu öffnen und die einzelnen Teile ohne Anwendung von Brechwerkzeugen heraus zu bekommen. Abgesehen davon, daß solche Verpackungsarten unnötig teuer werden, so wird auch das Verpackungsmaterial beim Auspacken ganz vernichtet und durch das gewaltsame Aufbrechen der Kisten usw. der Inhalt derselben gefährdet. Wenn zum Verschließen der Kisten nicht Holzschrauben verwendet werden, welche zwar etwas langsam, aber ohne Beschädigung der ersteren leicht zu entfernen sind, so empfiehlt es sich wenigstens, die sogenannten Kistenschoner, d. h. eine Art Unterlagskörper zu verwenden, welche das Herausziehen der Nägel ermöglichen oder erleichtern.

Weder für den Bahn- noch für den Seetransport bestehen bestimmte Vorschriften für die Verpackung, doch lassen die Bahnen sich öfters von den Absendern schriftliche Erklärungen abgeben, daß bei mangelhaft oder gar nicht verpackten, leicht einer Beschädigung ausgesetzten Gegenständen die Bahnverwaltung von einer Ersatzpflicht befreit bleibt, wenn auf dem Transport die Güter, infolge der mangelhaften Verpackung, beschädigt werden. Für den Seetransport bestehen, wie schon bemerkt, Vorschriften über die Verpackung der Güter überhaupt nicht, es bleibt vielmehr ganz dem Ermessen der Absender überlassen, ihre Sendungen gegen Beschädigungen so zu schützen, wie es ihnen für angemessen erscheint. Immerhin haben sich für den Seetransport bestimmte Regeln für die Verpackung der Waren herausgebildet, welche ziemlich allgemeine Annahme gefunden haben, ohne daß dafür irgend welche geschriebene oder gedruckte Bestimmungen veröffentlicht sind. Leicht durch Feuchtigkeit zu beschädigende Gegenstände, darunter auch verschiedene Maschinen, werden in Kisten verpackt, welche nicht allein mit dünnem Zinkblech ausgeschlagen, sondern in denen diese Blechplatten sogar miteinander verlötet sind. Bei weniger feinen Sachen werden die Kisten vielfach mit Dachpappe ausgenagelt und, wenn die Kolli wegen ihrer Größe auf Deck zur Verladung kommen, auch noch außen oft mit Dachpappe verkleidet. Bei der Verladung recht schwerer Gegenstände ist darauf Rücksicht zu nehmen, daß an denselben Angriffspunkte vorhanden sind, an welchen die Ladeketten und Taue befestigt oder umgelegt werden können. Ferner ist zu beachten, daß die Kisten und Verpackungen von schweren Gegenständen so stark hergestellt sein müssen, daß sie nicht durch das Umlegen von Tauen oder Ketten beim Verladen eingedrückt werden können. Bei Seeverladungen kommt die Fracht nicht allein nach dem Gewicht, sondern auch nach dem Raum, den das Gut einimmt, zur Berechnung, daher tut man gut, beispielsweise eiserne Gefäße, Dampfkessel, Bassins nicht leer zu versenden, sondern mit Gegenständen zu füllen, welche einen derartigen Transport vertragen können, ohne durch die etwas mangelhaft ausfallende Verpackung beschädigt zu werden.

Bei der Beladung von Eisenbahnwagen ist darauf zu sehen, daß die Ladegewichte der Wagen nicht überschritten und die

Ladeprofile eingehalten werden, weil die Nichtbeachtung der hierüber bestehenden Vorschriften für den Versender unliebsame Folgen nach sich ziehen kann. Tritt der Fall ein, daß bei schweren und großen Gegenständen die Einhaltung der Ladeprofile nicht möglich ist, so pflegt die bayrische Staatsbahn auf Ersuchen eine nur ganz allein von ihr geführte Sorte Wagen zur Verfügung zu stellen, welche wesentlich niedriger als die aller anderen deutschen Bahnen sind.

Die Aufzeichnung, welche über die zur Versendung gekommenen Sachen gemacht werden, sind so zu halten, daß ihre Weiterbenutzung im kaufmännischen Bureau ohne Vermehrung der Schreibarbeit möglich ist. Vielfach besteht die Einrichtung, daß die abgegangenen Sachen in ein Versandbuch eingetragen und dann aus diesem Auszüge für die verschiedensten Zwecke gemacht werden. Ein solches Versandbuch, mit Aufführung aller zur Verladung gekommenen Einzelteile, hat eigentlich keinen großen Wert, weil dasselbe doch nur an einer Stelle und auch nur von einer Person benutzt werden kann. Für die Versandabteilung genügt ein einfaches Buch, in das die Sendungen so eingeschrieben werden, wie sie auf den Frachtbriefen angegeben sind. Dagegen empfiehlt es sich, zur Herstellung der Versandanzeigen an die Empfänger sowie zur Ausstellung der Rechnungen die ausführlichen Aufzeichnungen der abgeschickten Gegenstände auf einzelne Blätter aufzuschreiben und nach dem kaufmännischen Bureau weiterzugeben, wo sie entweder, nach dem Datum geordnet, aufbewahrt, oder den Akten für die einzelnen Kommissionen beigelegt werden können. Durch die einzelnen Blätter wird es ermöglicht, daß mehrere Personen zu gleicher Zeit die Weiterbearbeitung der Ausgänge bewirken können; auch die Ausstellung der Rechnung über verschiedene Sendungen wird durch die bessere Übersichtlichkeit erleichtert. Wird es aber für nötig befunden, auch in der Versandabteilung eine Abschrift der ausführlichen Angaben über die Sendungen zurückzubehalten, so können dieselben durch Blaudurchdruck hergestellt und dann die einzelnen Blätter in gleicher Weise wie im kaufmännischen Bureau geordnet aufbewahrt werden.

Die eingehenden Güter müssen sofort nachgewogen und geprüft werden, damit Ausstellungen sogleich bewirkt werden können. Die angekommenen Gegenstände werden fortlaufend, wie sie in Frachtbriefen oder Begleitscheinen aufgeführt sind, in ein Eingangsbuch eingetragen. Stimmen die Eingänge mit den Begleitpapieren überein und sind keine Beschädigungen an dem Gute bei dem Transport zu rügen gewesen, so hört die Verantwortlichkeit des Verfrachters auf und es bleibt nun noch zu prüfen, ob die erhaltenen Gegenstände der Bestellung oder der Rechnung oder der Versandanzeige entsprechend eingegangen sind. Das heißt, ob die Qualität, das Gewicht, die verpackten Stücke usw. so geliefert sind, wie sie geliefert werden sollen. Sofern es sich um die Feststellung der Stückzahl und der Gewichte handelt, wird die Annahmestelle stets in der Lage sein, die Richtigkeit prüfen und bescheinigen zu können, sobald es sich aber um Qualitätsfeststellungen handelt, dürfte es wohl Sache der Werkstattsverwaltung sein, ein Gutachten hierüber abzugeben. Daher ist der Werkstatt in solchen Fällen von dem Eingange sofort Mitteilung zu machen, damit die notwendigen Untersuchungen sogleich vorgenommen werden können und die für Ausstellungen an Sendungen bestehende Frist nicht versäumt wird. Nachdem in dieser oder ähnlicher Weise die Eingänge auf ihre Richtigkeit geprüft und entsprehende Vermerke hierüber in Rechnungen oder Versandanzeigen gemacht worden sind, werden die ersteren ihrer Bestimmung, also den verschiedenen Lägern oder der Werkstatt, zugeführt. Über die Behandlung des Versandes und des Einganges noch weitere Vorschriften hier zu geben, dürfte nicht nötig sein, da es nicht schwer fallen wird, aus dem hier Angedeuteten eine bestimmte Ordnung auszuarbeiten.

## Die Feuerwehr.

Mag ein Werk noch so klein sein, so ist es doch nötig, daß für den Fall, daß plötzlich Feuer eintritt, entsprechende Vorsichtsmaßregeln getroffen werden. Von seiten der Aufsichtsbehörde sind Anordnungen erlassen, daß Notausgänge angelegt werden, welche bei eintretender Feuersgefahr von den Arbeitern leicht erreicht und benutzt werden können. Aber mit solchen Bestimmungen allein werden Unglücksfälle, welche durch Feuer hervorgerufen werden können, nicht immer verhütet, am allerwenigsten aber der Enstehung des letzteren vorgebeugt, da müssen andere Maßregeln getroffen werden. In vielen großen Betrieben bestehen, wie in den Städten, gut organisierte Feuerwehren, deren Mitglieder weiter nichts zu tun haben, als darauf zu achten, daß das Aufkommen eines Feuers vermieden und, wenn ein Brand entsteht, derselbe so schnell gelöscht wird, daß große Schäden dadurch nicht verursacht werden können. Eine gut eingerichtete Fachfeuerwehr kostet aber viel Geld, es können daher nur große und über bedeutende Mittel verfügende Werke es sich leisten, eine Feuerwehr nach großstädtischem Muster einzurichten. Aber die bedeutenden Verluste, welche für jedes gewerbliche Unternehmen entstehen, wenn es durch Brände heimgesucht und in seinem Betriebe kürzere oder längere Zeit gestört wird, sollten doch Veranlassung geben, der Frage näher zu treten, ob es nicht geboten ist, selbst für den kleinsten Betrieb eine Einrichtung zu treffen, welche das Aufkommen von Bränden verhütet oder das Umsichgreifen derselben vermindert. Je größer ein Werk ist, um so größer wird auch die Gefahr sein, daß Brände entstehen. Ist dieses zutreffend, so werden auch für kleinere Betriebe zur Bekämpfung und Verhütung von Feuer nicht solche umfangreichen Vorrichtungen notwendig sein, als für große. Wenn also in einem großen Werke eine ständige Feuerwehr aus einer größeren Anzahl von Personen erhalten werden muß, welche nichts weiter zu tun haben, als den Feuerwehrdienst auszuüben, so wird es in kleinen Betrieben genügen, wenn einzelne Personen bestimmt werden, welche auf alles Feuergefährliche acht geben und bei eintretendem Brande die ersten sein müssen, die das Unterdrücken desselben ausführen. Die Ausgaben für die Feuerwehr werden also überall den Verhältnissen angepaßt werden können, ohne daß sie eine unerschwingliche Belastung irgend eines Betriebes zu werden brauchen. Sehen wir also von ganz großen Werken ab, welche sich eine Berufsfeuerwehr wählen können, die bei eintretenden Bränden in dem Werke und in den dazu gehörigen Arbeiterwohnungen sofort in Tätigkeit treten kann, so ist es nicht schwer, auch für kleinere Betriebe Einrichtungen zu treffen, daß aus bestimmten Personen, welche mit anderen Arbeiten beschäftigt werden, eine Feuerwehr geschaffen wird, die auf alles Feuergefährliche achtet und im Bedarfsfalle sofort in Tätigkeit treten kann. Zunächst werden es die Meister sein, welche ihr Augenmerk darauf zu richten haben, daß Handlungen vermieden werden, welche ein Feuer hervorrufen können. Da ist in erster Linie das Anhäufen von Putzmaterial an Stellen, wo durch Selbstentzündung desselben der Entstehung eines großen Brandes leicht Vorschub geleistet werden kann; der Meister wird keine Ablenkung seiner sonstigen Tätigkeit haben, wenn er bei seinem Rundgange durch seine Werkstatt darauf zu achten verpflichtet wird, daß Putzmaterial nur in feuersicheren Behältern zur Aufbewahrung kommt. Das Putzmaterial bildet die Hauptursache für die meisten Brände in Fabriken; wird diesem Umstande überall entsprechende Beachtung geschenkt, dann ist zur Verhütung von Feuer schon viel getan. Neben dem Meister sind es aber auch die Arbeiter, welche mit Aufräumungsarbeiten beschäftigt werden, die verpflichtet werden müssen, alles Feuergefährliche sofort zu beseitigen oder zur Anzeige zu bringen. Gestatten es die Verhältnisse eines Werkes, wenigstens einige Personen für den Feuerwehrdienst anzustellen, so haben diese Tag und Nacht Rundgänge durch alle Räume des Werkes, einschließlich der Geschäftszimmer, zu machen, um auf alles Feuergefährliche zu achten. Aber selbst diese Feuerwehrmänner können noch eine Nebenbeschäftigung haben, welche den Hauptanteil des Lohnes tragen kann, denn in jedem Werke liegen stets so viele kleine Arbeiten vor, bei welchen Arbeiter nicht immer voll beschäftigt werden können, daß es nicht schwer hält, sie Personen zu übertragen, welche den Feuerwehrdienst ausüben müssen. Da sind zunächst alle Aufräumungsarbeiten und das Reinhalten bestimmter Räumlichkeiten und Plätze. Wieviel Material verkommt oft in einem Werke, oder liegt jahrelang unverwendet herum, weil die ordnende Hand fehlt, welche es an Ort und Stelle bringt, wo es vor Beschädigung bewahrt, oder im Bedarfsfalle leicht gefunden werden kann. Da ist ferner das Putzen der Fenster der Werkstätten, der Samariterdienst bei Unfällen, die Beaufsichtigung der jugendlichen Arbeiter während der Arbeitspausen, die Bewachung der Fabrik in der Nacht, die Beaufsichtigung der Beleuchtung und Wasserleitung, sowie das Inordnunghalten derselben, das gelegentliche Zugreifen bei Arbeiten, wo schnell mehrere Arbeitskräfte gebraucht werden usw. Je nach der Größe eines Werkes wird auch die Zahl der Personen zu bestimmen sein, welche den Feuerwehrdienst zu besorgen haben. Entsteht ein Brand, so ist zunächst ein Alarmsignal mittels Pfeife, Horn oder Glocke zu geben, damit die ganze Belegschaft unterrichtet wird und die zur Hilfeleistung bei Feuer bestimmten Arbeiter sich auf die ihnen für solche Fälle vorher angewiesenen Plätze begeben. In jeder Werkstatt bildet sich unter dem Meister eine Löschabteilung, welche sich zum Eingreifen bereit hält, um, wenn der die Oberleitung ausführende Werkstattsvorsteher ihrer Hilfe bedarf, sofort an die Brandstätte abrücken zu können. Die wenigen mit dem Feuerwehrdienst betrauten Personen haben inzwischen, nachdem sie das Alarmzeichen gegeben, ihre Tätigkeit am Brandherde entfaltet, sie haben die nächsten Löschgeräte herangeschafft oder zum Gebrauch fertig gemacht, oder aus dem nächsten Hydranten Wasser gegeben. Das schnelle Zugreifen dieser wenigen Leute wird in den meisten Fällen bewirken, daß das Feuer gleich bei seiner Entstehung erstickt wird; nimmt dasselbe aber an Ausdehnung zu, so kann durch Heranziehung der verschiedenen Werkstattsabteilungen mit ihren Löschgeräten eine weitgehende Bekämpfung des Brandherdes schnell vorgenommen werden.

Es ist eine bekannte Tatsache, daß alle schönen Einrichtungen, welche zur Bekämpfung von Bränden in Fabriken, Theatern und anderen Gebäuden angelegt sind, selten zur Anwendung kommen oder nicht benutzt werden, wenn ein Feuer plötzlich zum Ausbruch kommt. Der Grund dafür ist der, daß man entweder nicht weiß, wo sich die betreffenden Einrichtungen befinden, oder wie sie gehandhabt werden, oder daß dieselben bei eintretendem Bedarf nicht benutzbar sind. Soll das ganze Löschwesen im Ernstfalle richtig klappen, dann müssen auch ab und zu Übungen vorgenommen werden, damit alle Löschgeräte auf ihre Zuverlässigkeit geprüft und alle Arbeiter unterrichtet werden können, was sie bei einem ausbrechenden Brande zu tun haben. Wie bei einer Berufsfeuerwehr fast täglich alle Feuermelder, Spritzen, Geräte und Hydranten einer Untersuchung auf ihre Brauchbarkeit unterzogen werden müssen, so ist es auch nötig, daß die mit dem Feuerwehrdienst betrauten Arbeiter von Zeit zu Zeit alle zur Bekämpfung von Bränden in dem Werke angebrachten Einrichtungen nachsehen und ihre

Leistungen prüfen; geschieht dies nicht regelmäßig, dann kann man leicht die unangenehme Erfahrung machen, daß im Falle eines Brandes die oft mit großen Kosten angelegten Feuerlöscheinrichtungen ihren Dienst versagen. Es wird also nicht immer erforderlich sein, eine größere Anzahl von Personen für den Feuerwehrdienst anzustellen, sondern es ist nur dahin zu wirken daß von bestimmten Personen sorgsam darauf geachtet wird, daß feuergefährliche Handlungen vermieden und, wenn ein Brand ausbricht, derartige Vorkehrungen getroffen sind, daß ein jeder Arbeiter weiß, was er zu tun hat, und daß dadurch Kopflosigkeit und wildes Durcheinander vermieden wird. Sehr empfehlenswert ist es, die Aufsicht und Bedienung der Hydranten Arbeitern zu übertragen, welche in der Nähe derselben ihren Arbeitsstand haben. Diese Personen haben bei ausbrechendem Feuer sich zu dem ihnen anvertrauten Hydranten zu begeben, die Schläuche herzurichten und das Wasser anzustellen, um, wenn nötig, sofort in die Löscharbeit eingreifen zu können. Ist in dieser Weise beizeiten Vorsorge getroffen, dann wird es nicht schwer halten, bei eintretendem Brande dem Werke einen hinreichenden Schutz gewähren zu können, ohne für die Einrichtung einer ständigen Feuerwehr bedeutende Unkosten fortwährend tragen zu müssen.

Durch Errichtung einer Feuerwehr hat aber das Werk auch einen Nutzen in der Feuerversicherung, welcher einen Teil der hierfür ausgegebenen Kosten deckt, denn alle Versicherungsgesellschaften bewilligen den industriellen Werken, welche sich entschließen, eine ständige Feuerwehr zu errichten, einen nicht zu unterschätzenden Prämienerlaß. Diese ständige Feuerwehr braucht nicht aus einer großen Anzahl Personen zu bestehen, sondern es genügt, wenn einige Arbeiter verpflichtet werden, den Feuerwehrdienst bei Tag und Nacht im Werke vorzunehmen, damit feuergefährliche Handlungen vermieden und Brände gleich bei ihrer Entstehung unterdrückt werden.

# Die Feuerversicherung.

Ein großes Unglück für ein industrielles Unternehmen ist es, wenn dasselbe von einem Brande heimgesucht wird, denn, mag eine Feuerversicherung auch noch so vorsichtig abgeschlossen sein und die Schadenregulierung seitens der versichernden Gesellschaft in der entgegenkommendsten Weise erfolgen, der Verlust, der durch Unterbrechung der Arbeiten, besonders bei flotter Geschäftszeit, entsteht, kann durch keine Versicherung gedeckt werden. Der Feuerversicherung wird in sehr vielen Fällen nicht die Beachtung geschenkt, welche sie verdient, gibt es heute doch noch recht viele Personen, welche die verhältnismäßig doch nur geringen Ausgaben für dieselben scheuen, weil sie der Ansicht sind, daß Feuer bei ihnen niemals ausbrechen kann. Nun, die großen Brände, welche in sogenannten feuersicheren Gebäuden so oft entstanden sind und von kaum glaublicher, verheerender Wirkung waren, sollten doch den Beweis geben, daß Umstände eintreten können, durch welche selbst die solidesten Bauwerke einem Feuer zum Opfer fallen können. Besonders im gewerblichen Betriebe soll eine Feuerversicherung niemals fehlen, auch müßte dieselbe stets in solcher Weise abgeschlossen sein, daß bei einem Brande die Begleichung des Schadens zu keinen Weitläufigkeiten und Enttäuschungen führt.

Tritt ein Brandschaden ein, so dient die Versicherung, wie sie in der Police zum Ausdruck gebracht ist, zur Grundlage für die Regulierung. Es ist daher in erster Linie darauf zu sehen, daß die versicherten Beträge auch den wirklichen Verhältnissen entsprechen und nur das versichert wird, was vorhanden ist. In einem Fabrikgeschäfte mit wechselnden Vorräten hat es seine Schwierigkeiten, stets die zutreffenden Summen für die Feuerversicherung bestimmen zu können, aber die Gesellschaften verlangen die Festsetzung einer bestimmten Versicherungssumme für die verschiedenen Titel, und da ist es Sache des Versicherungsnehmers, sich mit den bestehenden Vorschriften abzufinden. Der Abschluß einer Feuerversicherung ist fast immer mit Leichtigkeit auszuführen, Schwierigkeiten entstehen nur, wenn ein Brandschaden erfolgt und an die Erstattung desselben geschritten werden muß; dann zeigen sich gewöhnlich erst die

Fehler, welche beim Abschluß der Versicherung begangen worden sind. Die Hauptsache bei Eingehung einer Feuerversicherung ist, daß die Beträge der einzelnen Titel nicht nach Gutdünken sondern unter Zugrundelegung von Aufnahmen oder Taxen eingesetzt werden. Hierbei ist zu beachten, daß bei einem Brandschaden die Vergütung nur nach den Titeln erfolgt und Verrechnungen, von einem auf den anderen Titel, nicht angängig sind. Ist also eine Versicherung abgeschlossen auf 100000 M. Werkzeugmaschinen für den Betrieb und 150000 M. Maschinenvorräte und es ergibt sich bei der Abrechnung des Brandschadens, daß der Wert der Werkzeugmaschinen nur 80000 M., dagegen der der Maschinenvorräte 170000 M. betrug, so werden nicht die beiden Titel zusammengeworfen und gesagt: versichert sind 100000 M. und 150000 M. = 250000 M., der Schaden beträgt 80000 M. und 170000 M., = 250000 M., mithin stimmt die Versicherung mit dem Schaden überein, sondern es wird angenommen, daß bei den Werkzeugmaschinen eine Überversicherung von 20000 M. und bei den Maschinenvorräten eine Selbstversicherung von 20000 M. stattgefunden hat und hiernach der Schaden berechnet. Um also einerseits nicht unnötigerweise Prämien für die Versicherung von Werten zu zahlen, welche nicht vorhanden sind, anderseits sich nicht der Gefahr auszusetzen, mit einem Teil des erlittenen Brandschadens als Selbstversicherer angesehen zu werden, ist es nötig, eine sorgsame Zusammenstellung der versicherten Gegenstände nach den vorgeschriebenen Titeln anzufertigen und diese jährlich einer Nachprüfung zu unterziehen, damit, wenn wesentliche Verschiedenheiten zwischen der Versicherung und den Beständen eingetreten sind, diese durch Nachträge zur Versicherung beseitigt werden können. Die hierdurch entstehenden Arbeiten und Unkosten sind im Vergleich zu dem Nachteil, der durch eine unzutreffende Versicherung entstehen kann, so gering, daß sie von keinem Versicherungsnehmer gescheut, sondern regelmäßig durchgeführt werden sollten. Unerwähnt soll es nicht bleiben, daß bei einzelnen Versicherungsverbänden die Bestimmung besteht, daß die Mitglieder derselben in jedem Jahre neue Taxen der versicherten Gegenstände auszuführen und einzureichen haben, welche, wenn darüber eine Vortaxklausel in der Police auf genommen ist, dann als Unterlage bei einer Brandschadenregulierung dienen.

Über die Schritte, welche bei einem eintretenden Brande der Versicherte zu tun hat, um seine Ansprüche auf Schadenersatz zur Geltung zu bringen, geben die Versicherungsbedingungen genaue Auskunft. Hat der Versicherte die erforderlichen Anzeigen erstattet, so ist seine nächste Aufgabe, zur Vertretung seiner Rechte sich entsprechende Sachverständige zu erwählen und mit denselben die Werte der verbrannten Gegenstände zusammenzustellen, damit, wenn die Festsetzung des Brandschadens seitens der Versicherungsgesellschaft erfolgt, sein Sachverständiger über alle entstandenen Verluste so unterrichtet ist, daß er sie bei den Verhandlungen zur Geltung bringen kann. Es besteht in den Kreisen der Versicherten vielfach die Auffassung, daß bei Regulierung der Brandschäden von seiten der Versicherungsgesellschaften mit einer gewissen Härte oder Rücksichtslosigkeit gegen die Versicherten vorgegangen und berechtigte Ansprüche oft in ungehöriger Weise zurückgewiesen werden. Es mag ja vorkommen, daß ab und zu die Forderungen einiger Versicherten mit Mißtrauen von Sachverständigen der Versicherungsgesellschaften behandelt werden, doch liegt es den letzteren in den meisten Fällen fern, berechtigte Ansprüche zu bestreiten, denn, von der unparteiischen Seite betrachtet, tragen die Versicherungsnehmer in den meisten Fällen selbst die Schuld daran, wenn bei einer Brandschadenregulierung Meinungsverschiedenheiten entstehen. Man sehe sich einmal die Brandstätte einer Fabrik an, wie dort Mauertrümmer, Maschinen, Transmissionen, und Warenvorräte bunt durcheinander liegen. Aus diesem Chaos sollen nun die Sachverständigen feststellen, welcher wirkliche Schaden dem Versicherten durch den Brand entstanden ist. Wohl in den meisten Fällen fehlen zuverlässige Unterlagen, um für die Beurteilung der Bestände einen sicheren Anhalt zu haben, es muß oft aus Fragmenten ein Schluß auf das Vorhandengewesene geschlossen werden, und da darf es nicht Verwunderung erregen, wenn die Sachverständigen der Versicherungsgesellschaften nicht immer alle Ansprüche der Versicherten gutheißen. Die Versicherungsgesellschaften haben nur die Pflicht, einen wirklich entstandenen Schaden zu ersetzen, und zwar nur einen solchen, der durch die eingegangene Versicherung tatsächlich gedeckt ist. Es ist nun aber eine bekannte Tatsache, daß von Versicherten oft Ansprüche erhoben werden, welche vollständig unberechtigt sind. Es ist daher einer Versicherungsgesellschaft nicht zu verdenken, wenn sie bei Regulierung von Brandschäden stets mit Vorsicht oder auch Mißtrauen vorgeht, wenn ihr nicht entsprechende Unterlagen beigebracht werden können, welche das Vorhandensein und den wirklichen Wert der als vernichtet angegebenen Gegenstände zu beweisen imstande sind. Darum ist es Sache des Versicherten, stets die Möglichkeit eines plötzlichen Brandunglückes vor Augen zu haben und über alle Bestände derartige Aufzeichnungen zu führen, daß dieselben bei einer Brandschadenregulierung als Beweis für die erhobenen Ansprüche dienen können. Die Feuerversicherung ist ein Geschäft wie ein jedes industrielle Unternehmen, so gut ein Fabrikant eine jede Forderung seines Abnehmers zurückweist, welche über die eingegangenen Verpflichtungen hinaus erhoben wird, ebenso halten sich die Feuerversicherungen Ansprüchen gegenüber ablehnend, welche nicht den Versicherungsbedingungen entsprechen, oder außerhalb der Versicherung überhaupt liegen. Bei einer Brandschadenregulierung stehen sich die Sachverständigen der Versicherung und des Versicherten gleichberechtigt gegenüber. Beide haben ihre Ansichten und das Interesse ihrer Auftraggeber gegeneinander zur Geltung zu bringen. Da kann es allerdings vorkommen, daß der Vertreter des Versicherten dem gewiegten und erfahrenen Sachwalter der Versicherung nicht gewachsen ist und dann in seinen Ansprüchen hinuntergedrückt wird. Um so etwas zu verhüten, muß der Versicherte darauf bedacht sein, sich als Sachverständigen bei einer Brandschadenregulierung nur solcher Personen zu bedienen, welche in diesem Fache Erfahrungen besitzen und sich nicht so leicht von ihrer Gegenpartei die Butter vom Brote nehmen lassen.

## Lehrlinge und jugendliche Arbeiter.

Wenngleich Lehrlinge jugendliche Arbeiter sind, so sind jugendliche Arbeiter nicht immer als Lehrlinge anzusehen. Es sind daher auch nicht alle Bestimmungen, welche in einem Werke betreff der Lehrlinge erlassen werden, auch für die jugendlichen Arbeiter überhaupt in Anwendung zu bringen. Der Lehrling soll sich für seinen künftigen Beruf vorbereiten, er soll lernen und belehrt werden, er ist daher in einem Werke anders zu behandeln als ein jugendlicher Arbeiter, der nur als Handreicher anzusehen ist und der niemals die Absicht hat, sein Brot durch Handwerkerarbeit erwerben zu wollen. Aus diesem Grunde wird die Auslohnung eines jugendlichen Arbeiters anders ausfallen, als die eines Lehrlings. Der jugendliche Arbeiter wird einen Lohn erhalten, welcher sich seiner Leistung und seiner Arbeit anpaßt, während bei einem Lehrling dies nur zu einem Teile geschehen wird, weil ein bestimmter Betrag des Verdienstes für die Ausbildung desselben in Anrechnung gebracht werden muß.

Betreff der durch die Gewerbeordnung vorgeschriebenen Arbeitspausen stehen alle Arbeiter, mögen sie Lehrlinge oder jugendliche Hilfsarbeiter sein, unter einer Bestimmung, sofern sie ein bestimmtes Lebensjahr nicht überschritten haben. In diesen Pausen sollen solche jungen Arbeiter sich nicht in den Werkstattsräumen aufhalten, sondern sich möglichst in der freien Luft bewegen. Damit nicht durch diese jungen Burschen in den Pausen Unfug angerichtet wird, werden sie, entweder von einem Meister oder Feuerwehrmann, beaufsichtigt. In verschiedenen Werken müssen die jugendlichen Arbeiter antreten und einen Rundgang ausführen, wobei sie dann ihre mitgebrachten Stullen verzehren können. Bei anderen Werken werden in den Pausen Turnübungen ausgeführt, welche von dem die Aufsicht Führenden geleitet werden. Genug, wohl in allen Werkstätten ist man recht bedacht, den jugendlichen Arbeitern die ihnen von der Gewerbeordnung zugestandenen Ruhepausen nicht zu verkümmern, jedoch aber auch dahin zu wirken, daß diese Pausen nicht zu Unzuträglichkeiten, Unfug, Raufereien usw. benutzt werden.

Bei Eintritt eines Lehrlings ist es nötig, daß mit den Eltern oder dem Vormund desselben ein Kontrakt gemacht wird, in welchem die gegenseitigen Pflichten schriftlich festgelegt werden. Von Seiten der Werkbesitzer darf man wohl annehmen, daß von ihnen die Bedingungen, unter welchen ein Lehrling aufgenommen wird, auch erfüllt werden, denn sie haben kein Interesse daran, einen jungen Burschen, welcher seine Arbeiten zur Zufriedenheit verrichtet, vor Ablauf der Lehrzeit zu entlassen, weil der Werkbesitzer gerade in der vorgeschrittenen Lehrzeit erst einen wirklichen Nutzen aus der Tätigkeit eines Lehrlings ziehen kann, der in den ersten Jahren ausgeschlossen ist. Anders ist es aber mit den Lehrlingen. Haben diese etwas gelernt, so fühlen sie sich schon so selbständig, daß sie gerne vor Ablauf der Lehrzeit eine andere Arbeitsstelle einnehmen möchten, in welcher sie gegen höheren Lohn Beschäftigung finden. Solchen Burschen gegenüber wird die Geduld eines Werkbesitzers und dessen Beamten auf eine harte Probe gestellt, denn alle Mittel werden angewandt, um aus dem Arbeitsverhältnis herauszukommen, in das hineinzukommen man früher sich die größte Mühe gegeben hat. Helfen alle Auflehnungen gegen die Anordnungen der Vorgesetzten nicht, dann wird schließlich zum Kontraktbruch geschritten. Die Lehrlinge zum Aushalten der eingegangenen Lehrzeit zu zwingen, gibt es nur eine Möglichkeit und die ist, daß denselben ein pekuniärer Nachteil entsteht, wenn sie die kontraktlich übernommenen Verpflichtungen nicht erfüllen. Für gewöhnlich pflegen Lehrlinge in Fabriken einen Lohn zu erhalten von wöchentlich M. 3,60 im ersten, 4,60 im zweiten, 4,80 im dritten und 6 M. im vierten Lehrjahre. Es ist nun im Kontrakt hierfür ein Lohn von M. 2,40, M. 3,00, M. 3,60 und M. 4,80 für die Woche zu setzen und dann die Zusicherung zu geben, daß nach Ablauf der Lehrzeit und tadelloser Führung während derselben dem Lehrling ein Geschenk überwiesen werden soll, welches M. 1,20 für jede während der Lehrzeit gearbeitete Woche beträgt. Zur Sicherung des Lehrlings kann dieser Betrag jährlich bei einer Sparkasse eingezahlt werden, doch wird dieses Sparkassenbuch erst nach Ablauf der Lehrzeit dem Lehrling oder dessen Angehörigen ausgehändigt. In einem Zeitraum von vier Jahren wird sich hierdurch für den Lehrling ein Betrag von 250 M. ansammeln. Dieses Geld wird von den jungen Burschen oder deren Angehörigen nicht so leicht aufgegeben, vielmehr werden die ersteren ihr möglichstes tun, um die Zufriedenheit ihrer Vorgesetzten während der Lehrzeit zu erwerben, um dadurch die Gewißheit zu erhalten, daß ihnen nach Ablauf der Lehrzeit die Spareinlage nicht vorenthalten werden kann. Dieses Ansammeln der Lohngutschrift hat aber auch für die Zukunft des jungen Burschen eine große Bedeutung. Ist er solide veranlagt, so wird er das Geld bei der Sparkasse stehen lassen und es später zur Einrichtung eines Hausstandes benutzen, oder er wird, wenn er in die Welt gehen will sich gut einkleiden und entsprechende Zehrgroschen mitnehmen, welche bei nicht gleich aufzufindender, anderweitiger. Beschäftigung ihm den Lebensunterhalt zu sichern imstande sind. In keinem Falle wird aber der Lehrling einen Nachteil aus dem hier angegebenen Verfahren haben, denn mag auch der ausgezahlte Lohn während der Lehrzeit nur gering sein, so wird ihm doch eine entsprechende Vergütung für seine Tätigkeit schließlich bei treuer Pflichterfüllung nicht vorenthalten.

Es gibt ja viele Arbeitsstätten, in welchen man es den Lehrlingen überläßt, sich so gut wie sie es können, für den von ihnen gewählten Beruf vorzubereiten. Ein solches Verfahren ist aber verwerflich. Werden Lehrlinge angenommen, dann hat das Werk auch die Verpflichtung für deren Ausbildung in gewissenhafter Weise zu sorgen. Will man einen tüchtigen Arbeiterstand haben, so muß man hierzu bei der Ausbildung der Lehrlinge die Grundlage legen. Ein jeder Lehrling muß einem älteren, erfahrenen Arbeiter zugeteilt werden, den er bei jeder Gelegenheit um Auskunft bitten kann. Da natürlich die Unterweisung der Lehrlinge den Arbeiter von seiner eigentlichen Tätigkeit abhält, so pflegen mehrere Lehrlinge unter die Botmäßigkeit eines tüchtigen Arbeiters gestellt zu werden, welcher die Tätigkeit der Lehrlinge zu überwachen und ihnen mit Rat zur Hand gehen soll. Für diese Aufsicht erhält der betreffende Arbeiter eine Vergütung, welche, wenn die Lehrlinge schon Akkordarbeiten verrichten können, in einer Beteiligung desselben an dem Mehrverdienst der Lehrlinge liegt. Arbeiten die Lehrlinge nur in Lohn, dann erhält der aufsichtführende Arbeiter wöchentlich einen besonderen Betrag für die Unterweisung der Lehrlinge aus der Werkkasse ausgezahlt. Selbstverständlich haben sich auch die Meister um die Ausbildung der Lehrlinge zu kümmern und darauf zu achten, daß nicht allein etwas tüchtiges gelernt, sondern auch während der Arbeitszeit stets Ordnung gehalten wird.

# Fabrikordnung.

Ein jedes Werk muß bestimmte Satzungen haben, nach welchen sich das Verhältnis des Arbeitgebers und seiner Beamten zu den Arbeitern regelt. Die Reichsgewerbeordnung, sowie die Arbeiterschutzgesetze legen dem Arbeitgeber bestimmte Verpflichtungen auf; es ist daher nur billig, daß auch für die Arbeitnehmer Vorschriften bestehen, welche sich den Verhältnissen angliedern und ein gedeihliches Zusammenwirken beider Interessenten herbeiführen können. Es ist versucht worden, eine Fabrikordnung herzustellen, welche als Muster für die verschiedensten Betriebe benutzt werden sollte; will man aber nicht nur dem Schein genügen, sondern etwas Gutes schaffen, dann darf eine Fabrikordnung sich nicht nur mit einzelnen, allgemein gefaßten Bestimmungen begnügen, sondern sie muß sich wirklich den örtlichen Verhältnissen anpassen und alle das Arbeitsverhältnis und die Sicherheit behandelnden Fragen erledigen.

Unter Zugrundelegung dieser Auffassung mögen folgende Andeutungen dazu dienen, um eine zweckmäßige Fabrikordnung ausarbeiten zu können. Eine Erklärung für die Einzelbestimmungen soll nicht gegeben werden, da sie sich aus dem Wortlaut eines jeden Satzes selbst ergibt.

### Arbeitsvertrag.

1. Die Fabrikordnung vertritt die Stelle eines zwischen der Firma N. N. und ihren Arbeitnehmern abgeschlossenen Vertrages.

### Eintritt.

2. Die Annahme der Arbeiter erfolgt durch die Werkstattleitung. Ist ein Arbeiter aufgenommen worden, dann erhält er einen Abdruck der Fabrikordnung ausgehändigt. Durch Unterschreiben einer ausgelegten Fabrikordnung hat sich der Arbeiter zu verpflichten, daß er deren Bestimmungen in jeder Weise pünktlich nachkommen wird.

### Ausweis.

3. Mit der Fabrikordnung zugleich erhält der Arbeiter auch eine Nummermarke oder Karte, unter welcher er in den Büchern

und Kontrollen geführt wird, und welche er zu seinem Ausweis bei Empfangnahme von Materialien, Zeichnungen, Werkzeugen usw. zu benutzen hat.

### Austritt.

4. Die Aufhebung des Arbeitsverhältnisses kann zu jeder Zeit von beiden Teilen ohne Aufkündigung erfolgen.

Bei dem Austritt ist der Arbeiter verpflichtet, die erhaltene Fabrikordnung, Nummermarke und Werkzeuge in sauberem und unbeschädigtem Zustande zurückzugeben. Verunreinigte oder durch Beschädigung unbrauchbar gemachte Gegenstände sind von den Arbeitern zu ersetzen. Die hierfür gezahlten oder vom Lohn abgezogenen Beträge werden an die Unterstützungskasse für kranke oder hilfsbedürftige Arbeiter abgeliefert.

### Beurlaubung.

5. Falls aus irgend welchen Gründen für einzelne oder mehrere Arbeiter Arbeit nicht vorhanden sein sollte, können dieselben mit ihrer Zustimmung vorübergehend beurlaubt werden, damit sie ihre Ansprüche an die verschiedenen Kassen nicht verlieren. Solche beurlaubten Arbeiter haben keinerlei Ansprüche auf Lohnentschädigung für die beschäftigungslose Zeit, auch wenn nach Ablauf des Urlaubes eine Wiedereinstellung nicht mehr stattfinden sollte. Ebensowenig kann der Arbeiter für solche Zeiten einen Lohn beanspruchen, in denen er durch einen in seiner Person liegenden Grund an der Arbeit verhindert worden ist. Auch entschuldbare Versäumnisse und solche von nicht erheblicher Dauer schließen jede Lohnzahlung aus.

### Arbeitstage.

6. Arbeitstage sind sämtliche Wochentage mit Ausnahme der gesetzlichen Feiertage.

Der gewöhnliche Arbeitstag dauert von 7 bis $8^1/_2$ Uhr, sowie von 9 bis 12 Uhr vormittags und von $1^1/_2$ bis 6 Uhr nachmittags.

Die Werkleitung behält sich vor, die Grenzen der gewöhnlichen Arbeitszeit zu verlängern, oder dieselbe zu verlegen. Für die gekürzte Arbeitszeit können keinerlei Ansprüche auf Lohnentschädigung gemacht werden.

### Anfang und Schluß der Arbeitszeit.

7. Für Beginn und Schluß der Arbeitszeit ist die auf dem Werke befindliche Normaluhr maßgebend.

Der Beginn und Schluß der Arbeitszeit wird durch Pfeifen (Läuten) mit der Dampfpfeife (Fabrikglocke) angezeigt.

Bei Eintritt in das Werk hat jeder Arbeiter seine Nummer (Karte) von der Nummertafel (Kartentafel) am Eingangstor abzunehmen und (nachdem er die Karte abgestempelt) in der Werkstatt an die dort angebrachte Nummertafel anzuhängen (Kartentafel einzustecken).

Arbeiter, welche bis 10 Minuten nach erfolgtem Pfeifen (Läuten) zu spät zur Arbeit kommen, verfallen einer Ordnungsstrafe.

Den Anordnungen des Pförtners ist beim Betreten oder Verlassen der Fabrik stets Folge zu leisten.

### Beginn oder Beendigung der Arbeit.

8. Jeder Arbeiter hat so zeitig an seiner Arbeitsstelle zu erscheinen, daß er mit dem Glockenschlage seine Arbeit aufnehmen kann. Das Rüsten zum Verlassen der Arbeit vor Schluß der Arbeitszeit, sowie die verspätete Aufnahme derselben ist verboten.

### Arbeitspausen.

9. Während der Frühstückspause ist dem Arbeiter das Verlassen der Fabrik nicht gestattet. Während der Mittagszeit haben alle Arbeiter die Werkstätten zu verlassen. Von den in der Fabrik speisenden Arbeitern sind die für Speisezwecke eingerichteten Räume zu benutzen. Das Essen, sowie das Trinken geistiger Getränke ist während der Arbeit nicht gestattet.

### Sonn- und Festtage.

10. Die Arbeiter sind verpflichtet, an Sonn- und Festtagen in den gesetzlich zulässigen Fällen zu arbeiten. Am Tage vor dem ersten Oster-, Pfingst- und Weihnachtstage endet die Arbeit um 12 Uhr mittags.

### Überstunden.

11. Als Überstunden gelten die Stunden, welche über eine zehnstündige Arbeitszeit hinaus täglich gearbeitet werden. Für

alle in Lohn gearbeiteten Überstunden erfolgt ein Zuschlag von 20 Prozent zu dem gewöhnlichen Stundenlohn.

### Werkzeuge und Zeichnungen.

12. Die Ausgabe von Werkzeugen und Zeichnungen erfolgt gegen Hinterlegung einer Nummermarke des Arbeiters. Jeder Arbeiter ist für die ihm übergebenen Werkzeuge und Zeichnungen verantwortlich und hat dieselben nach Gebrauch in sauberem und unbeschädigtem Zustande an die dazu bestimmten Stellen abzugeben. Fehlende Werkzeuge hat der Arbeiter bei seinem Abgange zu ersetzen.

### Werkzeugmaschinen.

13. Alle Werkzeugmaschinen sind stets in sauberem Zustande zu erhalten. Jeden Sonnabend wird die allgemeine Tätigkeit um $5^1/_2$ Uhr eingestellt; die Zeit bis zum Arbeitsschluß ist zum gründlichen Reinigen der Maschinen, Werkzeuge und der Arbeitsplätze zu benutzen.

### Benutzung fremder Werkzeuge.

14. Die Benutzung der Werkzeuge eines anderen Arbeiters ohne dessen Erlaubnis ist untersagt.

### Monteure.

15. Alle mit Arbeiten außerhalb des Werkes beschäftigten Arbeiter sind als Monteure und Montagearbeiter anzusehen. Für die Monteure gilt dieselbe Arbeitszeit wie für die in dem Werk beschäftigten Arbeiter, doch sind sie verpflichtet, den Anweisungen der Herren, für die sie die Arbeit auszuführen haben, Folge zu leisten, wenn dieselben eine Verlegung der Arbeitszeit und Arbeitspausen für nötig halten.

### Fortbleiben von der Arbeit.

16. Ist ein Arbeiter durch Krankheit oder andere triftige Gründe verhindert, zur Arbeit zu kommen, so hat er hiervon dem Pförtner oder seinem Meister Mitteilung machen zu lassen. Wer während der Arbeitszeit die Fabrik verlassen will, hat dies seinem Meister anzuzeigen, von dem er dann einen Erlaubnis-

schein erhält, den er beim Verlassen des Werkes dem Pförtner abzugeben hat.

Torkontrolle.

17. Der Pförtner ist berechtigt, Arbeiter mit Paketen, deren Inhalt von außen nicht zu erkennen ist, anzuhalten und sich den Inhalt derselben zeigen zu lassen. Leibesvisitationen dürfen nur in Gegenwart eines Meisters in einem abgesonderten Raume vorgenommen werden.

Lohn- und Akkordarbeit.

18. Der Lohn wird entweder nach einem vorher vereinbarten Stundenlohnsatze oder nach einem jedesmal vor Beginn der betreffenden Arbeit festzustellenden Akkordsatz bezahlt. Während der Dauer eines Akkordes erhalten die Arbeiter ihren gewöhnlichen Stundenlohnsatz als Abschlagszahlung. Die Auszahlung des Restes erfolgt am Zahltage der Lohnperiode, in welcher der Akkord beendet und abgerechnet ist.

Lohnwoche und Lohntag.

19. Die Lohnwoche rechnet von Donnerstag früh bis Mittwoch abend. Alle die Löhnung betreffenden Zettel müssen bis spätestens Donnerstag früh in der Lohnabteilung abgegeben werden. Die Auszahlung des Arbeitslohnes erfolgt an jedem Sonnabend von 6 Uhr abends ab. Fällt ein Zahltag auf einen Feiertag, so wird am vorhergehenden Tage die Löhnung bewirkt.

Lohnabzüge.

20. Vom Lohne werden in Abzug gebracht: Geldstrafen, Ersatzleistungen, Auslagen und Vorschüsse, sowie die dem Arbeiter gesetzlich zur Last fallenden Beiträge zu Kranken-, Versorgungs- und Unterstützungskassen. Ersatzforderungen für Beschädigungen an Werkzeug, Maschinen, Material und sonstigem Eigentum des Werkes können gemäß § 273 des BGB. so lange vom Lohn zurückbehalten werden, bis der Arbeiter die ihm obliegende Leistung erfüllt hat.

Lohnbeanstandungen.

21. Der Arbeiter hat sich von der Übereinstimmung des Geldes mit dem auf dem Lohnzettel angegebenen Betrage zu überzeugen

und etwaige Beanstandungen sofort bei dem auszahlenden Beamten anzubringen. Spätere Einwendungen werden nicht mehr berücksichtigt. Reklamationen gegen die Richtigkeit der Lohnberechnung sind am nächsten Arbeitstage nach der Löhnung zu erheben, spätere Vorstellungen finden nur Berücksichtigung, wenn Abwesenheit oder Krankheit den Arbeiter hieran verhindert haben, doch sind nach Wegfall der Behinderung, die Einsprüche sofort aufzubringen.

### Besuche.

22. Besuche fremder Personen sind in den Arbeitsräumen nicht gestattet. In dringenden Fällen kann der Meister dem Arbeiter die Erlaubnis zu einer kurzen Besprechung beim Pförtner erteilen.

### Geldsammlungen.

23. Das Einsammeln von Geld und Verteilen von Drucksachen ist ohne Genehmigung des Werkstattleiters im Werke nicht gestattet.

### Verletzungen.

24. Jede im Dienst erhaltene Verletzung ist, unter Angabe der Zeugen des Vorfalls, sofort dem Meister zu melden.

### Wohnungsangaben.

25. Jede Wohnungsveränderung ist dem Pförtner sofort anzuzeigen.

### Tabakrauchen.

26. Das Rauchen ist im ganzen Werk während der Arbeit verboten.

### Strafe.

27. Für die Nichtbeachtung der Fabrikordnung können von der Werkleitung Strafen bis zu 5 M. festgesetzt werden, welche zur Unterstützung hilfsbedürftiger Arbeiter des Werkes zu verwenden sind.

### Feuersgefahr.

28. Bei ausbrechendem Feuer haben sich alle Arbeiter an die ihnen vorher bestimmten Plätze zu begeben und sich auf Anordnung ihrer Vorgesetzten an den Lösch- und Rettungsarbeiten zu beteiligen.

## Verhalten der Arbeiter und Angestellten.

29. Den Anordnungen der Beamten, Meister und Vorarbeiter ist jederzeit, solange sie nicht eine Gefahr für die Gesundheit oder das Leben der Arbeiter in sich schließen, Folge zu leisten. Die Arbeiter sollen ihren Vorgesetzten und Mitarbeitern mit Anstand begegnen.

Die Beamten und Meister sind zu einer ernsten, ruhigen und gerechten Behandlung der Arbeiter verpflichtet, jeder Tadel ist in sachlicher und nicht beleidigender Form auszusprechen.

Glaubt ein Arbeiter Grund zur Beschwerde gegen einen Vorgesetzten oder Mitarbeiter zu haben, so hat er solche beim Betriebsleiter oder dem Werkvorstande anzubringen.

## Arbeiter-Ausschuß.

30. Zur Wahrung der Interessen der Arbeiter besteht ein Arbeiterausschuß, dessen Aufgabe es ist, alle Angelegenheiten der Arbeiter im Wege friedlichen Zusammenwirkens mit der Werkleitung zu fördern.

Der Arbeiter-Ausschuß besteht aus Arbeitern. Die Zusammensetzung desselben ist so zu bewirken, daß jede Abteilung des Werkes mindestens durch ein Mitglied vertreten ist.

Die Wahl des Ausschusses findet jährlich im Monat . . . statt. Die Mitglieder des Ausschusses werden auf — Jahre gewählt. Für jedes Ausschußmitglied wird auch ein Ersatzmann gewählt, welcher im Behinderungsfalle das Ausschußmitglied zu vertreten hat. Die Wahl der Ausschußmitglieder erfolgt durch persönliche Abgabe eines Stimmzettels. Über den Wahlakt wird von den Wahlleitern ein Protokoll geführt. Der Wahltermin wird von der Werkleitung durch Anschlag in den Werkstätten den Arbeitern bekannt gemacht. Den Ausschußmitgliedern wird für dienstliche Handlungen von dem Werke eine Entschädigung gezahlt, welche den anderthalbfachen Stundenlohn des betreffenden Mitgliedes beträgt.

# Vorschriften zur Verhütung von Unfällen.

## Allgemeines.

§ 1.

Jeder Arbeiter hat seine Beschäftigung erst dann aufzunehmen, wenn ihm ein Exemplar der für Arbeiter erlassenen Unfallverhütungsvorschriften ausgehändigt ist, und er deren Empfang bescheinigt hat.

§ 2.

Betrunkene Arbeiter dürfen die Arbeitsstätte weder betreten noch sich dort aufhalten.

§ 3.

Arbeiter, welche mit Arbeiten beauftragt werden, die ihnen fremd sind, müssen sich zuvor von dem betreffenden Vorgesetzten unterrichten lassen.

§ 4.

Dem Arbeiter ist verboten, sich an Maschinen zu schaffen zu machen, deren Bedienung, Benutzung oder Instandhaltung ihm nicht obliegt. Dies gilt besonders von Holzbearbeitungsmaschinen.

§ 5.

Räume für Motoren, Dampfkessel und Werkstätten dürfen nur von den dazu befugten Arbeitern betreten werden.

§ 6.

Motoren- und Dampfkesselräume, Trockenkammern in Gießereien, sowie die Räume, in denen Gasgeneratoren aufgestellt sind, dürfen weder zum Trocknen von Kleidungsstücken noch als Schlafstätten benutzt werden.

§ 7.

Verkehrswege dürfen durch Anhäufung von Material nicht versperrt werden.

Jeder Arbeiter hat für Reinlichkeit und Ordnung an seinem Arbeitsplatze zu sorgen.

§ 8.

Jeder Arbeiter ist verpflichtet, etwa von ihm wahrgenommene Beschädigungen oder sonstige auffallende Erscheinungen an den Triebwerken, Maschinen oder deren Schutzvorrichtungen seinem Vorgesetzten sofort anzuzeigen.

§ 9.

In dringenden Fällen ist jeder Arbeiter verpflichtet, den sofortigen Stillstand der Betriebsmaschine oder der Wellenleitung oder der betreffenden Maschine ohne vorherige Anzeige sofort zu veranlassen.

§ 10.

Das Auflegen, Reparieren und Schmieren von Riemen, das Ölen, Reinigen und Reparieren von Triebwerken darf nur von den seitens der Vorgesetzten damit beauftragten Personen ausgeführt werden.

Die auf den Stufenscheiben der Arbeitsmaschinen laufenden Riemen dürfen nur von den diese Maschinen bedienenden Arbeitern gewechselt werden.

§ 11.

Die an Motoren, Triebwerken, Riemen, Werkzeug- und Arbeitsmaschinen oder sonst im Betriebe angebrachten Schutzvorrichtungen dürfen von den Arbeitern nicht eigenmächtig entfernt werden. Erfordert eine bestimmte Arbeit die zeitweise Beseitigung einer solchen Vorrichtung, so ist die Vorrichtung nach Vollendung der betreffenden Arbeit sogleich wieder anzubringen.

§ 12.

Jeder Arbeiter hat die Pflicht, die ihm zur Hilfeleistung oder Unterweisung beigegebenen Personen, namentlich Lehrlinge und jugendliche Arbeiter, auf die mit ihrer Beschäftigung verbundenen Gefahren aufmerksam zu machen und zur Befolgung der Unfallverhütungsvorschriften anzuhalten.

§ 13.

Bei Ausführung von Arbeiten, bei denen durch abspringende Splitter, durch Funken usw. Augenverletzungen entstehen können, hat der betreffende Arbeiter die vom Betriebsunternehmer bereitgehaltenen Augenschutzmittel für sich selbst in Anwendung zu bringen. Auch hat er durch passende Stellungnahme oder durch Aufstellung von Schutzschirmen und drgl. darauf Bedacht zu nehmen, daß andere Personen vor Verletzungen durch die abspringenden Splitter geschützt werden.

§ 14.

Arbeiter, welche nicht schwindelfrei sind, dürfen Arbeiten auf hohen Gerüsten, freistehenden Mauern, Dächern usw. nicht übernehmen.

§ 15.

Arbeiter, welche an Fallsucht, Krämpfen, zeitweisen Ohnmachten und dgl. leiden, dürfen Arbeitsposten als Kessel-, Motoren-, Transmissions- oder Aufzugwärter nicht übernehmen, haben sich überhaupt von allen gefährlichen Stellen fern zu halten.

§ 16.

Personen unter 16 Jahren dürfen als Wärter von Kesseln, Dampfmaschinen, Gas- und Petroleummotoren, Transmissionen oder Aufzügen nicht tätig sein.

§ 17.

Jede, auch die geringste Wunde ist sofort zu reinigen und gegen das Eindringen von Staub, Schmutz und dgl. sorgfältig zu schützen.

Arbeiten mit ätzenden oder giftigen Stoffen sind bei eintretender Verwundung sofort einzustellen.

§ 18.

Alle Verletzungen oder Unfälle, auch die geringsten, sind sofort, entweder durch den Verletzten selbst oder durch seine Mitarbeiter, dem Vorgesetzten anzuzeigen.

§ 19.

In Betrieben, welche mit Schienengleisen ausgestattet sind, hat sich jeder Arbeiter vor Überschreiten eines Gleises zu überzeugen, ob sich ein Fahrzeug auf demselben nähert. Das Gehen innerhalb oder unmittelbar neben dem Gleise vor in Bewegung befindlichen Fahrzeugen ist verboten.

§ 20.

Fremde Personen dürfen ohne Erlaubnis der Betriebsleitung nicht in die Betriebsräume eingeführt werden.

## Vorschriften für Dampfkesselwärter.

§ 21.

Der Dampfkesselwärter hat sich mit dem Inhalt der „Dienstvorschrift für Kesselwärter“ vertraut zu machen und dieselbe gewissenhaft zu befolgen.

§ 22.

Der Dampfkesselwärter hat Unbefugten das Betreten des Kesselhauses und den Aufenthalt in demselben zu untersagen.

§ 23.

Jede Überlastung der Sicherheitsventile ist verboten.

§ 24.

Das Kesselhaus ist rein und in Ordnung zu halten, die Zugänge zum Kesselhause und zum Kessel, ebenso auch die zu den Sicherheitsvorrichtungen, sind frei zu halten.

§ 25.

Der Kesselwärter hat für die rechtzeitige Beleuchtung des Kesselhauses, insbesondere der Manometer und Wasserstandsapparate Sorge zu tragen.

§ 26.

Bei Reinigung eines Kessels, der mit anderen in Betrieb befindlichen Kesseln in Verbindung steht, sind vorher alle Verbindungen zwischen den zu reinigenden und den anderen Kesseln sorgfältig zu schließen.

## Vorschriften für Motorenwärter.

§ 27.

Die mit Beaufsichtigung von Motoren beauftragten Arbeiter haben für sorgfältige Reinigung und Instandhaltung derselben, sowie der zugehörenden Teile (Pumpen, Rohrleitungen, Hauptübertragungen usw.) Sorge zu tragen und sind dafür verantwortlich.

§ 28.

Die Motorenwärter haben Unbefugten das Betreten oder den Aufenthalt in den Motorenräumen zu untersagen.

§ 29.

Die Räume, in welchen Motoren mit ihrem Zubehör aufgestellt sind, müssen rein und in Ordnung gehalten werden, namentlich ist darauf zu achten, daß die Fußböden, Treppen, Leitern usw. durch überfließendes Öl nicht schlüpfrig werden.

Die Zugänge zu den in den Motorenräumen angebrachten Signal- oder Ausrückvorrichtungen sind stets frei zu halten.

§ 30.

Bei eintretender Dunkelheit, oder falls genügende Beleuchtung bei Tageslicht nicht vorhanden ist, sind die in Bewegung befindlichen Maschinen zu beleuchten.

§ 31.

Nach jeder Betriebspause hat sich der Wärter vor Anlassen des Motors von dem ordnungsmäßigen Zustande aller Teile und Schutzvorrichtungen zu überzeugen, insbesondere auch für ausreichende Ölung zu sorgen.

Vor Inbetriebsetzung hat der Wärter etwa vorgefundene Mängel, soweit er dazu imstande ist, zu beseitigen, anderenfalls dem Vorgesetzten zu melden.

§ 32.

Das Putzen und Reparieren bewegter Teile und diesen nahe liegender feste Teile darf bei Motoren nur während des Stillstandes und nachdem vorher die Abstellvorrichtung geschlossen worden ist, vorgenommen werden.

§ 33.

Das Anlassen und Abstellen des Motors ist stets durch das dafür bestimmte Signal rechtzeitig anzukündigen.

§ 34.

Sobald aus irgend einer Abteilung des Betriebes das Haltesignal ertönt, ist der Motor sofort still zu setzen und darf nicht eher wieder in Betrieb gesetzt werden, als bis aus der betreffenden Betriebsabteilung eine entsprechende Benachrichtigung erfolgt ist.

§ 35.

Beim Anlassen von Motoren, namentlich beim Drehen an den Schwungrädern derselben, ist besondere Vorsicht zu üben.

§ 36.

Die Motorenwärter haben anschließende Kleidung zu tragen.

## Vorschriften für die Wärter von Triebwerken.

§ 37.

Die mit der Wartung der Triebwerke einer Anlage beauftragten Arbeiter haben für Instandhaltung dieser Teile und ihrer Schutzvorrichtungen Sorge zu tragen und sind dafür verantwortlich.

Vor Inbetriebsetzung hat der Wärter etwa vorgefundene Mängel, soweit er dazu imstande ist, zu beseitigen, anderenfalls dem Vorgesetzten zu melden.

§ 38.

Das Schmieren, Ölen, Reinigen und Reparieren der Triebwerke darf nur während des Stillstandes erfolgen.

§ 39.

Das Auflegen und Abwerfen von Riemen oder Seilen mit Ausnahme der auf den Stufenscheiben der Werkzeug- und Arbeitsmaschinen laufenden Riemen darf nur bei stillstehender oder ganz langsam laufender Welle erfolgen.

§ 40.

Das Ausbessern von Riemen und Seilen während des Betriebes darf nur in der Weise vorgenommen werden, daß sich der Riemen außer Berührung mit der laufenden Welle oder Riemenscheibe befindet. — Das Abhalten des Riemens von der Welle mit der Hand ist verboten.

§ 41.

Die Triebwerkwärter haben die Zugänge zu den Signal- und Haupt-Ausrückvorrichtungen von fremden Gegenständen frei zu halten.

§ 42.

Die Triebwärter haben anschließende Kleidung zu tragen.

## Vorschriften für die an Werkzeug- und Arbeitsmaschinen beschäftigten Arbeiter.

§ 43.

Jeder mit der Bedienung von Werkzeug- oder Arbeitsmaschinen beauftragte Arbeiter hat dieselben am Schlusse der Arbeitszeit auszurücken.

§ 44.

Das Putzen und Reparieren der Werkzeug- und Arbeitsmaschinen darf nur während des Stillstandes derselben vorgenommen werden.

§ 45.

Jeder an Werkzeug- und Arbeitsmaschinen beschäftigte Arbeiter hat die Pflicht, die an seinen Maschinen angebrachten Schutzvorrichtungen gewissenhaft zu benutzen und, soweit er dazu imstande ist, selbst in betriebsfähigem Zustande zu erhalten, andernfalls etwaige Beschädigungen dieser Vorrichtungen dem Vorgesetzten anzuzeigen.

## Vorschriften für die an Kranen und Hebezeugen beschäftigten Arbeiter.

§ 46.

Krane und Hebezeuge dürfen für eine größere als die an ihnen angegebene Belastung nicht benutzt werden.

§ 47.

Bei den für Handbetrieb eingerichteten und nicht mit Selbsthemmung versehenen Kranen und Winden muß beim Heben der Last stets die Sperrklinke im Sperrad liegen.

§ 48.

Erfolgt das Niederlassen der Last mit Hilfe der Bremse, so darf diese nicht früher gelöst werden, als bis die übrigen Arbeiter die Kurbeln losgelassen haben und zur Seite getreten sind.

§ 49.

Unter frei an Kranen oder anderen Hebezeugen hängenden Lasten dürfen Personen ohne dringende Veranlassung nicht verkehren oder sich aufhalten.

§ 50.

Auf sorgfältige Befestigung der zu hebenden Lasten ist besondere Aufmerksamkeit zu verwenden.

## Vorschriften für die an Aufzügen beschäftigten Arbeiter.

§ 51.

Die an den Schachtzugängen angegebene größte zulässige Belastung des Fahrkorbes darf in keinem Falle überschritten werden.

§ 52.

Der mit Beaufsichtigung und Bedienung einer Aufzuganlage betraute Arbeiter hat sich von der guten Beschaffenheit der Ketten, Seile, Gurte usw., sowie der Sicherheitsvorrichtungen zu überzeugen; etwaige Mängel sind dem Vorgesetzten sofort zu melden.

§ 53.

Unberufene dürfen den Aufzug nicht bedienen.

§ 54.

Die Verschlußvorrichtungen der Zugänge zum Fahrschacht sowie die Steuerungsvorrichtungen und etwa vorhandenen Signalvorrichtungen sind gewissenhaft nach Vorschrift zu benutzen.

§ 55.

Das Beladen des Fahrkorbes hat in der Weise zu erfolgen, daß die aufgebrachten Gegenstände weder herabfallen noch irgendwie anstoßen können.

§ 56.

Handaufzüge und diejenigen mechanisch betriebenen Aufzüge, welche ausschließlich zum Warentransport bestimmt sind, dürfen, soweit es sich nicht um die Untersuchung und Instandhaltung der Anlage handelt, zur Beförderung von Personen nicht benutzt werden.

## Vorschriften für die im Gießereibetrieb beschäftigten Arbeiter.

§ 57.

Die mit dem Abstechen von Schmelzöfen und mit dem Reinigen der Düsen derselben beauftragten Arbeiter haben bei Ausführung dieser Arbeiten eine Schutzbrille zu tragen.

§ 58.

Während des Gießens haben alle in der Gießerei beschäftigten Arbeiter feste Fußbekleidung(Stiefel, Lederschuhe, zu tragen.

§ 59.

Abstechstangen und Krammstöcke müssen, bevor sie gebraucht werden, genügend angewärmt sein. Es ist darauf zu achten, daß nur gut ausgetrocknete Gießpfannen beim Gießen benutzt werden.

§ 60.

Bevor das Gießen beginnt, sind alle Wege, auf denen flüssiges Eisen transportiert werden soll, von umherliegenden Gegenständen zu befreier und tunlichst zu ebnen.

§ 61.

Bei den an Kranen oder mittels anderer Vorrichtungen transportierten, mit flüssigem Eisen gefüllten Pfannen müssen die das Umkippen derselben verhindernden Vorrichtungen solange benutzt werden, bis das Ausgießen der Pfanne erfolgen soll.

§ 62.

Beim Tragen von gefüllten Gabelpfannen sind Blenddeckel zu benutzen.

§ 63.

Beim Umlegen oder Umdrehen schwerer Formkasten sind Unberufene fernzuhalten.

§ 64.

Das Unterkriechen unter frei am Kran hängende Formkasten oder Kernstücke ist verboten.

§ 65.

Offene Dammgruben u. dgl. sind beim Schlusse der Arbeit sicher einzufriedigen

§ 66.

Während des Gießens sind Unbefugte aus der Gießerei fernzuhalten.

### Vorschriften für die an Fallwerken beschäftigten Arbeiter.

§ 67.

Die an Fallwerken beschäftigten Arbeiter haben etwa wahrgenommene Mängel an den Ketten, Zangen, Winden und Schutzwänden dem Vorgesetzten zu melden.

§ 68.

Bevor der Fallklotz abgezogen wird, hat die Bedienungsmannschaft sichere Deckung zu suchen, auch sind etwa in der Nähe befindliche Personen auf genügende Entfernung zurückzuweisen.

### Vorschriften für die in Schmieden und Hammerwerken beschäftigten Arbeiter.

§ 69.

Während des Betriebes eines mechanisch bewegten Hammers dürfen keinerlei Verrichtungen auf dem Ambos mit der Hand vorgenommen werden.

§ 70.

Das Auswechseln der Ambos- oder Hammereinsätze darf nur geschehen, nachdem der angehobene Bär sicher festgestellt ist.

## Vorschriften für die in Schleifereien beschäftigten Arbeiter.

§ 71.

Jeder neu einzurichtende Stein ist vorher genau auf vollständig gesunde Beschaffenheit zu untersuchen.

§ 72.

Beim Behauen der Steine sind Schutzbrillen zu tragen.

§ 73.

Die Schleifsteingruben sind stets so weit abzudecken, daß zwischen Schleifstein und Grube nirgends ein größerer Abstand als 50 mm verbleibt.

## Vorschriften, die besonders für die in handwerksmäßigen Schlossereien beschäftigten Arbeiter gelten.

§ 74.

Die an Bohrmaschinen angebrachten Räder-Schutzvorrichtungen dürfen nur abgenommen werden, wenn sie bei der Arbeit hinderlich sind und auch dann nur mit Genehmigung des Vorgesetzten. Nach Fertigstellung der betreffenden Arbeit sind die Schutzvorrichtungen sofort wieder anzubringen.

§ 75.

Das Putzen von Bohrmaschinen mit Hand-Kurbelbetrieb darf nur beim Stillstand der Maschinen geschehen. Beim Putzen von Trittbohrmaschinen ist die Verbindungsstange zwischen Fußtritt und Schwungradkurbel auszuhängen.

## Vorschriften für die in Tischlereien und sonstigen Holzbearbeitungswerkstätten beschäftigten Arbeiter.

§ 76.

Die zur Bedienung von Holzbearbeitungsmaschinen neu eintretenden Arbeiter haben ganz besonders der Vorschrift des § 3 zu beachten.

§ 77.

Jeder mit Bedienung einer Holzbearbeitungsmaschine betraute Arbeiter darf die Benutzung durch andere, hierzu nicht berufene Arbeiter nicht gestatten.

§ 78.

Jeder mit der Bedienung einer Holzbearbeitungsmaschine beschäftigte Arbeiter hat die an derselben angebrachten Schutzvorrichtungen gewissenhaft zu benutzen und für ihre Instandhaltung Sorge zu tragen.

§ 79.

Späne und Abfälle dürfen nur beim Stillstand der Holzbearbeitungsmaschinen aus denselben entfernt werden.

§ 80.

Mit Feuer und Licht, sowie mit leicht brennbaren Gegenständen (Spiritus, Lack usw.) und mit leicht entzündlichen Beleuchtungsmitteln (Öl, Petroleum und dergl.) ist auf das sorgfältigste umzugehen.

§ 81.

Das Tabakrauchen in den Tischlereien oder Holzbearbeitungswerkstätten sowie das Anzünden von Pfeifen, Zigarren oder Zigaretten innerhalb derselben ist unbedingt verboten.

§ 82.

Jeder in Holzbearbeitungswerkstätten beschäftigte Arbeiter hat dafür zu sorgen, daß ölige Putzlappen, Späne und kleinere Abfälle täglich bei Schluß der Arbeit aus der Werkstatt entfernt werden.

## Vorschriften für Transportarbeiter.

§ 83.

Die mit dem Transport von Lasten beschäftigten Arbeiter haben folgendes zu beachten:

1. Die von den Betriebsbeamten, Meistern und Vorarbeitern gegebenen Anordnungen sind streng zu befolgen.
2. Die beim Transport verwendeten Ketten, Seile, Wagen usw. sind der Last entsprechend stark genug zu wählen,

und dürfen, wenn schadhaft, nicht benutzt werden, vielmehr ist dem Vorgesetzten Meldung davon zu machen.

3. Das Auf- und Abladen sowie der Transport selbst ist mit der nötigen Vorsicht zu bewirken.
4. Werden schwere Gegenstände frei bewegt, so müssen genügende Mannschaften zur Stelle sein. Werden hohe Gegenstände gerollt oder auf Wagen transportiert so ist dabei besondere Vorsicht zu üben.
5. Die am Bestimmungsort angelangten Gegenstände müssen so aufgestellt werden, daß sie nicht umfallen, ausrutschen oder weiter rollen können.

   Auf erhöhten Plätzen abgelagerte Gegenstände müssen gegen Herabfallen von ihrer Unterlage gesichert werden.

## Vorschriften für den Betrieb von Eisenbahngleisen innerhalb der Betriebswerkstätten.

### § 84.

Sind Fahrzeuge auf Gleisen durch Arbeiter zu bewegen, so dürfen letztere nur an den Seiten oder von hinten schieben.

Das Bewegen solcher Fahrzeuge mittels Seilen oder Ketten ist nur dann gestattet, wenn diese Zugmittel genügend lang sind.

### § 85.

Begleitungsmannschaften der Fahrzeuge haben andere, neben dem Gleise oder vor dem Fahrzeug befindliche Personen rechtzeitig zu warnen.

### § 86.

Das Besteigen oder Verlassen von in Bewegung befindlichen Fahrzeugen ist nur in dringenden Fällen gestattet.

### § 87.

Zum Anhalten der Fahrzeuge dürfen, falls Bremsen an denselben nicht vorhanden sind, nur Holzstangen oder Bremsschuhe vor das Rad gelegt werden; die Benutzung eiserner Stangen für diesen Zweck ist verboten.

### § 88.

Zwischen zusammenhängenden Wagen durchzukriechen oder überzusteigen ist besonders bei Gleisen mit Lokomotivbetrieb verboten.

## Vorschriften für die bei Hochöfen beschäftigten Arbeiter.

§ 89.

Der Gasfang darf erst dann geschlossen werden, wenn mit dem Anblasen des Ofens begonnen ist.

§ 90.

Die Arbeiter auf der Gicht haben das Niedergehen der Gichten fortgesetzt zu beobachten, Störungen im Niedergange hat der Vorarbeiter sofort zu melden.

§ 91.

Reparaturen und sonstige Arbeiten über der offenen Gichtöffnung dürfen nur im Beisein eines Vorgesetzten und hilfsbereiter Arbeiter vorgenommen werden.

§ 92.

Auf der Gicht müssen stets mindestens zwei Arbeiter anwesend sein.

§ 93.

Bevor das Eisen abgestochen oder der Wind abgestellt wird, müssen die Schmelzer ein deutliches Signal nach der Gicht geben.

§ 94.

Beim Verarbeiten des Materials für die Laufrinne und Sandbetten des flüssigen Eisens sind alle groben Teile durch Ausharken zu entfernen.

§ 95.

Die abnehmbare Haube der Schlackenkasten ist vor Einlassen der Schlacke sorgfältig gegen ihre Unterlage abzudichten. Die Haube darf nur dann von dem Schlackenklotz abgenommen werden, wenn derselbe genügend erkaltet ist.

§ 96.

Reparaturen an Gasleitungen sowie das Reinigen derselben dürfen nur auf Anordnung der Vorgesetzten vorgenommen werden. Vor Beginn der Arbeiten sind sämtliche Reinigungsstutzen,

Fahrlöcher und Explosionsklappen zu öffnen. Während der Ausführung der gedachten Arbeiten müssen Mitarbeiter zur etwaigen Hilfeleistung bereit stehen.

§ 97.

Das Gas darf in Verbrennungsapparate nur eingelassen werden, wenn an den Eintrittsstellen ein lebhaftes Feuer brennt oder Entzündungstemperatur herrscht.

§ 98.

Das Unterhöhlen von Erzhaufen ist durchaus verboten.

§ 99.

Die zur Behandlung des flüssigen Eisens oder der flüssigen Schlacke bestimmten Geräte müssen vor dem Gebrauch angewärmt werden.

§ 100.

Gegen versicherte Personen, welche den allgemeinen sowie den für einzelne Betriebsabteilungen erlassenen Unfallverhütungsvorschriften für Arbeiter zuwider handeln, oder welche die angebrachten Schutzvorrichtungen und vorhandenen Schutzmaßnahmen nicht benutzen, dieselben mißbrauchen, beseitigen oder absichtlich beschädigen, kann auf Antrag des Genossenschaftsvorstandes durch den Vorstand der Betriebs- (Fabrik-) Krankenkasse oder, wenn eine solche für den Betrieb nicht errichtet ist, durch die Ortspolizeibehörde eine Geldstrafe bis zu 6 Mark festgesetzt werden. Diese Strafe fließt in die Krankenkasse, welcher der zu ihrer Zahlung Verpflichtete zur Zeit der Zuwiderhandlung angehört oder, wenn er keiner Krankenkasse angehört, in die Kasse der Gemeinde-Krankenversicherung des Beschäftigungsorts. (Vergleiche § 113 Absatz 1, Ziffer 2, § 116 und § 154 Absatz 1 des Gewerbe-Unfallversicherungsgesetzes vom 30. Juni 1900.)

## Die Versorgung der Angestellten.

Die Versorgung der Angestellten bei eintretender Erwerbsunfähigkeit dürfte eine der vornehmsten Pflichten einer jeden Geschäftsleitung sein. Personen, welche in treuer Pflichterfüllung die meisten und besten Jahre ihres Lebens einem Werke gewidmet haben, besitzen in ihrem Alter oder bei eintretender Invalidität einen Anspruch auf Gewährung einer Pension, welche sie vor Not zu schützen imstande ist. Die Frage der Versorgung der Unbemittelten bei eintretender Erwerbsunfähigkeit ist von mir bereits in den siebenziger Jahren aufgenommen und durch Wort und Schrift kräftig gefördert worden. Zu jener Zeit gab es keine Arbeiterversicherungen. Nur die Hirsch-Dunkerschen Gewerkvereine hatten versucht, durch Errichtung einer Kasse, welche die Arbeiter bei eintretender Invalidität unterstützen sollte, die Frage der Arbeiterversorgung einer praktischen Lösung näher zu führen. Leider waren diese Kassen ohne genügende Sachkenntnis errichtet und dabei Versprechungen in die Welt hinausgerufen worden, die nie erfüllt werden konnten. Die Folge war, daß die Kassen langsam ihrem Ende entgegengingen und schließlich vom Ministerium aufgelöst werden mußten. Ohne irgend welchen Anhalt versuchte ich vor dreißig Jahren der Versorgungsfrage der Unbemittelten eine feste Gestalt zu geben. An alle Versorgungskassen, von denen ich hörte, schrieb ich und erbat mir nähere Angaben über die Einrichtung derselben. Was ich mitgeteilt erhielt, war nichts Vollkommenes; es genügte wohl für bestimmte Fälle und beschränkte Kreise, aber für die Allgemeinheit war es unanwendbar. Unter Zugrundelegung der von mir gesammelten Erfahrungen arbeitete ich nun einen Entwurf aus, in welchem Vorschläge zur Versorgung der Unbemittelten und deren Witwen und Waisen gemacht wurden. Diesen Vorschlägen waren Begründungen beigefügt, aus welchen die Notwendigkeit der Errichtung von Versorgungskassen aus wirtschaftlichen und politischen Gründen klar hervorging. Meine Arbeit sandte ich allen deutschen Fürsten, den Spitzen der Reichs- und Staatsbehörden sowie allen denjenigen Personen zu, welchen ich einen Einfluß auf die Erfüllung meiner Bestrebungen zutrauen konnte. Von verschiedenen Seiten gingen zwar anerkennende Zuschriften ein, aber leider fand ich nirgends eine tatsächliche Unterstützung meiner Pläne. Der Oberpräsident der Provinz Sachsen, Staatsminister a. D. von Patow, schrieb mir sogar auf Veranlassung der höchsten Stellen, daß die Errichtung von Versorgungskassen für Unbemittelte zwar eine sehr schöne und zweckmäßige Sache sei, daß der Staat aber nicht in der Lage wäre, diese Frage anzurühren, weil die Folgen davon nicht zu übersehen sind. Dieses wurde mir Ende Januar 1879 geschrieben, aber wenige Jahre später wurde die erste staatliche Versicherung ins Leben gerufen, welche die Arbeiter bei eintretender Invalidität zu schützen bezweckte. Zu meiner Freude konnte ich wahrnehmen, daß verschiedene meiner in den siebenziger Jahren gemachten Vorschläge in den sozialpolitischen Gesetzen Aufnahme gefunden hatten, beispielsweise die Mitwirkung der Post bei Annahme der Beiträge und Auszahlung der Renten, die Schiedsgerichte usw., aber mein Hauptgedanke, die Witwen und Waisen in die Versorgung einzuschließen, ist bisher unerfüllt geblieben; hoffentlich bringt noch die Zukunft eine Lösung dieser wichtigen Frage.

Nachdem von seiten der Regierungen meine Pläne zur allgemeinen Lösung der Frage der Versorgung der Unbemittelten abgelehnt worden waren, suchte ich die Versorgungsfrage der in Privatstellung tätigen Beamten durch Selbsthilfe zu lösen. Ich gründete den Deutschen Privatbeamten-Verein und dann die Privatbeamten-Pensions-, die Privatbeamten-Witwen- und die Begräbniskassen, und rief dann, unter dem Namen „Kaiser Wilhelm-Waisenstiftung“, eine Kasse ins Leben, welche armen Privatbeamtenwaisen Unterstützung gewähren sollte. Auf diese Unternehmen hier näher einzugehen, ist nicht angebracht, dieselben stehen heute in jeder Weise solide da, haben bereits viel Gutes geleistet und werden jedenfalls auch später für den Privatbeamtenstand von großem Nutzen sein. Die Hoffnung, daß alle großen Geschäftsinhaber ihre Angestellten zum Beitritt bei dem Deutschen Privatbeamten-Verein und dessen Kassen veranlassen und dann einen Teil der Beitragszahlungen auf sich nehmen würden, hat sich nicht erfüllt. Zwar haben einige Werke und Geschäfte sich den Bestrebungen des Deutschen Privatbeamten-Vereins angeschlossen und die Zahlung der Beiträge oder wenigstens eines Teiles derselben für ihre Angestellten auf sich genommen, aber eine wirkliche allgemeine Aufnahme bei den Geschäfts- und Werkinhabern ist nicht eingetreten, wird auch kaum jemals stattfinden, denn die Verpflichtung zu einer dauernden Beitragszahlung für die Beamten wollen nicht viele Personen auf sich nehmen.

Trotz dieser Abneigung, die Beamten in eine der Allgemeinheit geöffneten Kassen einzukaufen, ist man doch in vielen Werken der Versorgungsfrage der Angestellten näher getreten. Fast alle Versicherungsgesellschaften, viele große Banken und bedeutende industrielle Werke haben Kapitalien zurückgestellt, aus welchen die Pensionen der arbeitsunfähig gewordenen Beamten bestritten werden können. So anerkennenswert auch solche Fürsorge für die Angestellten ist, so ist dieselbe doch nicht immer zuverlässig, weil verschiedene Umstände eintreten können, welche die Hoffnung der Beamten, bei eintretender Arbeitsunfähigkeit den Lebensunterhalt gesichert zu sehen, vernichten können. Da diese Pensionskassen ganz privater Natur sind, eine bestimmte Verpflichtung nicht eingehen und überhaupt nur in Tätigkeit treten, wenn ein im Dienste befindlicher Beamter arbeitsunfähig wird, so werden schon in erster Linie alle diejenigen Personen von einer Pensionierung ausgeschlossen, welche vor eintretender Erwerbsunfähigäeit aus ihren Stellungen ausgeschieden oder entlassen sind. Man denke nur, daß ein Beamter zwanzig und dreißig Jahre treu seine Verpflichtungen erfüllt hat und dann plötzlich durch Intrigen oder ganz willkürliche Handlungen aus seiner Stellung gebracht wird, mit deren Aufgabe er auch seine Hoffnungen auf einen gesicherten Lebensabend verliert. Was nützt da der angesammelte Pensionsfonds, wenn mit dem Ausscheiden des Beamten aus seiner Stellung alle seine Ansprüche oder Hoffnungen an denselben zu Grabe getragen werden müssen? Ein solcher Beamter steht oft schlechter da, als derjenige, dem niemals eine Aussicht auf eine Pension bei eintretender Erwerbsunfähigkeit zugesichert worden ist. Aber dies ist nicht der einzige Punkt, welcher den Wert solcher privaten Pensionskassen sehr zweifelhaft erscheinen läßt, es gibt deren noch viele andere. Ein humaner Geschäfts- oder Werkinhaber hat jährlich von seinem Gewinn einen bestimmten Betrag für die Sicherheit der Zukunft seiner Angestellten zurückgestellt. Diese Zurückstellungen erfolgen aber ohne jede Verbindlichkeit gegen die Angestellten, die Fonds bleiben stets Eigentum der Geschäfts- und Werksbesitzer und gehen bei ihrem Tode auf deren Erben über. Wenn nun diese Erben andere Auffassungen als der Erblasser über die Verpflichtung, für die Angestellten und deren Hinterbliebene zu sorgen, haben, die Fonds einfach einziehen und unter sich verteilen, wer will sie daran hindern? Oder, wenn bei einem sonst ganz soliden Unternehmen infolge schlechter Zeitverhältnisse oder leichtfertiger Geschäftsführung der Fall eintritt, daß dasselbe seinen Konkurs ansagen muß, was nützen da die angesammelten Pensionsfonds den Beamten? Sie wandern einfach, wie es bei dem Zusammenbruch der Leipziger Bank geschehen ist, in die Konkursmasse und die rechtlosen, langjährigen Angestellten haben das Nachsehen. Sollen private Pensionskassen einen Wert haben, dann müssen sie so eingerichtet werden, daß den Angestellten unter allen Umständen ein unantastbares Recht an denselben erhalten bleibt. Bei einigen großen Unternehmungen sind daher in richtiger Würdigung dieser Sachlage Pensionskassen errichtet worden, welche die Rechte der Beamten so festlegen, daß denselben, solange sie in ihrer Stellung sind, ein Anspruch an den Pensionsfonds gesichert bleibt. Nach dem Abgange der Beamten aus der innegehabten Stellung müssen leider auch die Rechte derselben an solche Pensionskassen aufhören, weil letztere doch nur Privatunternehmen sind, die für einen bestimmten Kreis von Personen unter ganz bestimmten Voraussetzungen errichtet wurden.

Eine sehr empfehlenswerte Pensionskasseneinrichtung besitzt eines unserer größten Werke. Der Werkbesitzer stiftete für die Versorgung seiner Beamten ein bedeutendes Kapital, das er von Jahr zu Jahr durch Zuwendungen aus dem Gewinn zu erhöhen sich verpflichtete. Alle Beamten sind gehalten, von ihrem Gehalt einen bestimmten Prozentsatz an die Pensionskasse abzuführen und erhalten dadurch das Recht auf eine sich von Dienstjahr zu Dienstjahr steigernde Pension bei eintretender Erwerbsunfähigkeit. Tritt ein Beamter vor seiner Pensionierung aus seiner Stellung, so erhält er alle seine Einlagen, jedoch ohne Zinsen, zurückerstattet. Die Pensionskasse steht vollständig selbständig da, ihr Bestand kann daher von keiner Seite angetastet werden. Soweit also möglich und nach der eigentümlichen Lage des Privatbeamtenstandes überhaupt denkbar sind bei dieser Kasseneinrichtung die Rechte der Angestellten des Werkes gewahrt.

Eine solche Pensionskasse kann aber nur eingerichtet werden, wo eine große Anzahl von Beamten angestellt ist; bei kleinen Werken wird es schwer halten, die Tätigkeit derselben aufrecht zu erhalten.

Eine andere Art, die Versorgungsfrage der Angestellten zu lösen, besteht in einem Unternehmen, das bedeutende Werke in den verschiedensten Gegenden Deutschlands und auch im Auslande besitzt. Allen Beamten wird vom Tage ihres Eintritts in ihre Stellung eine Gutschrift von zehn Prozent ihres Gehaltes gemacht, und dieser Betrag dann zinstragend auf den Namen des Beamten angelegt. Gehaltszulagen fließen in dem ersten Jahre gleichfalls in den Sparfonds. Je nach dem Geschäftsgange wird jährlich ein bestimmter Betrag vom Gewinn für die Beamten abgesondert, hiervon ein Teil an dieselben ausgezahlt, der Rest aber dem Sparfonds überwiesen. Solange ein Beamter in seiner Stellung bleibt, hat er kein Verfügungsrecht über die Sparsumme, wird er arbeitsunfähig oder stirbt er, so wird der angesammelte Betrag sofort an die Erben ausgezahlt. Gibt ein Beamter seine Stellung auf, so kommt das ersparte Geld nebst Zinsen erst zwei Jahre nach seinem Fortgange vom Werke zur Auszahlung, vorausgesetzt, daß derselbe in dieser Zeit nicht in ein Konkurrenzwerk eingetreten ist. Daß das Spargeld erst nach zwei Jahren nach dem Austritt aus dem Werke zur Auszahlung gebracht wird, soll verhindern, daß Beamte, um einmal schnell in den Besitz der Sparsumme zu kommen, nicht in leichtfertiger Weise ihre Stellungen aufgeben. Diese Art der Fürsorge für die Beamten hat bei allen Angestellten des großartigen Unternehmens allgemeine Anerkennung gefunden. Die Beamten wissen stets, was sie haben und über was sie mit Sicherheit nach einer bestimmten Reihe von Jahren verfügen können. Den Hinterbliebenen wird erhalten, was der Vater, der Bruder oder ein anderer Nahestehender erworben hat, sie brauchen nicht in Sorge sein, daß sie bei einem plötzlich eintretenden Tode des Ernährers ganz mittellos dastehen.

Es ist ja selbstverständlich, daß es noch andere Möglichkeiten gibt, die Versorgung der Angestellten bei ihrer Erwerbsunfähigkeit zu betätigen, doch dürfte es genügen, wenn hier die beiden Wege angedeutet werden. Ist es einem Unternehmer wirklich ernst, die treuen Dienste seiner Angestellten durch Sicherung ihrer Zukunft zu belohnen, so wird er darauf Bedacht zu nehmen haben, daß sein menschenfreundliches Vorhaben nicht durch irgend welche Vorkommnisse vereitelt werden kann. In allen geschäftlichen Handlungen muß Klarheit herrschen, gebe man daher auch jedem menschenfreundlichen Unternehmen in jeder Weise Klarheit, damit den langjährigen, treuen Mitarbeitern niemals durch irgend welche unvorhergesehenen Ereignisee Enttäuschungen und Sorgen im Alter oder bei Krankheit erwachsen.

## Patente.

Anträge auf Erteilung eines Patentes zu stellen, ist ein jeder berechtigt, doch empfiehlt es sich in Patentangelegenheiten einen Patentanwalt heranzuziehen, wenn man nicht selbst imstande ist, allen Vorschriften, welche bei Einholung eines Patentes erforderlich sind, zu genügen. Der Patentanwalt ist nicht allein über den Geschäftsgang beim Patentamt genau unterrichtet und daher in der Lage, durch sachliche Behandlung das Verfahren zu fördern, er kann auch bei der Festlegung der Patentansprüche so wesentliche Dienste leisten, daß dadurch der Wert des Patentes erheblich gesteigert wird. Eine Notwendigkeit, nur einen Patentanwalt mit der Vertretung beim Patentamt zu betrauen, besteht nicht, vielmehr kann man seine Sache, wenn man es nicht selbst tun will, auch durch eine andere geeignete Person vertreten lassen. Der Präsident des Patentamtes hat aber das Recht, die Vertretung durch Nichtanwälte zurückzuweisen, wenn diese die Vertretung berufsmäßig betreiben.

Für diejenigen, welche ihre Patentangelegenheiten bei dem Patentamt selbst erledigen wollen, müssen folgende Vorschriften beachtet werden:

Die Anmeldung einer Erfindung behufs Erteilung eines Patentes geschieht in der Form eines schriftlichen Gesuchs, dem die erforderlichen Stücke als Anlagen beizufügen sind.

Das Gesuch muß enthalten:

a) die Angabe des Namens und des Wohnorts oder der Hauptniederlassung des Anmelders;
b) eine für die Veröffentlichung (§ 23 Abs. 2 des Patentgesetzes vom 7. April 1891) geeignete Benennung der Erfindung;
c) die Erklärung, daß für die Erfindung ein Patent nachgesucht werde. Bei Zusatzanmeldungen ist die Angabe

des Hauptpatentes nach Gegenstand und Nummer oder der Hauptanmeldung nach Gegenstand und Aktenzeichen erforderlich;

d) die Erklärung, daß die gesetzliche Gebühr von 20 Mark an die Kasse des Kaiserlichen Patentamts gezahlt worden sei oder gleichzeitig mit der Anmeldung gezahlt werde;

e) die Aufführung der Anlagen unter Angabe ihrer Nummer und ihres Inhalts;

f) falls der Anmelder einen Vertreter bestellt hat, die Angabe der Person, der Berufsstellung und des Wohnorts des Vertreters; als Anlage ist eine Vollmacht beizufügen (§ 28 der Kaiserlichen Verordnung vom 11. Juli 1891).

g) die Unterschrift des Anmelders oder seines Vertreters.

Zur Angabe der Person des Anmelders gehört, daß jeder Zweifel darüber ausgeschlossen wird, ob das Patent von Einzelpersonen oder von einer Gesellschaft, ob von einem Manne oder von einer Frau, ob auf den bürgerlichen Namen oder auf die kaufmännische Firma nachgesucht wird. Bei Einzelpersonen ist der Rufname, bei Frauen außerdem der Familienstand und der Geburtsname anzugeben.

Die Angabe des Wohnorts muß bei größeren Städten auch Straße und Hausnummer, bei kleineren Orten und bei Orten, deren Name mehrfach vorkommt, sowie in der Regel bei ausländischen Orten den Staat und Bezirk enthalten. Dies gilt auch für den Fall, daß der Anmelder einen Vertreter bestellt hat.

Für den Fall der Vertretung ist zu beachten, daß nach § 28 der Kaiserlichen Verordnung vom 11. Juli 1891 die Vollmacht auf prozeßfähige, mit ihrem bürgerlichen Namen bezeichnete Personen — nicht auf eine Firma — auszustellen ist.

Eine Beglaubigung der Unterschrift des Anmelders unter der Vollmacht ist nur auf besonderes Erfordern des Patentamts beizubringen.

Falls mehrere Personen ohne Bestellung eines gemeinsamen Vertreters anmelden, soll diejenige Person namhaft gemacht werden, der die amtlichen Verfügungen zugesandt werden sollen.

Die Beschreibung ist in zwei Ausfertigungen einzureichen. Dasselbe gilt für alle Nachträge. Die Schriftstücke, welche die Beschreibung bilden, müssen sowohl am Rande als auch zwischen den Zeilen ausreichenden Raum für Zusätze und Änderungen frei lassen.

Für den Gegenstand der Erfindung ist der Gebrauchszweck anzugeben.

Die Beschreibung hat sich aller nicht streng zur Sache gehörigen Ausführungen zu enthalten. Sie beginnt zweckmäßig mit der Darstellung der Aufgabe, welche die Erfindung lösen soll. Hieran schließt sich die Beschreibung der Erfindung im einzelnen.

Besteht die Erfindung in der Vereinigung von bekannten Einzelheiten zu einem neuen Ganzen, so wird die Beschreibung zum Ausdruck bringen müssen, daß die Einzelheiten weder als neu, noch für sich als schutzfähig angesehen werden, und daß der Schutz sich nur auf die neue Gesamtheit beziehen soll.

Soweit Hinweise auf Bekanntes oder Geschütztes, insbesondere auf öffentliche Druckschriften oder Patente, zur klaren Abgrenzung der Erfindung erforderlich sind, werden sie gleichfalls in die Beschreibung aufzunehmen sein.

Maße, Gewichte sowie elektrische Einheiten müssen nach den gesetzlichen Vorschriften, Temperaturen nach Celsius angegeben werden. Bei chemischen Formeln sind die in Deutschland üblichen Atomgewichtszeichen und Molekularformeln anzuwenden.

Die Einfügung von Figuren in die Beschreibung ist nicht zulässig.

Die für die Veranschaulichung der Erfindung bestimmten Zeichnungen sind auf das zur Klarstellung der Erfindung Erforderliche zu beschränken. Sie sind in zwei Ausfertigungen einzureichen.

Für die Hauptzeichnung ist weißes, starkes und glattes Zeichenpapier, sogenanntes Kartonpapier, für die Nebenzeichnung Zeichenleinwand zu verwenden.

Das Blatt der Hauptzeichnung soll 33 cm hoch und 21 cm breit sein. In Ausnahmefällen ist, falls die Deutlichkeit es erfordert, ein Blatt in der Höhe von 33 cm und in der Breite von 42 cm zulässig. Die Nebenzeichnung muß bei beliebiger Breite 33 cm hoch sein. Für die Hauptzeichnung wie für die Nebenzeichnung ist die Verwendung mehrerer Blätter zulässig.

Auf den Nebenzeichnungen sind die Figuren und Bezeichnungen so zu stellen, daß für den Beschauer die 33 cm-Kante aufrecht steht. Am linken und rechten Rande ist ein mindestens 3 cm breiter Raum frei zu lassen.

Für die einzelnen Teile der Figuren sind Bezugszeichen nur so weit zu verwenden, als ein Hinweis auf die Darstellung des betreffenden Teiles in der Beschreibung zum Verständnis der Erfindung erforderlich ist.

Dieselben Teile müssen in allen Figuren gleiche Bezugszeichen erhalten. Für verschiedene Teile dürfen die gleichen Bezugszeichen nicht verwendet werden, auch wenn die Figuren auf verschiedenen Blättern stehen. Bei Zusatzanmeldungen werden für Teile, die bereits in dem Hauptpatente sich vorfinden, die dort für diese Teile gewählten Bezugszeichen beizubehalten sein.

Für die Bezugszeichen sind die kleinen lateinischen Buchstaben (a, b, c) in einfacher, leicht lesbarer Schrift zu verwenden. Sind mehr als 25 Zeichen nötig, so sind arabische Ziffern zu verwenden. Zur Bezeichnung von Schnittlinien dienen die großen lateinischen Buchstaben. Winkel sind mit kleinen griechischen Buchstaben ($\alpha$, $\beta$, $\gamma$) zu bezeichnen.

Die Beifügung von Strichen, Häkchen oder Ziffern zu den Bezugszeichen ist zu vermeiden. Nur wenn innerhalb derselben Figur ein Teil in mehreren Stellungen gezeichnet wird, ist, unter Beibehaltung desselben Buchstabens für alle Stellungen, die Unterscheidung durch oben rechts angebrachte Striche oder Ziffern herbeizuführen.

Ist unmittelbar bei den dargestellten Teilen kein genügender Raum für die Bezugszeichen vorhanden, so sind die Teile mit den möglichst nahe zu setzenden Zeichen durch geschwungene Linien zu verbinden.

Bewegungsrichtungen sind durch Pfeile anzudeuten, falls dadurch das Verständnis erleichtert wird.

Projektions- und Mittellinien sind in der Regel wegzulassen.

Die Figuren und Schriftzeichen sind in tiefschwarzen, kräftigen, scharf begrenzten Linien auszuführen. Auf der Hauptzeichnung sind Querschnitte entweder tiefschwarz anzulegen oder durch Schrägstriche in tiefschwarzen Linien zum Ausdruck zu bringen. Ist zur Darstellung unebener Flächen ausnahmsweise eine Schattierung erforderlich, so darf sie ebenfalls nur in tiefschwarzen Linien ausgeführt werden. Die Anwendung bunter Farben ist bei der Hauptzeichnung unzulässig.

Alle auf den Zeichnungen angebrachten Schriftzeichen müssen einfach und deutlich sein. Die Hauptzeichnung muß sich zur photographischen Verkleinerung eignen.

Die einzelnen Figuren müssen durch einen angemessenen Zwischenraum voneinander getrennt sein und sind nach ihrer Stellung fortlaufend und ohne Rücksicht auf die Anzahl der Blätter mit Zahlen zu versehen.

Erläuterungen sind in die Zeichnung nicht aufzunehmen. Ausgenommen sind kurze Angaben wie „Wasser“, „Dampf“, „Schnitt nach A B (Fig. 3)“, sowie Inschriften, die auf den dargestellten Gegenständen angebracht werden sollen, z. B. „offen“, „zu“.

In der rechten unteren Ecke jedes Blattes ist der Name des Anmelders anzugeben.

Die Hauptzeichnungen dürfen weder gefaltet noch gerollt werden, sondern sind in glattem Zustande vorzulegen.

Die für die Veranschaulichung der Erfindung bestimmten Modelle und Probestücke brauchen nur in einer Ausführung eingereicht zu werden.

Proben sind stets einzureichen zu den Anmeldungen, welche die Herstellung neuer chemischer Stoffe betreffen. Ausgenommen sind explosive und leicht entzündliche Stoffe, deren Einsendung nur auf besondere Aufforderung zulässig ist.

Bildet ein chemisches Verfahren von allgemeiner Anwendbarkeit, nach dem ganze Gruppen von Stoffen hergestellt werden können, den Gegenstand der Anmeldung, so sind Proben der typischen Vertreter der Gruppen einzureichen. Werden jedoch besondere Ausführungsformen eines chemischen Verfahrens unter Aufzählung der einzelnen nach ihnen entstehenden Stoffe beansprucht, so sind die Stoffe sämtlich mit Proben zu belegen. Bei Farbstoffen sind außerdem Ausfärbungen auf Wolle, Seide oder Baumwolle in je einer Ausführung beizufügen.

Über die Beschaffenheit der Modelle und Probestücke gilt folgendes: Modelle und Probestücke, die leicht beschädigt werden können, sind in festen Hüllen einzureichen. Gegenstände von kleinem Umfange sind auf steifem Papier zu befestigen.

Proben von giftigen, ätzenden, explosiven oder leicht entzündlichen Stoffen sind auf der Umhüllung und, soweit möglich, auf dem Gegenstande selbst durch eine deutliche Aufschrift als solche zu kennzeichnen.

Proben chemischer Stoffe sind in Glasflaschen ohne vorspringenden Fuß von etwa 3 cm äußerem Durchmesser und 8 cm Gesamthöhe einzureichen; die Flaschen sind mit einem haltbaren Siegel zu verschließen und mit einer dauerhaft befestigten Inhaltsangabe zu versehen. Den Proben ist ein nach der Beschreibung oder dem Patentanspruche geordnetes Verzeichnis beizulegen.

Ausfärbungen müssen möglichst flach auf steifem Papier von 33 cm Höhe und 21 cm Breite dauerhaft befestigt und mit genauen, den Angaben der Beschreibung entsprechenden Aufschriften versehen sein. Den Ausfärbungen ist eine Beschreibung des angewendeten Färbeverfahrens beizulegen mit genauen Angaben über den Gehalt der Flotte an Farbstoff, die etwa gebrauchten Beizen, die Temperatur usw., sowie auch darüber, ob die gebrauchte Flotte erschöpft war, oder erheblichere Mengen von Farbstoff zurückgehalten hat.

Die Anlagen des Gesuches müssen mit einer ihre Zugehörigkeit zur Anmeldung kennzeichnenden Aufschrift versehen sein. Dasselbe gilt für Modelle und Probestücke.

Schriftstücke, die zur Mitteilung an andere Personen bestimmt sind, sind in der dazu erforderlichen Zahl von Ausfertigungen einzureichen.

Zu allen Schriftstücken ist dauerhaftes, nicht durchscheinendes weißes Papier zu verwenden, zu Schriftstücken, die Anträge enthalten oder zur Beschreibung der Erfindung gehören, Papier in der Seitengröße von 33 cm zu 21 cm.

Alle Schriftstücke müssen leicht lesbar sein. Die Schriftzüge müssen in dunkler Farbe ausgeführt sein. Schriftstücke, die mittels der Schreibmaschine hergestellt sind, müssen deutliche Druckzeichen und zwischen den einzelnen Buchstaben, Worten und Zeilen einen angemessenen Zwischenraum aufweisen.

Auf den später eingereichten Anmeldestücken ist der Name des Anmelders und das Aktenzeichen anzugeben.

Die Anmeldegebühr ist zweckmäßig entweder unmittelbar bei der Kasse des Kaiserlichen Patentamts (Berlin, SW. 61, Gitschinerstraße 97/103) einzuzahlen oder unter genauer Angabe der Anmeldung, für die das Geld bestimmt ist, durch Postanweisung zu übersenden.

Die Beifügung baren Geldes als Anlage der Anmeldung ist nicht erwünscht. Wird das Geld gleichwohl beigefügt, so ist darüber in dem Gesuch ein deutlicher Vermerk in Rotschrift zu machen. Enthält eine Sendung das Geld für mehrere Anmeldungen, so ist ein besonderes Verzeichnis über die Zugehörigkeit des Geldes beizufügen.

Alle Gelder und Pakete sind porto- und bestellgeldfrei abzusenden. Die Aufschrift der Sendung ist mit dem Vermerk zu versehen: „Frei einschließlich Bestellgeld". Für Postsendungen aus Bayern sind die Bestellgebühren in bar dem Kaiserlichen Postamt zu übermitteln. Die Bestellgebühren für Pakete im Postbestellbezirk Berlin betragen:

| | | |
|---|---|---|
| für gewöhnliche Pakete bis 5 kg . . . | 15 | Pf. |
| „ schwerere Pakete . . . . . . . . | 20 | „ |
| „ Wertpakete und Einschreibpakete . . | 20 | „ |

Ein Antrag auf Aussetzung der Bekanntmachung (§ 23 Abs. 4 des Patentgesetzes) wird entweder in einem besonderen Schriftstück einzureichen oder, falls er mit dem Anmeldegesuch oder mit anderen Erklärungen verbunden wird, augenfällig z. B. durch Unterstreichen oder in Rotschrift, hervorzuheben sein.

Für die Aussetzung der Bekanntmachung auf länger als drei Monate bedarf es einer Begründung. Es empfiehlt sich, die Begründung erst gegen Ende der ersten Frist beizubringen.

Falls der Anmelder die Rechte aus einer früheren Anmeldung in einem Staate, mit dem das Deutsche Reich einen entsprechenden Vertrag geschlossen hat, geltend machen will, soll dieser Anspruch gleichfalls in das Gesuch aufgenommen werden.

Soll für den Fall der Zurückweisung einer Patentanmeldung derselbe Gegenstand in die Rolle für Gebrauchsmuster eingetragen werden, so bedarf es hierzu einer besonderen an das „Kaiserliche Patentamt, Anmeldestelle für Gebrauchsmuster" zu richtenden Anmeldung.

Der Anspruch geht zweckmäßig von dem Gattungsbegriff aus, dem die Erfindung möglichst nahe untergeordnet ist. Dieser Gattungsbegriff wird auch der für die Veröffentlichung bestimmten Benennung der Erfindung zugrunde zu legen sein. Zur Unterscheidung von anderen Gegenständen derselben Gattung sind in den Anspruch nur solche Bestimmungsmerkmale aufzunehmen, die für die Kennzeichnung des Wesens der Erfindung notwendig sind. Gehört der Zweck zu dieser Kennzeichnung, so ist auch er im Anspruch zu erwähnen.

Allgemeine Hinweise auf die Zeichnung oder die Beschreibung, z. B. „wie gezeichnet und beschrieben", sind zu vermeiden. Hauptanspruch und Nebenansprüche sind mit fortlaufenden arabischen Ziffern zu versehen.

In dem Anspruch eines Zusatzpatentes ist auf das Hauptpatent Bezug zu nehmen und zum Ausdruck zu bringen, was an der früheren Erfindung durch die neue Erfindung abgeändert oder ergänzt werden soll.

Längere Ansprüche werden zweckmäßig der Beschreibung nicht unmittelbar angefügt, sondern als besondere Anlage in zwei Ausfertigungen eingereicht.

Bei der Einreichung von Modellen und Probestücken ist zu erklären, ob sie im Falle der Entbehrlichkeit zurückgegeben werden sollen oder vernichtet werden können.

Haben Modelle oder Probestücke einen besonderen Wert, so ist in dem Anschreiben hierauf hinzuweisen. Können sie schon durch ein unvorsichtiges Auspacken leicht beschädigt oder durch die Einwirkung von Licht, Feuchtigkeit u. dgl. verdorben werden, so ist die Umhüllung mit der deutlichen Aufschrift zu versehen: „Ungeöffnet in den Geschäftsgang."

In allen Schriftstücken sind entbehrliche Fremdwörter zu vermeiden.

Schriftsätze, die mehrere Seiten umfassen, sind mit Seitenzahlen zu versehen. In allen Schriftsätzen ist an der linken Seite ein Raum von mindestens 5 cm für amtliche Vermerke frei zu lassen.

In allen Eingaben, zu denen Anlagen gehören, sind die Anlagen besonders aufzuzählen.

Betreffs der Auslandspatente kann hier auf Einzelbestimmungen nicht eingegangen werden, weil dies zu einer zu weit gehenden Abschweifung führen würde. Als Grundsatz zur Aufrechthaltung aller Patentrechte mag aber gelten, daß jede Veröffentlichung über die Erfindung so lange zu vermeiden ist, bis die Anmeldung des Patents an zuständiger Stelle im Auslande erfolgt ist.

Die durch das Gesetz vom 7. April 1891 § 19 angeordnete Veröffentlichung der Beschreibungen und Zeichnungen, auf Grund derer die Erteilung der Patente erfolgt, wird in besonderen Heften bewirkt, welche unter der Bezeichnung „Patentschriften“ getrennt ausgegeben werden. Die Patentschriften können von dem Kaiserlichen Patentamt bezogen werden und kosten das Stück eine Mark. Bei der Bestellung ist die Nummer der Patentschrift anzugeben und der Betrag hierfür bar — nicht in Briefmarken — an die Kasse des Patentamtes, Berlin, SW. 61, Gitschinerstraße 97/103, einzusenden und die Bestimmung des Geldes auf dem Abschnitte der Postanweisung anzugeben.

Über das Besitzrecht der Erfindungen von Angestellten eines Werkes bestehen keinerlei bestimmte Vorschriften. Üblich ist, daß die Erfindungen des Angestellten dem betreffenden Werke zugute kommen, wenn die Erfindung aus der Tätigkeit desselben im Werke entstanden ist, daß aber Erfindungen, welche in keinem Zusammenhange mit der dienstlichen Beschäftigung des Angestellten stehen, unumschränktes Eigentum des letzteren bleiben. Gewöhnlich werden in jedem Dienstvertrage bestimmte Vereinbarungen hierüber festgelegt, damit Streitigkeiten über diese Angelegenheit vermieden werden.

## Gebrauchsmusterschutz.

Arbeitsgerätschaften, Gebrauchsgegenstände oder Teile derselben, soweit dieselben dem Arbeits- oder Gebrauchszwecke eine neue Gestaltung oder Verwendung geben, genießen einen gesetzlichen Schutz. Solche Gegenstände gelten nicht als neu, wenn sie zur Zeit der Anmeldung bereits öffentlich beschrieben oder im Inlande offenkundig benutzt sind. Bestimmte Verfahren zur Herstellung eines Gegenstandes können nicht als Gebrauchsmuster geschützt werden, dies kann nur durch das Patentgesetz geschehen.

Die Anmeldung eines Gegenstandes zum Schutz muß in ähnlicher Weise, wie bei der Patentnachweisung, bei dem Kaiserlichen Patentamt erfolgen. In dem Gesuche ist anzugeben, wie der Gegenstand der Anmeldung bezeichnet werden, und in welcher Form oder Weise er dem Arbeits- oder Gebrauchszwecke dienen soll. Jeder Anmeldung ist eine Nach- oder Abbildung des zum Schutz gestellten Gegenstandes beizugeben und zu gleicher Zeit eine Anmeldegebühr von 15 Mark bei der Kasse des Kaiserlichen Patentamtes einzuzahlen. Entspricht die Anmeldung den erlassenen Vorschriften — Bekanntmachung des Patentamtes vom 31. August 1881 — dann verfügt das Patentamt ohne Vorprüfung die Eintragung in die Liste für Gebrauchsmuster. Das Gesetz ist hauptsächlich für kleine Erfindungen geschaffen, die Wirkung desselben ist wie die eines Patentes. Die Dauer des Schutzes ist drei Jahre, dieselbe kann aber, gegen Zahlung einer zweiten Gebühr von 60 Mark, noch um drei Jahre verlängert werden.

## Zubehör.

Die Frage des Zubehörs zu einer Sache scheint sehr einfach zu beantworten zu sein, ist aber oft eine so schwer lösbare daß selbst geübte Fachleute nicht immer mit Bestimmtheit eine zutreffende Auskunft hierüber geben können. Das Zubehör zu einer Sache spielt in jedem geschäftlichen Verkehr eine große Rolle, hauptsächlich dürfte aber im Maschinenbau diese Frage recht oft zu unliebsamen Auseinandersetzungen führen. Beim Kauf eines Werkes muß das Zubehör zu demselben genau geprüft und festgestellt werden, damit Meinungsverschiedenheiten bei der Übergabe nicht entstehen können. Und ebenso ist beim Verkauf und bei der Abgabe von Maschinen darauf zu achten, daß dieselben nicht bevor sie bezahlt sind, zu einem Bestandteile eines Grundstückes werden und dadurch aufhören, ein Gegenstand besonderer Rechte zu sein. Die Frage, welche das Zubehör zu einer Sache regeln soll, ist in den §§ 93 bis 98 des Bürgerlichen Gesetzbuches behandelt. Liest man diese Bestimmungen durch, so erscheint es auf den ersten Augenblick nicht schwer, sich mit denselben abfinden zu können. Tritt aber der Fall ein, daß man gezwungen ist, in einer solchen Sache den Rechtsweg zu beschreiten, dann wird man bald die Erfahrung machen, daß diese so einfachen Gesetzesbestimmungen so viele Auslegungen zulassen, daß es sehr schwer hält, hier zuverlässig stets das Richtige zu finden.

Es ist im Maschinenbau gebräuchlich, daß, wenn ein Besteller nicht recht zahlungsfähig zu sein scheint, man sich das Eigentumsrecht auf einen gelieferten Gegenstand so lange vorbehält, bis die Bezahlung desselben erfolgt ist. Weder dem Besteller der Sache, noch dem Lieferanten wird der Gedanke kommen, daß, wenn beide Teile darüber einig sind, diese Vereinbarung ehrlich zu halten, von dritter Seite Anfechtungen entstehen können, welche dieses Abkommen über den Haufen zu werfen und ungültig zu machen imstande sind. Und doch ist es so! Der § 93 des Bürgerlichen Gesetzbuches sagt:

„Bestandteile einer Sache, die von einander nicht getrennt werden können, ohne daß der eine oder andere zerstört oder in seinem Wesen verändert wird, können nicht Gegenstand besonderer Rechte sein."

Ferner bestimmt § 94:

„Zu den wesentlichen Bestandteilen eines Grundstückes gehören die mit dem Grund und Boden festverbundenen Sachen insbesondere Gebäude, sowie die Erzeugnisse des Grundstücks, solange sie mit dem Boden zusammenhängen. Samen wird mit dem Aussäen, eine Pflanze wird mit dem Einpflanzen wesentlicher Bestandteil des Grundstücks."

Zu den wesentlichen Bestandteilen eines Gebäudes gehören die zur Herstellung des Gebäudes eingefügten Sachen.

Welche Auslegung diesen Paragraphen gegeben werden kann, mag aus folgenden Entscheidungen zu ersehen sein:

Eine Maschinenfabrik übernahm die Lieferung und Aufstellung einer vollständigen Kühlanlage mit Motor für eine Molkerei und behielt sich bis zur vollen Tilgung des Kaufpreises das Eigentum an diesen Gegenständen vor. Bevor der Kaufpreis voll bezahlt und die Anlage ganz aufgestellt war, wurde das Konkursverfahren gegen den Besteller eröffnet. Der Konkursverwalter erkannte das Abkommen zwischen Besteller und Lieferant als verbindlich an und gestattete die Wegnahme der gelieferten Sachen, dagegen machte ein Hypothekengläubiger Rechte an dieselben geltend, weil er der Ansicht war, daß sie Zubehör des Molkereigrundstückes geworden sind. Das Landgericht, von dem Hypothekengläubiger angerufen, verurteilte den Lieferanten dem Klageantrage entsprechend, dagegen hob das

Oberlandesgericht die Entscheidung auf und wies den klagenden Hypothekengläubiger ab. Die Angelegenheit kam hierauf vor das Reichsgericht; dasselbe stimmte der Entscheidung des Oberlandesgerichtes zu und gab hierbei Gründe an, welche für jede Maschinenfabrik, welche sich ihr Eigentum an den von ihr gelieferten Sachen bis zur vollen Bezahlung derselben sichern will, von nicht zu unterschätzender Bedeutung sind. Der § 93 des Bürgerlichen Gesetzbuches scheidet als überhaupt nicht zutreffend aus und die Voraussetzungen des § 94 sind nicht gegeben. Als mit dem Grund und Boden fest verbunden kann nur der Kompressor in Betracht kommen. Solche Maschinen würden erfahrungsgemäß auf einer besonders hergerichteten, gemauerten Unterlage oder auch nur auf Steinsockeln festgeschraubt und könnten demnach und ohne daß Grund und Boden in Mitleidenschaft gezogen würde, abgenommen werden. Eine solche durch Schrauben hergestellte Verbindung einer Maschine mit Grund und Boden ist keine feste Verbindung im Sinne des § 94 Absatz 1. Ebensowenig trifft der Absatz 2 des § 94 zu, da nicht erst die Kraftanlage das Anwesen zu einer Molkerei habe machen sollen, die Molkerei vielmehr auch ohne sie bestanden habe und bestehe. Die streitigen Gegenstände sind demnach nicht zur Herstellung des Gebäudes eingefügte Sachen. Die Frage, ob eine durch Aufschrauben auf eine feste Unterlage oder in ähnlicher Weise vorgenommene Befestigung einer Maschine als feste Verbindung mit dem Grund und Boden angesehen werden kann, darf keinesfalls schlechthin und rechtsgrundsätzlich für alle Fälle bejaht werden. In dem vorliegenden Prozesse ist die Frage, ob die Maschinen zur Herstellung des Molkereigebäudes eingefügte Sachen seien, unbedenklich verneint worden. Die Maschinen sind in einem schon vorhandenen, nicht erst mit Rücksicht auf die beabsichtigte Kraftanlage errichteten Gebäude aufgestellt und können wieder weggenommen werden, ohne daß dieses Gebäude in seinem Wesen oder seiner früheren Bestimmung eine Änderung erleidet.

Man kann davon ausgehen, daß die Maschinen den wirtschaftlichen Zwecken der Molkerei dienen und daß sie zu der Gesamtanlage in einem dieser Bestimmung entsprechend räumlichen Verhältnisse stehen. Diesen Verhältnissen gemäß würden sie an sich wohl nach Allgemeinem Landrecht, wie nach dem Bürgerlichen Gesetzbuch als Zubehör der Molkerei anzusehen sein. Allein nach der positiven Vorschrift des § 108 des Allgemeinen Landrechts Teil I Titel 2 hat, was sonst ein Pertinenzstück ist, diese Eigenschaft nicht, sobald es einem andern, als dem Eigentümer der Hauptsache, gehört; durch diese Vorschrift ist der Zugriff der Hypothekengläubiger auf die dem Hypothekenschuldner nicht gehörigen Maschinen ausgeschlossen. Auf anderem Wege gelangt das Bürgerliche Gesetzbuch zu dem gleichen Ergebnisse. Die §§ 95 bis 98 dieses Gesetzes lauten:

> § 95. Zu den Bestandteilen eines Grundstückes gehören solche Sachen nicht, die nur zu einem vorübergehenden Zwecke mit dem Grund und Boden verbunden sind. Das gleiche gilt von einem Gebäude oder anderem Werke, das in Ausübung eines Rechtes an einem fremden Grundstücke von dem Berechtigten mit dem Grundstücke verbunden worden ist.
>
> Sachen, die nur zu einem vorübergehenden Zwecke in ein Gebäude eingefügt sind, gehören nicht zu den Bestandteilen des Gebäudes.
>
> § 96. Rechte, die mit dem Eigentum an einem Grundstück verbunden sind, gelten als Bestandteile des Grundstücks.
>
> § 97. Zubehör sind bewegliche Sachen, die, ohne Bestandteile der Hauptsache zu sein, dem wirtschaftlichen Zwecke der Hauptsache zu dienen bestimmt sind und zu ihr in einem dieser Bestimmung entsprechenden räumlichen Verhältnisse stehen. Eine Sache ist nicht Zubehör, wenn sie im Verkehre nicht als Zubehör angesehen wird.
>
> Die vorübergehende Benutzung einer Sache für den wirtschaftlichen Zweck einer anderen begründet nicht die Zubehöreigenschaft. Die vorübergehende Trennung eines Zubehörstückes von der Hauptsache hebt die Zubehöreigenschaft nicht auf.
>
> § 98. Dem wirtschaftlichen Zwecke der Hauptsache sind zu dienen bestimmt:
>
> 1. bei einem Gebäude, das für einen gewerblichen Betrieb dauernd eingerichtet ist, insbesondere bei einer Mühle,

einer Schmiede, einem Brauhaus, einer Fabrik, die zum Betriebe bestimmten Maschinen und sonstigen Gerätschaften

2. bei einem Landgute, das zum Wirtschaftsbetriebe bestimmte Gerät und Vieh, die landwirtschaftlichen Erzeugnisse, soweit sie zur Fortführung der Wirtschaft bis zu der Zeit erforderlich sind, zu welcher gleiche oder ähnliche Erzeugnisse voraussichtlich gewonnen werden sowie der vorhandene, auf dem Gute gewonnene Dünger.

Die §§ 97 und 98 haben die Identität des Eigentümers an Hauptsache und Zubehörstück nicht zur Voraussetzung; bewegliche Sachen werden also beim Vorliegen der vom Gesetze aufgestellten Erfordernisse auch dann Zubehör, wenn sie dem Eigentümer der Hauptsache nicht gehören, jedoch unter Fortdauer des fremden Eigentums. Dieser Möglichkeit selbständigen Eigentums an Zubehörstücken trägt der § 1120 des Bürgerlichen Gesetzbuches Rechnung, indem er vorschreibt, daß die Hypothek sich nicht auf die Zubehörstücke erstreckt, die nicht in das Eigentum des Eigentümers des Grundstückes gelangt sind.

In einem andern Prozesse, welcher der Entscheidung des Reichsgerichts vorgelegen hat, handelte es sich darum, ob eine mit Eigentumsvorbehalt gekaufte Lokomobile ohne Fahrräder Zubehör des Grundstückes geworden ist. Die Lokomobile diente zum Betriebe einer Holzwarenfabrik, war in einem besonderen Schuppen auf einem gemauerten Sockel aufgestellt und mit Schrauben auf diesem befestigt. Als der Konkurs über den Besteller der Lokomobile eröffnet wurde und die vereinbarten Ratenzahlungen nicht geleistet wurden, verlangte der Lieferant der Lokomobile von dem Konkursverwalter die Rückgabe derselben, welche aber mit der Begründung abgelehnt wurde, daß die Lokomobile Bestandteil des Fabrikgrundstückes geworden wäre und somit nach § 93 des Bürgerlichen Gesetzbuches nicht Gegenstand besonderer Rechte sein kann. Die auf Herausgabe der Lokomobile von dem Lieferanten derselben angestrengte Klage wurde von dem Landgerichte und die eingelegte Berufung auch von dem Oberlandesgerichte abgewiesen. Das Reichsgericht hob infolge der beantragten Revision das Urteil unter folgender Begründung auf und wies die Sache an ein anderes Oberlandesgericht zur nochmaligen Prüfung und Entscheidung zurück.

Da es sich um die sachenrechtliche Frage handelt, ob die Lokomobile infolge ihrer Verbindung mit einem Gebäude ihre Eigenschaft als selbständige Sache verloren hat, und da diese Verbindung im früheren Geltungsbereiche des preußischen Allgemeinen Landrechts geschehen ist, so ist die Anwendung des Allgemeinen Landrechts an sich nicht zu beanstanden. Zu Bedenken gibt aber die Begründung Anlaß, mit welcher der Berufsrichter zu seiner Annahme der Substanzeigenschaft der Lokomobile gelangt ist. Die Praxis des Reichsgerichts hat den § 4 Teil I Titel 2 des Allgemeinen Landrechts, wonach alle Teile und Eigenschaften einer Sache, ohne welche dieselbe das nicht sein kann, was sie vorstellen soll oder wozu sie bestimmt ist, zur Substanz gehören, auf Fabrikgrundstücke dergestalt als anwendbar erklärt, daß Maschinen dann als Teil eines solchen aufzufassen sind, wenn durch die Einfügung das Grundstück erst zum Fabrikgrundstück geworden ist und mit der Trennung aufhören würde, es zu sein, wenn also die Maschine mit dem Grundstück ein einheitliches, individuelles Ganzes bildet. Es ist dabei auch nicht die Unterscheidung gemacht, daß nur die für den betreffenden Fabrikationszweig bestimmten Maschinen als Bestandteile des Fabrikgrundstückes gelten sollen, nicht dagegen Maschinen, die nur als Kraft- oder Antriebsmaschinen verwendet werden. Der Berufsrichter erachtet lediglich für bewiesen, daß die Lokomobile in das Fabrikgebäude des Käufers eingebracht und dort — in der üblichen Art — auf einem gemauerten Fundamente mit Steinschrauben befestigt sei, und knüpft daran die Bemerkung, daß sie unstreitig dem Fabrikationsbetriebe zu dienen bestimmt gewesen sei und auch gedient habe; daraus folge die Substanzeigenschaft der Maschine, denn die Fabrik sei erst durch deren Einbringung als solche entstanden. Aus der Zweckbestimmung der Maschine folgt jedoch noch nicht ohne weiteres ihre Eigenschaft als Teil der Fabrik, sie würde demnach Zubehör sein. Der Berufsrichter will augenscheinlich sagen, daß aus jener Bestimmung und aus der Verbindung der Lokomobile mit dem Fabrikgebäude der gezogene Schluß sich rechtfertige. Aber der Berufsrichter sagt andererseits, indem er von dem Einfügen in das Fabrikgebäude spricht, daß auch schon vorher ein solches vorhanden gewesen sei. Es kann also nicht erst mit der Einbringung entstanden sein. Ist dies der Fall, so ist nicht ersichtlich, weshalb die Holzbearbeitungsfabrik des Gemeinschuldners nach Trennung der Maschine aufhören soll, eine solche zu sein. — Wenn sie ohne die letztere betriebsfähig gewesen ist, so kann sie auch mit deren Wegnahme nicht ihr Gepräge als solche verloren haben. Aus der Art der Befestigung der Lokomobile folgt ebensowenig, daß sie Bestandteil des Grundstücks geworden ist, die Maschine kann anscheinend von dem Fundament, auf welchem sie ruht, abgeschraubt und ohne besondere Schwierigkeit entfernt werden. Ausschlaggebendes Gewicht ist auf die größere oder geringere Festigkeit der Verbindung nicht zu legen. Entscheidend ist immer, ob durch die Trennung das Gebäude in seinem Wesen verändert werden muß. Für die Bejahung der Frage fehlt es umsomehr an einer ausreichenden Grundlage, als der Berufsrichter der Behauptung der Klägerin, daß die Lokomobile in einem Schuppen untergebracht sei, nicht näher getreten ist. Wäre diese Behauptung richtig, so würde eine mechanische Verbindung mit dem Fabrikgebäude des Gemeinschuldners überhaupt nicht bestehen und es könnte von einem Einfügen oder Einbauen in die Holzbearbeitungsfabrik keine Rede sein.

Der Berufsrichter hat auch angenommen, daß nach den Normen des Bürgerlichen Gesetzbuches ebenso zu entscheiden sein würde, wie nach dem Allgemeinen Landrecht. Allein er bezieht sich lediglich auf den § 93 des Bürgerlichen Gesetzbuches, danach sei die Lokomobile wesentlicher Bestandteil der Fabrik des Gemeinschuldners. Der Anwendung des § 93 des Bürgerlichen Gesetzbuches stehen jedoch die gleichen Bedenken entgegen, wie der Anwendung des § 4 Teil I Titel 2 des Allgemeinen Landrechts. Die veränderte Bestimmung des Begriffs der Substanz bedingt keine abweichende Entscheidung der vorliegenden Frage, wie in dem Urteil des fünften Zivilsenats vom 5. März 1902 ausgeführt ist. Es kommt ferner der § 94 des Bürgerlichen Gesetzbuches in Betracht. Was dessen ersten Absatz anbetrifft, so ist nicht ersichtlich, daß die Maschine eine unmittelbar mit dem Grund und Boden fest verbundene Sache ist. Zu erwägen wäre dann nur, ob die Lokomobile als eine zur Herstellung des Gebäudes, in dem sie sich befindet, eingefügte Sache, mithin auch wesentlicher Bestandteil des Gebäudes, mittelbar auch wesentlicher Bestandteil des Grundstückes ist. Hierbei handelt es sich wiederum um die gleiche Frage, wie bei Anwendung des § 93 des Bürgerlichen Gesetzbuches und der § 4 Teil I Titel 2 des Allgemeinen Landrechts. Es kommt immer darauf an, ob die Lokomobile in eine als Einfügung zu bezeichnende, für die Erfüllung des wirtschaftlichen Zweckes des Gebäudes notwendige Verbindung mit diesem eingetreten ist.

In einem weiteren Falle wurde eine auf einem gemauerten Fundament aufgestellte Lokomobile, welche überhaupt nicht mit Schrauben mit dem Fundament verbunden war, als Bestandteil eines Fabrikgrundstückes angesehen, weil die auf dem Mauerwerk ruhenden Tragfüße der Lokomobile an den Seiten mit Zementmörtel verstrichen waren. Der zugezogene Sachverständige hatte angenommen, daß durch das Verstreichen der Fugen zwischen Tragfüßen und Mauersockel ein Einfügen der Maschine in das Fabrikgebäude erfolgt sei.

Gleichfalls wurde in einem anderen Prozesse eine Lokomobile als Bestandteil eines Grundstückes gehalten, weil, nachdem die Lokomobile in das Maschinenhaus eingebracht, die Maueröffnung so vermauert wurde, daß ein Herausschaffen der Maschine ohne Einreißen des Mauerwerks nicht möglich war.

Die hier vorgeführten Fälle zeigen, wie schwierig es ist, festzustellen, ob ein Gegenstand als Zubehör zu einer Sache zu betrachten ist oder nicht. So einfach die Paragraphen des Bürgerlichen Gesetzbuches aussehen, um so weitgehender Auslegung sind dieselben fähig. Es gewinnt fast den Anschein, als ob ohne juristischen Beistand ein Abkommen, welches das Eigentum an gelieferten Sachen bis zur endgültigen Bezahlung dem Lieferanten sichern soll, nicht immer zu ermöglichen ist. Ja, daß sogar die Unterstützung eines erfahrenen Juristen bei Abschluß derartiger Geschäfte einen Verstoß gegen diese dehnbaren Gesetzesbestimmungen nicht ausschließt, zumal, wenn man in Berücksichtigung zieht, wie abweichend die Ansichten des Reichsgerichts von denen des Oberlandesgerichts in ein und derselben Sache ausfallen. Man beachte nur, welcher verschiedenen Auslegung die Bestimmung, ob ein Gegenstand mit dem Grund und Boden verbunden ist oder nicht, fähig ist. Das Reichsgericht vertritt die Ansicht, daß eine mit Steinschrauben auf einem Mauersockel befestigte Maschine nicht immer als mit dem Grund und Boden verbunden angesehen werden darf, zumal, wenn die Maschine ohne große Schwierigkeiten von ihrem Standorte entfernt werden kann. Also wird es doch Fälle geben, bei welchen das Anschrauben von beweglichen Sachen auf Fundamenten als eine Handlung angesehen wird, welche das Verbinden der Sache mit dem Grund und Boden kennzeichnet. Entsteht durch die Möglichkeit einer solchen Auslegung des Gesetzes nicht eine große Unsicherheit in den beteiligten Kreisen?

Wenn man die über die Frage des Zubehörs und Bestandteils einer Sache abgegebenen Rechtsprechungen verfolgt, dann kann man als feststehend ansehen, daß eine bewegliche Sache aufhört Zubehör zu sein, wenn durch die Entfernung derselben die Hauptsache zerstört, beschädigt oder verändert wird. Wo dies geschieht, wird aus dem Zubehör ein Bestandteil der Hauptsache, und ein Bestandteil kann niemals Gegenstand besonderer Rechte sein. Eine Maschine, welche dem Eigentümer einer Fabrik unter Eigentumsvorbehalt geliefert ist, wird Bestandteil eines Grundstückes, wenn deren Entfernung aus dem letzteren ohne Beseitigung von Mauern usw. unmöglich ist. Es genügt in solchen Fällen nicht die kontraktliche Vereinbarung, daß der Empfänger der Maschine verpflichtet ist, in dem Fabrikgebäude eine so große Türöffnung zu lassen, daß die betreffende Maschine aus dem Gebäude ohne Becshädigung der letzteren entfernt werden kann, sondern der Lieferant der Maschine hat auch darauf zu achten, daß die Türöffnung, solange die Maschine nicht bezahlt und noch sein Eigentum ist, nicht so verkleinert wird, daß die Maschine aus dem Gebäude nicht entfernt werden kann. Sonst setzt er sich der Gefahr aus, daß sein Eigentumsvorbehalt vom Gerichte nicht anerkannt wird, weil die gelieferte Maschine durch das Verkleinern der Türöffnung ohne Beschädigung des Gebäudes von ihrem Standorte nicht entfernt werden kann und daher Bestandteil des Grundstückes geworden ist.

GPSR Compliance

*The European Union's (EU) General Product Safety Regulation (GPSR) is a set of rules that requires consumer products to be safe and our obligations to ensure this.*

*If you have any concerns about our products, you can contact us on ProductSafety@springernature.com*

In case Publisher is established outside the EU, the EU authorized representative is:

Springer Nature Customer Service Center GmbH
Europaplatz 3
69115 Heidelberg, Germany

**Batch number: 10844623**

Printed by Printforce, the Netherlands